U0181058

社会达尔文主义

美国思想潜流

[美] 理查德·霍夫施塔特 (Richard Hofstadter) 著

汪堂峰 译

SOCIAL DARWINISM IN AMERICAN THOUGHT

上海人民出版社

本书此版

献给我的孩子

丹（Dan）和萨拉（Sarah）

目 录

作者按语　1

导　言　1

达尔文主义是美国保守主义思想史上最具启发性的见解之一。只是在社会达尔文主义思维方式已经具备清晰可辨的形式之后，才有人陆续步入竞技场，力图从社会达尔文主义者那里奋力夺走达尔文主义。

第一章　达尔文主义来了　1

这是一幅进化论在美国攻城拔寨的宏伟画卷。这里既有进化论与旧科学之间的较量，又有进化论与基督教之间的血雨腥风。最终的结果既有预料之中，亦有意料之外……

第二章　斯宾塞旋风　26

美国大地上为何刮起斯宾塞旋风？答案既藏在斯宾塞的哲学里，也藏在美国这片土地上。只是，旋风必有消退时，斯宾塞也逃脱不了这个宿命。那么，斯宾塞去哪儿啦？

第三章　威廉·格雷厄姆·萨姆纳：社会达尔文主义者　53

　　　　萨姆纳，毫不妥协的社会达尔文主义者。这是一位向旧思想发起进攻的斗士，也是一位在新思想面前捍卫阵地的勇士。吊诡的是，他似乎被时代抛弃，却未被历史淘汰。

第四章　莱斯特·沃德：批评者　75

　　　　莱斯特·沃德，率先向占主导地位的斯宾塞学说发起挑战的拓荒人，思想远远走在时代前列，对美国思想的解放阙功至伟。他的生命，恰似地底下的竹笋；等待他的宿命，则是拓荒者的困境。

第五章　进化：伦理与社会　99

　　　　进化论对道德伦理意味着什么？对社会意味着什么？达尔文打开的这个潘多拉魔盒，里面究竟装了些什么？未来该向何处去？一千个人眼中有一千个哈姆雷特。

第六章　异议者　125

　　　　以社会达尔文主义为背书的个人主义与自由竞争，果真是守护世界的天使？19世纪最后三十年，时代给出了否定的回答。答题者没有精到的理论，手中握有的法宝是汹涌而深刻的民情。

第七章　实用主义潮流　150

　　　　从赖特到皮尔士，到詹姆斯，再到杜威，实用主义从理论上向斯宾塞学说发起了进攻，并在战斗中成长为一个真正的学派——一个不仅在思想上，而且在实践中对美国产生巨大影响的学派。

第八章　社会理论中的各种趋势，1890—1915　176

经济学、社会学、心理学等社会领域的理论探索，究竟在多大程度上接受了达尔文主义的影响，又将怎样摆脱社会达尔文主义？社会达尔文主义的幽灵是否会借尸还魂？

第九章　种族主义和帝国主义　211

为种族主义和帝国主义辩护，无需等待达尔文主义问世。尽管如此，达尔文主义还是被抬出来用作为种族主义和帝国主义摇旗呐喊的新工具。对抗种族主义和帝国主义注定道阻且长……

第十章　结论　253

在社会领域，达尔文主义本质上是一件工具，能够拿来支持完全对立的思想观念。只要存在合适的土壤，社会达尔文主义就有再度兴起的可能，但诸如"适者生存"之类的观念，在社会理论中没有任何价值。

参考文献　258

索　引　280

作者按语

　　本书写于1940年至1942年间，1944年首次出版。虽然我的意图是做一项反思性的研究，而不是去为那个时代写一本宣扬自己观点的册子，但本书自然不可避免地要受到"新政"时代诸多政治和道德争议的影响。自第一版问世以来，我在某些方面已经改变了原先的看法。但在修订此书时，我没有试着根据当前的看法来改动文稿的基本内容，只是在少数几个地方，由于初版修辞上华而不实，带有煽动色彩，才作了适当调整。经年之后，一本书获得自己独立的生命，作者或许也会如此幸运，心灵不再受它羁绊而可超然物外，安于让它在世间独自立足。

　　此次修订虽然没有对内容作大刀阔斧的改动，但新增了一篇导言，并对文稿通篇进行了改写，包括：在文体风格方面作了大量改动；重新写了几段文字，以纠正旧有的错误，改正含糊不清之处，此外还有几处由于各种审美方面的原因似乎需要完全重写的地方，也进行了重写。比阿特丽斯·凯维特·霍夫施塔特（Beatrice Kevitt Hofstadter）也同我一道分担了此次修订工作。

　　本书最初是在我获哥伦比亚大学威廉·贝亚德·卡廷旅行奖学金（William Bayard Cutting Traveling Fellowship at

Columbia University）期间写成的，并在美国历史学会阿尔伯特·J. 贝弗里奇基金（Albert J. Beveridge Memorial Fund of the American Historical Association）的资助下首次出版。

理查德·霍夫施塔特

导言

1959 年是达尔文《物种起源》（*The Origin of Species*）出版 100 周年。自该书问世以来，人类已经在进化科学近百年的光辉照耀下生活了如此之久，以致我们习以为常，往往将其各种见解视作理所当然。我们很难全然领会启蒙给达尔文那一代人带来的无比兴奋，更难理解他们当中那些信奉宗教的正统人士所经历的恐惧。尽管如此，还是美国进化论者约翰·费斯克（John Fiske）说得好。他说，活着看到昔日的迷雾消散，是"几个世纪以来少有的一大幸事"。

与进化论相比，许多科学上的发现对人类生活方式的影响要来得更加深远，但没有哪一项对人类思维方式和信仰方式产生的影响超过了进化论。在这方面，即便是太空时代也远不能相提并论。其实，在整个现代史上，也只有少数科学理论对人类智识的影响，远远越出科学作为一种知识体系其自身内部发展的界限，而彻底改变人们的根本思维模式。这等重大的发现打破了旧有的信仰和哲学，并提示有必要去树立新信仰、创立新哲学（实际上，经常出现的情况是强制世界接受这种必要性）。它们为知识的各种新的、更加完备的体系化提供了可能，这对有些人可是具有十足的吸引力。它们在有文化的群体中激起了巨大的兴趣，获得了极高的声望，几乎每个人都觉得至少应该让自己的世界观同他们的发现协调一致，而某些思想者则迫不及待地逮住这些发现，将其用在离科学领域相距十万八千里的话题上，借助这些发现来形成、宣扬自己在这些话题上的观点和看法。

在现代，第一件这样的事，是哥白尼体系（Copernican system）的系统阐述，它要求对宇宙学作出重大修改，并向饱学之士敞开了一幅既令人着迷又令人恐惧的前景：许多长期为人们所接受的关于世界的观念，可能需要彻底修正。第二次是在牛顿和后牛顿（post-Newtonian）时代，各种力学解释模型开始被广泛运用于人学理论和政治哲学，一种关于人的、关于社会的科学理想呈现出了全新的意义。达尔文主义（Darwinism）则确立了一种研究自然的新路径，并为发展的观念注入了新的动力；它推动人们尝试利用其诸多发现和方法，通过寻找各种进化发展方案和进行有机类比来理解社会。第四次是在我们这个时代，弗洛伊德（Freud）的深刻见解来自临床心理学领域和神经症治疗，同时也在这方面具有最可靠的价值；如今弗洛伊德的研究成果也已经开始被用于社会学、艺术、政治学和宗教。

在西方文明的几乎每个角落，达尔文时代的思想家纷纷抓住这一崭新的理论，试图阐明其对社会学科的意义，尽管他们由于智识传统和个人脾性不同而在程度上各有所别。人类学家、社会学家、历史学家、政治理论家、经济学家都在开始思考，达尔文主义的概念对自己的学科要是真有什么意味的话，那究竟意味着什么。倘若在访求达尔文主义带来的后果的过程中，出现大量的智识上的笨拙举动（我相信肯定有），我们应该准备好给予其一定程度的包容。社会达尔文主义的一代——我们姑且如此称呼，是不得不学会忍受并通过改变自己以适应那些被暴露出来的、可能具有深远含义的、令人吃惊的真相的一代。而这些真相的全部含义究竟是什么？限度又在哪里？没有大把大把的思想家在黑暗中摸索、跌撞甚至可能摔倒，皆不可求遇。

本书的主题是达尔文的研究成果对美国社会思想的影响。19世纪最后30年和20世纪初的美国，从某些方面看，就是**那个**达尔文主义国家。英国把达尔文献给了世界，而美国则以异乎寻常的迅捷和共鸣接受了达尔文主义。1869年，达尔文成为美国哲学会荣誉会员，这比他自己的母校剑桥大学授予他荣誉学位早了十年。美国科学家不仅迅速接受了自然选择原则，而且对进化科学作出了重要贡献。开明的美国读者大众在南北战争后不久，就对进化论产生了浓厚的兴趣，大方地接受了那些部分建立在达尔文主义基础之上或与之相关联的哲学与政治理论。赫伯特·斯宾塞（Herbert Spencer），那个众人之中最富宏图伟志，雄心勃勃地力图将进化在生物学本身之外的其他各领域所可能产生的影响加以系统化的伙计，在美国远比在自己祖国更受欢迎。

达尔文和斯宾塞的思想在美国普及的时代，是一个经济变革快速而又引人注目的时代，同时却也是一个政治上保守气氛十分盛行的时代。对这一占主导地位的保守主义的各种挑战，从没少过；但当时社会上普遍的看法却是，这个国家在内战之前已经见证了太多政治上的骚动，现在是该默然认命、闷头发财的时候了，也是这块生生不息的大陆和雨后春笋般冒出的大量新兴产业发展与快活的时候了。

慎重而保守的人们把达尔文主义当作一种值得欢迎的新增思想甚至是最强大的新增思想，把它拿过来充实自己的思想宝库，是可以理解的。当他们希望让自己的同胞甘于接受生活中的一些苦难与艰辛，并劝告他们不要去支持那些仓促推行、考虑不周的改革时，这些人就可以诉诸包括达尔文主义在内的这些思想武器。达尔文主义是美国保守主义思想史上这一漫长阶段中最具启发性的见解之一。正是那些希望捍卫政治现状的人，尤其是主张自由放任的保守派人士，在社会论争中率先拿起了从达尔文的一系列概念中锻造出来的各种工具。只有到后来，只是在一种可以称为"社会达尔文主义"的社会思维方式已经具备了清晰可辨的形式之后，持不同意见的人才从这个角度出发，带着棘手的论点步入竞技场。那些最著名的持不同意见者，尤其是像莱斯特·沃德（Lester Ward）和各位实用主义者，大都将批评直接指向社会达尔文主义提出的哲学问题，而对新观念对关于人的、关于社会的理论具有深远意义这一基本假设，并无异议。他们只是力图从社会达尔文主义者那里奋力夺走达尔文主义，向世界昭告：解读达尔文主义在心理上和社会上产生的后果，可以用完全不同的表达方式，而不必使用该领域中先于他们进场的那些更为保守的思想家的措辞。时至今日，他们的论点即便没有高出所有人一筹，至少对我们大多数人来说，也是针对他们所批评的那些人的似是而非的论点开出的一服不可或缺的解药。但是，他们的许多批评虽然获得了人们的认可，我们却不应由此忘记，多少年来，他们代表的只是少数人的观点。而且，当一个全新的问题开始出现时，他们也几乎未能成功向世人表明，将达尔文主义用于各种个人主义的竞争性用途是值得怀疑的。这个全新的问题就是：种族主义和帝国主义对达尔文主义的各种借用，到底有没有真正正当的理由。在由这个问题引发的讨论中，他们自己也无法达成一致。

　　达尔文主义从两个方面进一步加强了保守主义世界观。第一，达尔文主义最流行的口头禅"生存斗争"和"适者生存"，用在社会中的人的生活上，即表明，自然规定：最佳竞争者在竞争环境下将笑到最后，而竞争过程将带来社会的持续改进。就其本身而言，这种说法也不是什么新鲜玩意，经济学家本可以早早指出这一点，但它确实给竞争性斗争概念赋予了自然法则的威力。第二，世界的发展历经万古这种看法，为保守主义政治理论中另一种非常熟悉的观念注入了新的力量，这种观念就是：一切良好的发展都必须缓慢而从容。社会可以被设想成一个有机体（或是一个类似于有机体的实体），它只能以极其缓慢的速度发生变化，自然界的新物种就是以这种速度产生的。人们或许会像威廉·格雷厄姆·萨姆纳（William Graham Sumner）那样，对达尔文主义的重要性持悲观态度，认为达尔文主义唯一能做的，只是促使人们正视生活斗争中固有的艰难；人们或许也可以像赫伯特·斯宾塞一样去展望，无论大多数人眼下究竟有多艰难，进化总归意味着进步，从而保证了整个生命过程都朝着某种非常遥远但又全然辉煌的圆满状态发展。但无论在哪种情况下，达尔文主义起先下的结论都是些保守的结论。他们认为，所有变革社会进程的努力都是为了补救无法补救的问题，都干扰了自然的智慧，都只能导致退化。

　　作为保守主义思想史上的一个阶段，社会达尔文主义值得瞩目。就其捍卫现状，为攻击改革者和攻击几乎一切有意识、有针对性地改变社会的做法提供力量支撑而言，社会达尔文主义在超过一代人的时间内，无疑是美国保守主义思想的主导力量之一。不过，社会达尔文主义缺乏保守主义身上常见的诸多显著特征。首先，社会达尔文主义是一种几乎没有什么宗教信仰的保守主义，对世俗主义者比对虔敬的信徒更有吸引力。再则，作为一套信仰体系，社会达尔文主义差不多是无政府主义，其主要结论就是国家的积极功能必须被限制在最小的范围内；与众多保守主义体系不同，在社会达尔文主义这里，政权也不是敬畏的焦点和权威的中心。最后，也许最重要的是，社会达尔文主义是一种试图摒弃情感关系或感情联系的保守主义。我们且以威廉·格雷厄姆·萨姆纳的社会达尔文主义经典著作《自扫门前雪——社会各阶级彼此应该为对方做什么》(*What Social Classes Owe to Each Other*) 为例，听听他怎样解释人们走出以身份为基础的中世纪，步入建立在契约基础上的现代社会时的情况：

> 在中世纪，人们依据习俗和惯例结成各式各样的公会、等级、行会和团体。只要人活着，这些联系便一直存在。因此，整个社会的方方面面，都取决于身份，而这种联系，或者说纽带，是讲情感的。在我们现代，尤其是在美国，社会结构建立在契约的基础上，身份反倒是最不重要的。然而，契约是理性的，甚至是唯理的。同时，契约也是现实的、冷酷的，它只是就事论事。契约关系建基于某一充足的理由，而不是基于习俗或惯例。它不是永久性的。维持契约关系的理由一旦消失，它便不复存在。在一个以契约为基础的国家里，在任何公共的或共同的事务上，情感都是不合时宜的。它被贬入了私人关系或个人关系领域……我们中间那些感时伤怀的人，总是抓住旧秩序的残余不放。他们想挽救这些残余，复原这些残余……

　　无论社会哲学家认为是值得向往还是不值得向往，都绝无可能退回到那种曾经把领主与家臣、主人与奴仆、教师与学生、伙伴与伙伴结合在一起的身份关系或情感关系。我们已经失去某些体面和优雅，固然不可否认；生活曾经拥有更多诗意和浪漫，也是千真万确。但是，任何研究过这一问题的人，似乎都不应怀疑，我们已经获得了不可估量的好处，要想进一步获得更多的利益，我们所要做的在于前进而不是后退。

　　在此，我们不禁要问，在整个思想史上，是否曾经有过像这样十足进步的保守主义？如果把萨姆纳和埃德蒙·伯克（Edmund Burke）作比较，社会达尔文主义作为一种保守主义的理论依据，其某些独特之处就变得很清楚。当然，作为思想家，两人不乏共同之处：他们都对打破社会模式和加速变革的企图表现出同样的抵制；都讨厌激情的改革家或革命者，讨厌自然权利观，讨厌平等主义。但两者的相似之处仅止于此。伯克笃信宗教，对待政治凭借的是直觉方式和本能智慧；萨姆纳则是世俗主义者，是自豪的理性主义者。伯克信赖集体的、长远的才智，信赖群体的智慧；萨姆纳则期望自我伸张（self-assertion）成为大自然的智慧唯一令人满意的表现方式，并要求群体所做的只是对这种自我伸张放任自流。伯克尊重习俗，颂扬同过去之间的连续性；萨姆纳则对契约取代身份时造成的同过去之间的断裂印象甚好。在其著作的这一块，人们看到了他对过去的蔑视，这种蔑视是某一文化的明显标记，而这一文化拥有的最大才能，便是技术天资。在他看来，只有"感时伤怀的人"才想挽救和复原旧秩序的残余。伯克的保守主义似乎相对来说不分时期，也不限地域；萨姆纳的保守主义则似乎格外属于后达尔文时代，格外属于美国。

当然，在美国，自由派和保守派的角色一直以来经常是混在一起的，而且在某些方面还发生了对调，因此从未形成各种明确的传统。这不仅足以说明为什么我们的非保守派人士在今天总是如此难以解释自己，也足以揭示社会达尔文主义作为一种保守的社会哲学，为何拥有一圈如此奇特的光环。在美国政治传统中，"右"的一方——也即讲求发财致富、对公众热衷的事情比较冷漠、不甚愿意倾向民主的一方——在我们历史上的大部分时间里，虽然在政治上是保守派，但在经济和社会方面，却是急不可耐的创新者和敢于冒险的推动者。从亚历山大·汉密尔顿（Alexander Hamilton）到尼古拉斯·比德尔（Nicholas Biddle），再到卡内基（Carnegie）、洛克菲勒（Rockefeller）、摩根（Morgan）及其同侪大亨，这些在政治性事务上主张精英政治甚至财阀政治的人，也是率先引进新的经济形式、新型组织和新技术的人。如果我们回顾一下我们现实政治的历史，去寻找那些赞成恢复或维护旧有价值观的人，我们会发现，他们——当然不只是他们，但他们最典型——是些具有温和的"左"倾倾向的人士。我们发现杰斐逊派人士在试图挽救唯农论，捍卫种植园主的利益；我们发现某些杰克逊派人士在呼吁恢复共和的简明纯朴；我们发现平民主义者和进步主义者在试图恢复一种他们认为古已有之的大众民主和竞争型经济。当然，事实并非全然如此简单，因为改革者们在努力实现那些自认为古老的目标时，采用了一些无可否认的新技术。但直到富兰克林·D.罗斯福（Franklin D. Roosevelt）及其"新政"（New Deal）时代，美国政治中的"自由派"或者说"进步派"，方才也成为热诚认同经济社会创新与试验的那一方——直到国家在宪法之下经历了近150年的发展之后，旧有的模式才被彻底打破。

我前面已经说过，社会达尔文主义是一种世俗主义哲学，但我们在一个重要方面需要有所保留。因为像萨姆纳这类人所代表的铁石般的社会达尔文主义，体现了对生活的一种看法，并——当然人们不一定接受这种说法——展露了某种值得我们关注的世俗虔诚。萨姆纳，以及那些曾经被他的观点所打动而愿意追随他的人，都认为极有必要正视生活的艰辛，正视不可能为人类的疾病找到轻而易举的解决办法的现实，正视劳动和克己的必要性，正视痛苦的不可避免。他们持有的是一种自然主义的加尔文主义，其中，人同自然的关系就像加尔文主义体系下人同上帝的关系一样冷酷而严苛。这种世俗虔诚在某种经济伦理中找到了自己切实可行的表达方式，而这种经济伦理又似乎是一个日益发展的工业社会所极为迫切地要求的。这个工业社会正在召集它所能聚拢的所有劳动力和资本，来开发其尚未开发的巨量资源。人们似乎必须努力工作，拼命存钱，休闲和浪费则越发受到质疑。在这些情况下产生的经济伦理，特别强调那些对约束劳动者大军和小投资者队伍来说似乎必不可少的品质，对这些品质给予了高度评价。在系统阐述这些不可或缺的要求时，萨姆纳吐露了一种从前人那里传承下来的经济生活观。即使到了今天，这种观念在美国的保守人士中也依旧相当普遍。依据这种观念，经济活动首先被看成是发展和提升个人品行的领域。经济生活被理解为一套安排，这套安排给品格高尚的人提供种种优待，同时也惩罚那些——用萨姆纳的话说——"马虎随便、胸无大志、效率低下、

11

愚昧无知、鲁莽轻率"的人。

今天，我们已经走出形成上述道德的经济机制。我们要求休闲；我们要求免遭经济上的困苦；我们捧出了一个重要的行业——广告业，鼓励人们消费而不是储蓄；我们制定了诸如分期付款之类的制度安排，允许人们花掉他们尚未挣到的钱；我们采用了凯恩斯（Keynes）的经济理论，用一种新的方式来强调消费在经济上的重要性。我们从福利和丰裕而不是从匮乏的角度来考虑经济秩序；我们更关心组织架构和效率，而不是品行和惩罚与奖励。我们时代关于"福利国家"优缺利弊的争议，其关键之一是，"福利国家"这个观念本身，即冒犯了那些即便不是在社会达尔文主义的具体信条、至少也是在它所表达的道德规则下成长起来的众多男男女女的传统。对我们中间那些认定老的经济伦理对其仍然具有很大意义的少数坚定分子来说，如今经济过程同可以用来约束人的品行的各种因素日益分离，真是令其精神备受折磨；对他们来说，更糟糕的是，我们不管是在哲学上还是在实际生活中，还都越来越接受了这种分离。今天，任何一位认为自己完全不赞同这种道德观念的人，都应该问问自己：在思忖可能出现一种几乎人人都不工作，由原子能来提供动力、管理实行自动化的经济秩序时，是否从来没有，哪怕那么一刻也没有疑虑过，生活在一个职业道德规范完全消逝了的社会里的人，其命运将会如何。

还必须承认，像萨姆纳这样的人，如果说他们似乎在以铁石心肠看待人类的苦难，而且极度武断地确定人们对这种苦难无能为力的话，那么，在需要献身于崇高的信条时，他们往往也是自己严苛的主人。从这个意义上说，他们身上有着那种一以贯之的

品德。萨姆纳本人在耶鲁大学曾三次因为在争议中站在不受欢迎 *12*
的一方，并坚持毫不妥协，而将自己置于险境。一次是在教学中
使用斯宾塞的著作，一次是反对保护关税，还有一次是谴责美西
战争。虽然他们的哲学得出的实际结论通常让财阀们感到身愉心
悦，但这类人并不是单纯在为财阀辩护；也不能把他们最看重的
价值观描述为财阀价值观。萨姆纳本人也认为，太多的时候财阀
总是贪得无厌、不负责任。斯宾塞和萨姆纳宣扬的美德——深思
远虑、忠于婚姻、重视家庭责任、工作勤奋、管理精心，以及引
以为傲的自立自足，都是中产阶级秉持的美德。社会达尔文主义
这一思想内含了某种令人颇有感触的讽刺意味：当诸如此类的作
家宣扬缓变，并敦促人们去主动适应环境时，那些被他们认定为
生存竞争中的"适者"，也就是那些亿万富翁，恰恰正在急速改
变环境，使我们这个世界上的斯宾塞们和萨姆纳们的价值观越来
越不适合生存。

理查德·霍夫施塔特

第一章 达尔文主义来了

活在这个伟大的真理从提出，到大家对它争论不休，再到它最终得以确立和巩固的年代，是几个世纪以来罕有的一大幸事。看到昔日一团一团的迷雾消散，并显露出各科知识的汇聚，这种鼓舞，是后一代人，这个时代所挣下的一切财富的继承者，很难懂得的。

——约翰·费斯克

一

查尔斯·达尔文的《物种起源》问世时，在美国并没有像它在英国那样立即引起怒潮。1860 年 6 月赫胥黎同威尔伯福斯（Wilberforce）之间那场赫赫有名的冲突在英国轰动一时，但这种情况在美国却了无可能。彼时的美国，一场关键的选举正在拉开大幕，其结果将使联邦陷入分裂，并把美国拖入一场可怕的内战。《物种起源》在美国发行的第一版，虽然在 1860 年也曾得到广泛的评介 [1]，但战争的到来掩盖了科学思想的新发展，除专业科学工作者和少数不离不弃的知识分子外，在其他所有人那里，它都面目模糊。

　　然而，那些终将改变这个国家思想生活的观念，开始在各处远离政治光芒的零零星星的清冷研习中逐渐形成。达尔文的好友、哈佛大学植物学家阿萨·格雷（Asa Gray）在收到作者寄给他的《物种起源》样书后，苦苦研读了一番，而后为《美国科学与人文杂志》（American Journal of Science and Arts）精心撰写了一篇评论，并以令人叹服的远见，备好了一系列文章，以捍卫进化论免受即将到来的无神论指控。几位熟悉前达尔文时代赫伯特·斯宾塞的进化猜想的人士，为一场代表进化科学的大众运动打下了基础。塞勒姆（Salem）一位名不见经传的居民爱德华·西尔斯比（Edward Silsbee），试图激起美国人对斯宾塞创建系统哲学这一宏伟计划的兴趣。很快，他便在两个人那里找到了回应，这两位终有一天将带头重塑美国的思想。第一位是哈佛大学的本科生约翰·费斯克（John Fiske），其人对科学和哲学文献的钻研已经比他的一些教授还要深入，他一看到斯宾塞那宏大的计划任务就心醉神迷。第二位是爱德华·利文斯顿·尤曼斯（Edward Livingston Youmans），一位颇受欢迎的科普工作者，也是一本被广泛使用的化学教材的作者。他通过与 D. 阿普尔顿公司（D. Appleton and Company）之间的联系，成为一名对斯宾塞作品极富好感的美国出版家。[2]当公众的注意力转向由达尔文主义引发的棘手问题时，费斯克和阿萨·格雷领导了这场让进化论变得备受尊重的运动，而尤曼斯则自命为科学世界观的推销员。

　　对自然科学的兴趣在骤增。宗教期刊和大众杂志上刊发的文章都显示，内战后的几年时间里，美国读者很快就投入到进化大论战中。然而，进化的概念虽然在一般人那里极不寻常，但对文化人来说并不新鲜。比如说，像惠特曼（Whitman）这样的人，就能够写出这样的诗来:"敏感如斯进化论哟,陈酿入新瓶,小酌骤变万人宴,其功皆曰达尔文。"很多美国人都熟悉思辨进化的历史传统,这种传统在居维叶(Cuvier)、杰弗罗伊·圣-希莱尔(Geoffroy Saint-Hilaire)和歌德(Goethe)时代,已经到达了激烈争论的地步。[3] 查尔斯·莱伊尔爵士(Sir Charles Lyell)那部为发展假说铺平了道路的《地质学原理》(*Principles of Geology*,1832),在美国已经被广为阅读;罗伯特·钱伯斯(Robert Chambers)匿名出版的《创造的遗迹》(*Vestiges of Creation*,美国版,1845),以一种广受欢迎的宗教形式介绍了进化论,也获得了广泛关注。

圣经批评学和比较宗教学的兴起,自由派神职人员推动下原教旨主义信仰的普遍放宽,让众多美国人作好了接受达尔文主义的准备。詹姆斯·弗里曼·克拉克(James Freeman Clarke)为各大世界性宗教所做的一项自由主义性质的研究《世界十大宗教》(*Ten Great Religions*)自 1871 年出版后,14 年里发行了 22版。与此媲美的另一次新式圣经学术的大规模普及,是 1891 年华盛顿·格拉登(Washington Gladden)出版《谁写了〈圣经〉?》(*Who Wrote the Bible?*)。[4]

我们在约翰·费斯克的早期著作中,可以明显看到令有主见的思想家接受进化论的各方面影响。费斯克虽然来自新英格兰地区一个传统宗教家庭,但其正统宗教观念已经被欧洲科学所削弱。在进入哈佛之前,他已经如饥似渴地阅读了亚历山大·冯·洪堡(Alexander von Humboldt)的多卷本著作《宇宙》(*Cosmos*),一本用自然主义语言写成的、对当时科学成就所作的百科全书式的回顾。对费斯克而言,这本书就是近乎宗教般的启示，让他产生了一种足以把内战纳入其中加以审视的极其强烈的情感体验。他在 1861 年 4 月写道，"当一个伙计把《宇宙》（Kosmos）放在书架上，把《浮士德》（Faust）放在书桌上时"，"战争又是什么？"[5] 费斯克把洪堡和歌德放在一起，就他来说是恰当的。他比那个时代其他任何美国人都更具有一种浮士德式的强烈欲望，恨不得读尽天下书，把整个知识领域一网打尽。正是这种强烈的冲动，激发他刻苦钻研英国科学作家密尔（Mill）、刘易斯（Lewes）、巴克勒（Buckle）、赫歇尔（Herschel）、贝恩（Bain）、莱伊尔和赫胥黎（Huxley）的著作，驱策他进行最艰苦的语文学训练（他在 20 岁时即已掌握了八门语言，已经开始学习另外六门语言），并督促他跟上圣经批评学的最新进展。当达尔文主义问世，就物种之谜给出有力回答，斯宾塞有望对科学的含义给出深刻而权威的解释时，费斯克早就换了崇拜的对象。

达尔文主义吸引了许多不像费斯克那般热情奔放和对知识的追求变幻莫测的人。对那位被自己最近在内战期间的外交经历弄得大惑不解的年轻人亨利·亚当斯（Henry Adams）来说，达尔文主义首先为近期发生的历史提供了一个清晰易懂的理论说明：

> 他感觉对进化论十之八九有一种本能的信仰……自然选择往回导出了自然进化，最终往回导出自然的整齐划一。这就跨出了巨大的一步。在划一的状况下发生的不间断进化会让所有人高兴——除牧师和主教而外。这是替代宗教的最好选择，它是安全、保守、实用并且完全符合习惯法的神灵。这样一个对宇宙行之有效的体系很合这么一位年轻人的心

意，他刚刚帮着消耗了 500 亿或 1000 亿美元以及 100 万人左右的生命，来把完整和划一强加在反对它的人身上。这个观点如此完美，太诱人了，它散发着艺术的魅力。[6]

另一些人则对进化的乐观含意更有信心。在他们那里，《物种起源》成了一部神谕，翻阅时都带着通常只有对《圣经》才有的那份敬畏。查尔斯·洛林·布雷斯（Charles Loring Brace），一位杰出的社会工作者和改革家，读了十三遍《物种起源》，并且确信进化确保了人类美德的最终成果和人的可完美性。"因为如果达尔文的理论是正确的，那么自然选择法则就适用于全部自然史，同样也就适用于人类的全部道德史。恶在与善的斗争中，作为较弱的一伙，最终必定消亡。"[7]

进化论在能够控制公众的头脑并在大家普遍接受的思维模式中找到一席之地之前，首先必须在科学领域占得上风。甚至连科学家也发现适应进化论是一个痛苦的过程，在老一辈科学家中那些受到传统思维方式束缚的人身上，就尤其如此。达尔文在 1844 年首次跟约瑟夫·道尔顿·胡克（Joseph Dalton Hooker）提起他相信物种的突变性时说，"这就像是在坦白自己杀了人"。查尔斯·莱伊尔爵士的地质学距离提出发展假说只有半步之遥，但他踌躇了将近十年，最后才决定冒险一试。[8] 不过，在达尔文之前，科学家们就一直为物种固定性这一古老概念的不妥之处大伤脑筋，因为这一概念同古生物学和地质学的事实、同已知的化石标本、同种类繁多的物种以及同活的有机体的分类，都极不吻合。他们照例认为已经发生了一系列特殊的创造行为。接受过训练的新一代科学家认为自己的天职就是去探索自然原因，因而，虽然

特殊创造这一肤浅的假设也许一贯符合他们的宗教信仰，但他们
怀疑，所谓的特殊创造乃是知识界凑合出来的一个蹩脚的权宜认
17　知。在这一代人中，发展假说和自然选择理论迅速传播开来，一
批著名的达尔文主义倡导者很快出现在这个领域。

在美国那些杰出的博物学家中，只有刘易斯·阿加西兹
（Louis Agassiz）自始至终都在苦苦支撑，坚持拒绝接受任何形
式的达尔文主义或进化论。[9]阿加西兹的老师乔治·L. 居维叶
（Georges L. Cuvier）是 19 世纪初进化论的主要反对者，以前老
师怎么反对拉马克，现在学生就怎么反对达尔文。对阿加西兹来
说，达尔文主义是对那些永恒真理的一种粗暴侮慢的挑战，作为
科学令人反感，在宗教方面又亵渎神明，令人憎恶。在他死后
发表的最后一篇文章中，阿加西兹认为，人类已知的所有进化
都是个体发育，即个体的胚胎发育。除此之外，就不可能再往前
一步了，因为完全没有证据表明后来的物种是从早期物种派生下
来的，也完全没有证据证明人类的祖先是动物。阿加西兹说，动
物的分类证明，动物从低级向高级发展的观点是错误的；地质演
替的历史表明，构造方面最低等的并不必定是时间上第一个出现
的，可能从一开始就存在着种类繁多的动物。因此，人们所称的
物种，更有可能是通过作为个体的不同有机体彼此不相关的逐次
创造行为产生的，而不是通过自然选择或任何其他纯自然发展的
模式产生的。[10]

阿加西兹确信，达尔文主义就是一时的风尚，就像他年轻
时奥肯（Oken）的《自然哲学》（Naturphilosophie）一样。阿加
西兹唐突地断言，他会"活得比这种狂热时间久"[11]，但当他
于 1873 年去世时，美国科学界失去了最后一位新理论的著名反

对者。即使阿加西兹多活许多年，他是否可以凭借自己的影响力减缓进化论在科学界的传播，也值得怀疑。在他生前，他自己的学生都一个个离他而去。其中，约瑟夫·勒·孔蒂（Joseph Le Conte）认为，发展理论的轮廓潜藏在阿加西兹自己的动物形态分类之中，只需要对其进行动态的解释，便可产生一幅令人信服的关于进化往事的图画。[12] 曾经同阿加西兹过从甚密的威廉·詹姆斯（William James），现在是他最辛辣的批评者。在 1868 年写给弟弟亨利（Henry）的信中，威廉·詹姆斯写道："我越去想达尔文的各种想法，它们在我心目中的分量就越重，虽然我的意见当然没什么价值，但我仍然相信，无论在知识上还是在道德上，我们继续替那个无赖阿加西兹擦鞋，都不值当。有了这种感觉，我竟找到了某种乐趣。"[13] 阿加西兹死后不久，有位作家指出，阿加西兹在哈佛最杰出的八名学生，包括他自己的儿子，都是相对比较早的进化论者。[14] 1874 年，美国地质学泰斗詹姆斯·德怀特·丹纳（James Dwight Dana）出版了其《地质学手册》（*Manual of Geology*）最后一版，在这版手册中，他终于放弃了长期坚持不懈的抵制，也认可了自然选择理论。

　　阿萨·格雷很快发现，自己在美国已经成为大家公认的科学意见的解释者。格雷身上既有斗士的那种信念，又有科学家的那份慎重，特别适合领导达尔文主义者队伍。他对《物种起源》最初作出的评介，是一篇关于整个问题的精彩论文，对美国生物学家就达尔文的情况所给出的各种说法，作了一个称许但又非常有分寸的总结。针对自然选择理论，格雷诚心诚意地提出了一条他认为在科学上最具有说服力的反对意见，但他称赞这一理论从严格的科学角度为生物学作出了贡献。他小心谨慎地写

18

道，达尔文"提出了一个与以前的说法相比，不可能概率要低
得多的（物种）起源理论……这样的理论与自然科学的既有学
说相吻合，但在得到证明之前不太可能被广泛接受"。在攻击阿
加西兹的物种理论时，格雷的胆子则更大一些，直指其为"过分
有神论"，并称赞达尔文的理论是针对它的一服解药。结尾处他
以蔑视的口气谈到了可能出现的来自宗教方面的批评，宣称达尔
文主义与有神论完美相容；他并承认，达尔文主义也与无神论相
容，但"自然科学理论一般都是如此"。自然选择理论远非对自
然意匠论（the argument from design）的攻击，上帝的计划如何实
施，有各种可能的理论解释，我们可以把自然选择理论视为其中
之一。[15]

　　到19世纪70年代初，物种演化和自然选择已经主导了美国
博物学家的见解。在美国科学促进会（American Association for
the Advancement of Science，AAAS）第二十五届会议上，该会
副主席爱德华·S.莫尔斯（Edward S. Morse）对美国生物学家在
寻找进化证据方面所作的贡献作了一番引人注目的回顾，这表明
美国博物学家远非被动接受达尔文主义。[16] 其中给人印象最深刻
的是耶鲁大学奥思尼尔·查尔斯·马什（Othniel Charles Marsh，
1831—1899）教授的研究。马什认识格雷、莱伊尔和达尔文，是
那个时代最杰出的科学家之一。马什在19世纪70年代初就开始
寻找化石标本，以证实发展假说。到1874年，他已经收集了备
受瞩目的一组美国马类化石，并发表了一篇论文，追溯了马类在
各个地质年代的发展，达尔文后来称赞这是《物种起源》问世20
年来出现的对进化论的最好支持。[17]

二

科学家们的转变有望在大学取得初步成功，在那里，空气中满是激昂的情绪。一场更加强调侧重设置科学类课程的课程改革运动正在进行，为满足国家对技术人员日益增长的需求，一所所理科院校正在纷纷建立。[18] 在一个急需科学来为工农业生产服务，而且完全负担得起科学事业发展的国家，对科学专业化的严重忽视（这导致在一些规模较小的学院出现了"自然哲学、化学、矿物学、地质学教授和动物学、植物学讲师"这样的异形巨物），现在已是一个明显的时代错误。

1869 年，化学家查尔斯·威廉·艾略特（Charles William Eliot）被任命为哈佛校长，哈佛成为大学改革的先行者。在艾略特的就职典礼上，约翰·费斯克私下表示，希望这一任命标志着哈佛"守旧"的终结。费斯克的这个愿望，其实现不仅在时间上比他期待的要来得更快，在方式上也更加贴近他本人。没过多久，艾略特就邀请他在哈佛主讲科学哲学方面的系列专题讲座。八年前，费斯克还是本科生的时候，曾遭到哈佛威胁，如果被逮住谈论孔德哲学（Comtism），学校就要开除他（彼时，孔德主义被人们普遍认为是无神论）。现在他则受邀在学校主办的讲座上详尽阐述实证主义哲学。费斯克早就抛弃了孔德，而选择了斯宾塞。因此，他现在肩负起了为斯宾塞辩护的任务，要替其洗刷剽窃孔德的罪名，但这并没有怎么减弱人们对其辩护的欢喜程度。这些讲座经报纸报道，引起了一些批评，但来听讲座的人数众多，而且都满腔热情。[19] 若干年后，当威廉·詹姆斯把斯宾塞的《心理学原理》（*Principles of Psychology*）作为哈佛的教材时，人们再也听不到兴奋的低语声。新哲学迅速打入了美国最古老的大学，而且几乎没有引起任何争议。

在耶鲁大学，引发争议的又是斯宾塞而不是达尔文，只不过直到 1879 年 8 月威廉·格雷厄姆·萨姆纳与诺亚·波特（Noah Porter）校长发生冲突，问题方才出现。波特是公理会的一名神职人员，但他并不是各种形式的进化论的坚决反对者。波特受马什教授发现的影响，又得考虑自身名望，并且耶鲁大学自己的皮博迪博物馆（Peabody Museum）里精心收藏的标本也令他印象深刻，因而在 1877 年已经对进化论作出了让步，他在一篇演说中声称，他发现"这个角落的博物馆里的结论同另一个角落的学院教堂里的教诲之间，没有不一致的地方"。[20] 尽管如此，他还是认为，美国大学应该"鲜明地、热诚地"保持"基督教本色"。当萨姆纳也因马什的工作信奉了进化论，试图在他的一门课上用斯宾塞的《社会学研究》（The Study of Sociology）做教材时，波特对这部著作的反有神论和反神职人员调子提出了异议，坚持要萨姆纳放弃使用这本书。一场广为人知的争执随之而来，最终以波特代价高昂的胜利告终。[21] 萨姆纳在严厉指责了波特之后，威胁要辞职，最后还是经好说歹说留了下来。此番争执过后，萨姆纳不再使用斯宾塞的书作为教材，理由是这场争执从根子上破坏了该书作为教材的价值。但在其他方面，他则继续我行我素。波特自己则开了一门课程"第一原理"（"First Principles"）来驳斥斯宾塞的思想。在这门课上，他也用了这位进化论者的一些著作。但令他沮丧的是，斯宾塞的著作对许多学生具有不可抗拒的吸引力，波特煞费苦心要推翻斯宾塞的学说，学生们竟成了该学说的信徒。[22]

21

在其他一些高等学府中，一些名气稍小的学者和神学教师，既没有费斯克和萨姆纳那么安全，也没有两人那么成功。地质学家亚历山大·温切尔（Alexander Winchell）于 1878 年被范德堡大学（Vanderbilt）开除，其他学校也时有侵犯学术自由的事件发生（不管是南方还是北方，都出现了此类事件），吸引了整个 19 世纪 80 年代到 90 年代公众的注意。[23] 然而，最值得注意的，或许不是抵制的力量究竟有多大，而是新思想在较好的学院和大学里开疆辟土的速度有多快。进化论不仅渗透到了教师队伍里，同样也渗透到了学生中间。"十到十五年前，"怀特洛·里德（Whitelaw Reid）1873 年在达特茅斯学院（Dartmouth College）的一次演讲中称，"在我们这里，大家在学习时间之外，阅读和谈论的主题，基本上是英国的诗歌和小说。现在是英国科学。赫伯特·斯宾塞、约翰·斯图尔特·密尔（John Stuart Mill）、赫胥黎（Huxley）、达尔文、丁达尔（Tyndall）已经取代了丁尼生（Tennyon）和布朗宁（Browning），以及马修·阿诺德（Matthew Arnold）和狄更斯（Dickens）。"[24]

1876 年，约翰·霍普金斯大学创立。这是一所致力于科学研究的机构，不受任何宗教派别的约束，它的创立，标志着高等教育向前迈出了一大步。为了表示对蒙昧主义的蔑视，学校首任校长丹尼尔·科伊特·吉尔曼（Daniel Coit Gilman）邀请托马斯·亨利·赫胥黎（Thomas Henry Huxley）——赫胥黎当时正在美国巡回演讲——在开幕式上发表演讲。赫胥黎的演说受到了热烈欢迎，但他的出现却引起了人们预料当中的"神学憎恨"（*odium theologicum*）。丹尼尔·科伊特·吉尔曼对蒙昧主义做出了象征着反抗的举动。"**邀请赫胥黎真是糟糕透顶的一件事，**"一位神学家写道，**"还不如把上帝请到场，那样倒会更好。要是把他俩都请过来，那可真是荒诞不经。"** 25 然而，诸如此类的公开反对，并没有阻碍这所新办大学的发展，它很快就跻身少数几所科学研究方面居于领先地位的大学之列。各种呼吁警惕的声音也没有盖住或是削弱赫胥黎的人望，讲座邀请数不胜数，他不得不接二连三地予以推辞，新闻界对他的行踪报道更是巨细无遗。

22

大众杂志迫不及待地为进化论论战开辟了专栏。十年的时间里，从敌对到怀疑，再到小心谨慎的赞同，最后到全面赞扬，在新英格兰知识分子的传统论坛《北美评论》（*North American Review*）的各卷文章中，可以看到这种典型的过程。1860 年，一位不具名的《物种起源》评介者认为，自然选择需要永恒的时间才能完成它的任务，他拒绝接受达尔文的理论，认为其"不切实际，异想天开"。26 四年后，一位作家指出，发展假说作为一般性的概念，"对于锻炼人们的思辨很有裨益。知识界一直期望在自然界中找到某种秩序，在某种程度上可以说，它就是对大家期望找到的这种秩序的一种抽象陈述"。27 1868 年，自由思想家弗朗西斯·埃林伍德·阿博特（Francis Ellingwood Abbot）提出，尽管大家在发展假说的一些次要问题上存在意见分歧，但该假说将极有可能在公认的科学真理中占有一席之地。28 1870 年，查尔斯·洛林·布雷斯（Charles Loring Brace）将自然选择誉为"本世纪最伟大的科学事件之一，它影响着每一个科学研究领域"。第二年，该杂志发表了昌西·赖特（Chauncey Wright）的一篇论文，为自然选择辩护。这篇文章给达尔文留下了深刻的印象，他让人印成小册子的形式重新出版，供英国读者阅读。29

经尤曼斯提议（尤曼斯认为有必要创办一份以科学新闻见长的通俗杂志），D. 阿普尔顿公司于 1867 年创办了《阿普尔顿杂志》(*Appleton's Journal*)。该杂志率先刊载了大量有关斯宾塞和达尔文的文章，并定期出版尤曼斯和费斯克撰著的普及读物。作为一本既非完全文学性质也非完全科学性质的杂志，《阿普尔顿杂志》读者寥寥。[30] 相对而言，尤曼斯 1872 年创办的《大众科学月刊》(*Popular Science Monthly*) 倒是更加成功。考虑到这本月刊某些主题的难度，其受到的好评还是出人意料，而且其销量很快就达到了每月 11000 册。为了满足大众的好奇心，刊物会发一些颇具哗众取宠意味的科学小品文，如《大火和暴雨》("Great Fires and Rainstorms")、《动物中的催眠术》("Hypnotism in Animals")、《迷信的起源》("The Gensis of Superstition")、《地震及其成因》("Earthquakes and Their Causes")等；接着就是科学哲学方面的学术文章、对杰出科学家的称赞性介绍、科学与宗教之间的谐和的讨论、反对蒙昧主义的论辩文章，以及有关研究的最新进展方面的报告。月刊编辑水平高，拥有大量忠实的读者，是科学振兴在期刊方面的重大成就。此外，尤曼斯还做了一件事，也须书上一笔，那就是代表阿普尔顿组织出版了颇负盛名的"国际科学系列丛书"(International Scientific Series)，这套丛书是由当时杰出的科学家编写的，几乎涵盖了自然和社会知识的全部范围，撰稿人当中，有来自社会科学领域的沃尔特·白芝浩（Walter Bagehot)、约翰·W. 德雷珀（John W. Draper)、斯坦利·杰文斯（Stanley Jevons)、斯宾塞和爱德华·泰勒（Edward Tylor)，来自心理学和生物学领域的亚历山大·贝恩（Alexander Bain)、约瑟夫·勒·孔蒂、达尔文和亨利·莫兹利（Henry Maudsley)，来自

23

自然科学方面的约翰·丁达尔（John Tyndall）以及其他人等。通过"国际科学系列丛书"、《大众科学月刊》以及对美国版斯宾塞著作的出版控制，阿普尔顿主导了这场新的知识分子运动，并踏着进化论的浪潮上升为出版界无可争议的领导者。

《大西洋月刊》（*The Atlantic Monthly*）也参加了这场论战，刊载了阿萨·格雷早期为达尔文主义辩护的一系列文章。[31] 在整个19 世纪 60 年代，为了保持对达尔文主义不置可否的调门，编辑们也曾刊登了阿加西兹的一篇反击文章来加以平衡。但在 1872年，该刊就法兰西科学院（French Academy of Science）拒斥达尔文之事发表了一篇社论。社论谈及自然选择理论已经

> ……在德国和英国迎接胜利的到来，在美国也差不多快要赢得胜利。如果说最高级别的科学头脑，是那种把开创伟大归纳理论的能力同验证这些归纳时无尽的耐心和谨慎结合在一起的头脑的话，自牛顿去世以来，还没有哪位比达尔文先生更完美地表现出了这种级别的头脑。这种说法并不为过。[32]

E. L. 戈德金（E. L. Godkin）的《国家》（*Nation*）给评介进化论作品的文章提供了一处并不引人注目但也算是蛮有利的地方。给它写这些评介文章的，都是第一批赞扬达尔文、华莱士（Wallace）和斯宾塞的人士。格雷不署名的短评也会时不时地光临它的专栏，他对倔强的自然主义者和自以为是的牧师进行的最强劲的攻击，有一些也刊登在这里。就在神职人员手下的杂志对达尔文《人类的由来》（*The Descent of Man*）一片哗然之际，《国

家》将该书描述为"对有关人类的起源及其与低等动物的关系的科学研究现状最清晰、最公正的阐述"。[33]

对科学发展和新理性主义的巨大兴趣，最好的证明就是，报纸每天都有对科学或哲学讲座连篇累牍的广泛报道。在编辑曼顿·马布尔（Manton Marble）的建议下，纽约《世界报》（New York *World*）报道了费斯克在哈佛大学的演讲《宇宙哲学》（"The Cosmic Philosophy"）。《论坛报》（*Tribune*）转载并讨论了赫胥黎在纽约的演讲，他在造访《论坛报》时受到的接待，其隆重程度不亚于王室。[34] 乔治·雷普利（George Ripley）是新闻界那些更加直言不讳的达尔文主义拥护者中的一员，[35] 他借《论坛报》新大楼落成典礼之机，对 19 世纪科学的形而上学含义进行了一番晦涩的讨论，也没有引起人们的惊讶。[36]《群星》（*Galaxy*）的一位编辑被自然选择"普遍浸透"了纯文学和报章杂志给逗乐了："新闻行业竟然被它浸染得这么深，头条文章最爱用的逻辑是'适者生存'，最爱用的俏皮话是'性选择'。"这位编辑还留意到，《先驱报》（*Herald*）驻华盛顿的一位记者最近为参议院画了一幅素描，用达尔文的表达方式把参议员画成公牛、狮子、狐狸和老鼠。在最近的新奥尔良狂欢节上，"缺失的一环"（Missing Link）已经被用作服装上的装饰图案。[37]

三

最后一批被攻陷的堡垒是各大教会组织。在那里，进化论在思想更为开明的新教教派中赢得了重大胜利。当然，大量虔诚的

25 信徒，不管是来自新教的还是来自天主教的，并未被达尔文主义
触动。布道家德怀特·L. 穆迪（Dwight L. Moody）可能是镀金
时代最受欢迎的宗教领袖，他的追随者肯定对新科学提出的所有
恼人问题一无所知。基督教基要主义直到迈入 20 世纪还在坚持，
便是达尔文主义未能彻底征服基督教的凭证。然而，在 19 世纪
晚期喜欢思考的会众中间，隐约存在着情绪上的骚动和智识上的
不满，这种情况促使他们乐于去接受某种支持变革、拥抱进化概
念的开明神学。[38]

达尔文主义从不止一个方向剑指传统神学的核心。近一个世
纪以来，由英国神学家威廉·佩利（William Paley）所推广的意
匠论一直是证明上帝之存在的标准验证。如今对许多人来说，达
尔文主义对这块神学基石的狂轰滥炸，必然导致无神论。新理论
也打破了关于罪的传统观念和以往与之相随的道德约束。至少，
它让人们不相信《创世记》中关于创世的说法，明显损害了《圣
经》的权威。这就是宗教正统人士的最初反应。[39]《人类的由来》
（1871）的问世，令神职人员的愤怒更是火上浇油，[40] 因为人类
的尊严本身也公然受到了伤害。笃信宗教的读者惊恐万状地指
出，达尔文竟然如此活灵活现地把人类祖先描述为"多毛的四足
动物，长着尾巴和尖耳朵，习性可能是树栖的"。

达尔文的著作以及与之相关的一切，在整个 19 世纪 60 年代
和 70 年代激起了不共戴天的仇恨。牧师们从神职人员知识分子
立场出发进行的论证，可谓相当可观。他们声称，只有当科学家
可以从动物园取出一只猴子，并通过自然选择使之变成人时，达
尔文主义才能成立。[41] 他们的口吻，甚至让当时的一位神职人
员，也即卫斯理大学（Wesleyan University）的 W. N. 赖斯（W. N.

Rice）教授都看不过去，以致他和他的同事们一起抗议他们对达尔文的态度，建议他们把批评的范围限定在科学问题上。[42]

神职人员方面最重要的反对理由，当然是达尔文主义同有神论格格不入。这是最受欢迎的阐述反达尔文主义观点的著作，查尔斯·霍奇（Charles Hodge）的《达尔文主义是什么？》（*What Is Darwinism?*）（1874）的中心主题。霍奇是一个老派牧师，写起文章来气势磅礴，那个时代令人印象最为深刻的神学论文中，有一篇就出自他的手笔。此外，他还是《普林斯顿评论》（*Princeton Review*）的编辑。因此，霍奇可以用权威的口气为一大批教徒说话。霍奇在他的论战册子中提醒读者："《圣经》对那些拒绝它的人几乎不发慈悲。它宣判，他们要么丧失理智要么道德败坏，或者就是两者兼而有之。"[43]霍奇称，所有轻率地玩弄着进化论的人都面临着踏上凶险的无神论之路的威胁，并列举了令人叹为观止的一大串所谓的唯物主义者和无神论者，其中包括达尔文、海克尔（Haeckel）、赫胥黎、毕希纳（Büchner）和福格特（Vogt）。霍奇几乎毫不顾及事实，[44]指责达尔文仔仔细细地把任何有关意匠（design）的迹象都从自然界剔除而根本不予考虑，最后以断言达尔文主义就是无神论的同义词为全书的收尾。[45]

天主教的批评家们往往也是同样决不妥协。尽管我们必须记住英国天主教徒、自然选择的有力批评者圣乔治·米瓦特（St. George Mivart）是位进化论者，但奥雷斯蒂斯·A.布朗森（Orestes A. Brownson）在敦促对进化生物学采取不妥协的政策时，可能表达了天主教的普遍反应。布朗森对新教徒和许多反对达尔文主义的天主教徒软弱无力的否定甚是不满，他呼吁无条件抛弃19世纪的地质学和生物学，称其代表着从阿奎那（Aquinas）

科学的倒退。莱伊尔、达尔文、赫胥黎、斯宾塞，甚至阿加西兹，都遭到了他的猛烈抨击。他在对《人类的由来》一书所作的亚里士多德式的分析中写道："在类人猿那里没有人的**种差**（ differentia ），因此人的种差不可能通过发展从类人猿那里获得。这足以驳倒达尔文的整个理论。"他最后说，《创世记》中关于创世的说法依然稳如泰山，必须坚持，直到相反的情况被完全证实为止；因此，举证的责任在达尔文。[46]

最正统的教徒在绝望中挣扎，觉得自己的事业注定失败，但其他人相对有序地撤退到了防守位置。早在 1871 年，当普林斯顿大学校长、美国长老会的半官方发言人詹姆斯·麦科什（ James McCosh ）承认他在《基督教与实证主义》(*Christianity and Positivism*) 一书中接受了发展假说时，毫不妥协地反对进化论这种情况就已经蒙上了最终崩溃的阴影。作为当时以苏格兰学派或者"常识"现实主义著称的宗教哲学的杰出倡导者，麦科什地位显赫，是一个公认的基督徒，诚实正直，普林斯顿大学专门把他从苏格兰引进过来担任校长。因此，当他在一本从意匠论出发来捍卫有神论的著作中接受了发展假说，并承认自然选择至少是真理的一部分时，这一刻便成了举足轻重的时刻。麦科什写道：

> 达尔文主义不能被视作已成定论……我倾向于认为，这个理论包含了大量重要的真理，我们看到，这些真理在有机自然界的每一个部分都表现出来了；但它并没有囊括全部真理，它所忽略的比它察觉到的还要多……自然界表现出了这一原则（自然选择），并且对一个世代又一个世代动植物的发展进步产生了作用，这一点我毫不怀疑……但到目前为

止，还没有证据表明没有其他原理在起作用。[47]

　　麦科什诚然不愿意将自然选择应用到人类身上，理由是一种特殊的创造行为可以更合理地解释人类独一无二的精神特征，但现在他已经把正统观念挖开了一个缺口。尤曼斯在 1871 年致斯宾塞的信中写道：

　　　　这里的进展异常迅猛。我从未见过这样的情况。《人类的由来》已经印行了 10000 册，我猜这些也差不多都卖完了……自由主义思想取得了显著的进展。每个人都在寻求解释。牧师们心神不宁。麦科什告诉他们不要担心，不管有什么发现，他都可以在其中找到意匠，在它身后安放上帝。布鲁克林教区 25 位牧师叫我找个星期六晚上同他们见个面，告诉他们该怎样做才能得救。我告诉他们，可以在生物学中、在《人类的由来》里找到生活的道路。他们说"很好"，并请我下次再去参加牧师俱乐部的会议。我去参加了会议，又受到了盛情的接待。[48]

　　《独立》(Independent) 周刊是美国最有影响的宗教报刊，订阅者中有 6000 多名神职人员。该刊是第一批相对赞成进化论的报刊之一。其最初针对《物种起源》写的书评，暗示这本书倾向于把造物主从"生机勃勃的宇宙"中挪移出去，但也承认其中包含有宝贵的科学素材。文章接下来推荐说，这本书可供"神学家和科学工作者细致研究"。这篇文章的立场虽然已经退却到认为达尔文主义不会影响有神论，从而一直都被人们用作撑开裂口的

28

楔子，但文章下笔谨慎，并且依然处在 19 世纪 60 年代后期阿加西兹的影响之下。然而，差不多也是在这个时候，进化论与《圣经》之间开始出现微弱的和解尝试。"只要《圣经》没有明确肯定物种确实是由一项权威的命令创造出来的，我们就可以听听动物学家的猜想，而不必触动我们的神学神经。"一位评介者写道。[49]到 1880 年，《独立》周刊的立场完全转变了过来，开始发表声嘶力竭地为进化论代言的辩论文章。[50]其他刊物调整自己观点的步伐相对较慢，但在达尔文主义引入美国 20 年后，即使是最保守的刊物，也有一些明显的变化。[51]《新英格兰人》(The New Englander)，新英格兰"扬基佬"(Yankee)牧师把持的一个重要论坛，起初指控达尔文复活"一个已被推翻了的陈旧理论"，在1883 年则发表了一篇有趣的调和文章，承认了有些基督教辩护者的歇斯底里。作者声称："我们对不朽的期待，多了一个新的信念之源。对于进化论者来说，否定一种更高级的未来生活之可能，是最无趣的自相矛盾。"[52]

在为使同道中人顺利接受达尔文主义的工作过程中，自由派牧师得到了来自科学工作者的帮助与安慰。阿萨·格雷孜孜不倦地试图证明自然选择理论对意匠论不会产生根本影响，并且达尔文本人是个货真价实的有神论者。[53]对于那些坚持认为物种的起源应该留在超自然领域的人，格雷回答说，他们是在任意限制科学领域，而又没有扩大宗教领域。约瑟夫·勒·孔蒂在他由查经班讲座集成的《宗教与科学》(Religion and Science)一书中，跟在格雷后面坚持认为，过去是否存在物种演变，或者说进化过程可能是什么样的，无论对这个问题的回答可能是什么，都改变不了意匠论。他强调，科学不应被视为宗教的敌人，而应被看作是对第一因（First Cause）在自然世界中运行方式的补充研究。无论科学能认识到什么，我们永远都可以设想上帝作为第一因的存在。[54] 自由派神学家充分利用了这样一个事实，即许多进化论的提倡者，如勒·孔蒂、丹纳和麦科什，都是对基督教无比虔诚的人。他们作为个人，象征着宗教与科学之间实现调和的可能。[55]

当亨利·沃德·比彻（Henry Ward Beecher）在达尔文和斯宾塞的共同影响下皈依进化论时，美国最重要的基督教道坛也被纳入了进化论的行列。通过比彻的发行量曾一度达 10 万份的《基督教联合会》(*Christian Union*)，和他在普利茅斯公理会（Plymouth Church）的继任者莱曼·阿博特（Lyman Abbott）编辑的《展望》(*Outlook*)，比彻新神学的自由化产生了广泛的影响。刚刚从清教神学的限制中解放出来的比彻，兴致勃勃地利用自己在全国的声誉、借助自己高超巧妙的修辞，为调和宗教与科学尽心竭力。他的主要理论贡献是仔细阐述了神学科学（science of theology）和宗教艺术之间的区别，这样神学可以得到进化论的修正、扩充，被进化论所解放，但宗教作为人类品质中一种固定的精神事物，将依旧原封不动。[56] 比彻宣称自己是"一个真诚的基督教进化论者"，公开承认斯宾塞是他知识上的养父。正是比彻将意匠问题（the design problem）的解决转化为商业文明的习惯用语，并提醒人们"批发的意匠比零售的意匠更伟大"。[57] 莱曼·阿博特不仅对此表示同意，还发誓放弃传统的关于罪的观念，认为其不仅侮辱了人，也侮辱了上帝。他建议，用进化的看法取而代之，因为在进化论中，每一个不道德的行为都被视为向动物性的倒退。这样，罪恶还是会像以往一样令人憎恶，但原罪

30

论中所暗含的对上帝的诽谤，将随原罪论一去不返。[58]

到19世纪80年代，被吸收到科学与宗教的调和之中的论证方式已经清晰。宗教已经被迫与科学分享其传统的权威，美国思想界也极大地世俗化了。进化论已经进入教会自身之中，在新教神学中，没有一个杰出的人物敢对此提出异议。但是，进化论已经被转换成神学议题，而且在老到的牧师手中，宗教注入了来自科学领域的权威思想，焕发出勃勃生机。[59]随着双方人马汇集到同一杆大旗下，共同向对美国生活前景抱有悲观主义或怀疑主义的队伍发起愤怒的反对，这对老冤家不久就很难被区分开来了。无神论的幽灵已经不再构成威胁，对那些最有可能找到不信神者的大学的调查显示，没有信仰的人少之又少。美国不信神的人当中没有产生"一位享誉世界甚至是享誉全国的斗士"，[60]神职人员这么说，算不上夸张。菲利普斯·布鲁克斯（Phillips Brooks）对此解释道："'知其不可故而信之'（Credo quia impossible），发出如此呐喊的那种对信仰坚定不移的英雄般的精神，深深地根植于人性之中，没有哪个世纪可以根除这种精神。"[61]之所以如此，按照比彻告诉他的普利茅斯公理会会众的话说，原因乃在于"人类心灵的道德结构中必须有宗教的一席之地"，难道不是这么回事吗？比彻接着说：

> 它必须拥有迷信，或者就必须拥有灵性的宗教。宗教之于人的必要性，即如人之必须拥有理性、想象、希望和欲望一样。对宗教的渴望，是构成人的重要部分。即便你拆掉所有神学体系——比如说，倘若你拆掉罗马教会，东一头西一头地乱扔材料；或是把新教信仰一个一个地拆得七零八落，

然后扔得东一块西一块——人还是宗教动物，不仅需要，而
且也不得不着手为自己建立某种宗教体系。[62]

对其一流神学家的这些看法，镀金时代没有异议。

---

1. 参见 Francis Darwin, *The Life and Letters of Charles Darwin*, I, 51, 99。参考文献部分
   （本书边码 205—216）已经列出的作品，出版地和出版时间在注释中不再重复。
2. 有关费斯克和尤曼斯的早期活动，参见 John Spencer Clark, *Life and Letters of John
   Fiske*, vol. I; Ethel Fisk, *The Letters of John Fiske*; John Fiske, *Edward Livingston
   Youmans*。
3. Henry Fairfield Osborn, *From the Greeks to Darwin*, 尤见 chap. v。
4. 参见 Arthur M. Schlesinger, "A Critical Period in American Religion, 1875–1900," *Proceedings*,
   Massachusetts Historical Society. LXIV (1932), 525–527。
5. Clark, *op. cit.*, I, 237.
6. *The Education of Henry Adams* (New York: Modern Library, 1931), pp. 225–226.
7. Emma Brace, *The Life of Charles Loring Brace* (New York, 1894), pp. 300–302.
8. 参见 Bert J. Loewenberg, "The Reaction of American Scientists to Darwinism," *American
   Historical Review*, XXXVIII (1933), 687。
9. 著名进化论者爱德华·德林克·柯普支持拉马克主义而非达尔文主义，参见 H. F.
   Osborn, *Cope: Master Naturalist* (Princeton, 1931)。许多生物学家虽然相信用以支撑达
   尔文发展假说有效性的数据，但对其将自然选择理论作为对发展的一种解释持批评
   意见。在一般大众的争论中，并不总是把这两种看法之间的区别分得很明确。
10. Agassiz, "Evolution and Permanence of Type," *Atlantic Monthly*, XXXIII (1874), 92–101.
11. C. F. Holder, *Louis Agassiz* (New York, 1893), p. 181; 另请比较参阅 Agassiz, *op. cit.*,
    p. 94。
12. Le Conte, *Autobiography* (New York, 1913), p. 287. "一直以来都有一种说法，"阿加
    西兹承认，"说是我本人已经为演化理论提供了最强有力的证据。"Agassiz, *op. cit.*,
    pp. 100–101.
13. Ralph Barton Perry, *The Thought and Character of William James*, I, 265–266. 但请参阅
    詹姆斯后来对阿加西兹的褒扬，*Memories and Studies* (New York, 1912)。
14. "Scientific Teaching in the Colleges," *Popular Science Monthly*, XVI (1880), 558–559;
    另请参见爱德华·S. 莫尔斯教授的演说，*Proceedings*, American Association for the
    Advancement of Science, XXV (1876), 140。
15. *Darwiniana*, pp. 9–16; 另请参见格雷的文章 "Darwin and His Reviewers," *Atlantic*

Monthly, VI (1860), 406–425。

16. Morse, *op. cit.*；莫尔斯的总结囊括了全国几乎所有杰出博物学家，如 E. D. 柯普、约瑟夫·雷迪（Joseph Leidy）、O. C. 马什、N. S. 谢勒和杰弗里斯·怀曼等。

17. Charles Schuchert and Clara Mae Le Vene, *O. C. Marsh, Pioneer in Paleontology* (New Haven, 1940), p. 247.

18. Charles W. Eliot, "The New Education-Its Organization," *Atlantic Monthly*, XXXIII (1869), 203–220, 358–367.

19. Clark, *op. cit.*, I, 353–376; Fiske, *Outlines of Cosmic Philosophy*, preface, p. vii.

20. Schuchert and Le Vene, *op. cit.*, pp. 238–239.

21. Harris E. Starr, *William Graham Sumner*, pp. 345–369.

22. Henry Holt, *Garrulities of an Octogenarian Editor*, p. 49.

23. Schlesinger, *op. cit.*, pp. 528–530.

24. "The Scholar in Politics," *Scribner's Monthly*, VI (1873), 608.

25. Daniel C. Gilman, *The Launching of a University* (New York, 1906), pp. 22–23. 原文为斜体。

26. "Darwin on the Origin of Species," *North American Review*, XC (1860), 474–506; 另请比较参阅置疑性文章 "The Origin of Species," *ibid*, XCI (1860), 528–538.

27. Chauncey Wright "A Physical Theory of the Universe," *North American Review*, XCIX (1864), 6.

28. "Philosophical Biology," *North American Review*, CVII (1868), 379.

29. Charles Loring Brace, "Darwin in Germany," *North American Review*, CX (1870), 290; Chauncey Wright, "The Genesis of Species," *ibid.*, CXIII (1871), 63–103; Francis Darwin, *op. cit.*, II, 325–326. 有关怀特在进化论论战中的影响，参见 Sidney Ratner, "Evolution and the Rise of the Scientific Spirit in America," *Philosophy of Science*, III (1936), 104–122。

30. John Fiske, *Youmans*, p. 260.

31. 参见 Gray, *Darwiniana, passim*。

32. *Atlantic Monthly*, XXX (1872), 507–508.

33. *Nation*, XII (1871), 258.

34. *New York Tribune*, September 19, 21, 25, 1876; 比较参阅 *Popular Science Monthly*, X (1876), 236–240。

35. 参见其文章 "Darwinism," 重印稿，*Tribune in Appleton Journal*, V (1871), 350–352。

36. *Popular Science Monthly*, IV (1874), 636.

37. "Darwinism in Literature," *Galaxy*, XV (1873), 695.

38. 参见 "Is the Religious Want of the Age Met?" *Atlantic Monthly*, XV (1860), 358–364。

39. 对正统观点的典型阐述，参见 John T. Duffield, "Evolutionism Respecting man, and the Bible," *Princeton Review*, LIV(1878), 150–177。

40. 参见 Bert J. Loewenberg "The Controversy over Evolution in New England, 1859–1873,"

New England Quarterly, VIII (1935), 232–257。

41. 参见 John Trowbridge, "Science from the Pulpit," *Popular Science Monthly*, VI (1875), 735–736。

42. "The Darwinian Theory of the Origin of Species," *New Englander*, XXVI (1867), 607.

43. Hodge, *What Is Darwinism?* p. 7.

44. 参见阿萨·格雷 *Darwinian* 一书中的批评，同书 p. 257。

45. Hodge, *op. cit.*, pp. 52 ff., 64, 71, 177.

46. Brownson, *Works* (Detroit, 1884), IX, 265, 491–493; 布朗森论述宗教与科学之间冲突的著作，参见 *ibid.*, IX, 254–331, 365–565。

47. *Christianity and Positivism* (New York, 1871), pp.42, 63–64.

48. Fiske, *op. cit.*, p. 266.

49. *Independent*, February 23; April 12; July 16, 1868.

50. "Scientific Teaching in the Colleges," *Popular Science Monthly*, XVI (1880), 558–559.

51. Bert J. Loewenberg, in "Darwinism Comes to America 1859–1900," *Mississippi Valley Historical Review*, XXVIII (1941), 339–368, 该文将 1859 年至 1880 年视为美国对达尔文主义的考察期，将 1880 年至 1900 年视为见证美国对达尔文主义的态度发生直言不讳的转变的时期。

52. Rev. J. M. Whiton, "Darwin and Darwinism," *New Englander*, XLII (1883), 63.

53. Gray, *Darwiniana*, pp. 176, 257, 269–270, *passim*.

54. *Religion and Science* (New York, 1873), pp. 12, 25–26.

55. Henry Ward Beecher, *Evolution and Religion* (New York, 1885), p. 51.

56. *Ibid.*, p. 52.

57. *Ibid.*, p. 115; 参见 Paxton Hibben, *Henry Ward Beecher: An American Portrait* (New York, 1927), p. 340; E. L. Youmans, ed., *Herbert Spencer on the Americans and the Americans on Herbert Spencer*, p. 66。

58. Lyman Abbott, *The Theology of an Evolutionist* (Boson, 1897), pp. 31 ff.; 参见 Beecher, *op. cit.*, pp. 90 ff.。

59. "Agnosticism at Harvard," *Popular Science Monthly*, XIX (1881), 266; 另请参见 William M. Sloane, *The Life of James McCosh* (New York, 1896), p. 231。

60. Daniel Dorchester, *Christianity in the United States* (New York, 1888), p. 650.

61. A. V. G. Allen, *Phillips Brooks, 1835–1893* (New York, 1907), p. 309.

62. Beecher, *op. cit.*, p.18.

第二章　斯宾塞旋风

在我看来，赫伯特·斯宾塞不仅是我们这个时代最深刻的思想家，也是有史以来最博学多识、最有影响的智识之士。亚里士多德和他的老师超过其前辈侏儒（pygmies）多少，斯宾塞就超过亚里士多德多少。和他相比，康德、黑格尔、费希特、谢林都是暗处偷摸知识裙底的猥琐男。在整个科学史上，只有一个人的名字可以和他相提并论，那就是牛顿。

——F. A. P. 巴纳德

我是一个激进主义者，也是一个地地道道的美国人。我相信，为了文明，我们这里还有大量工作要做。我们所需要的，就是思想——大范围的、有条理的思想——我相信，没有哪个人的思想像你的那样，对我们如此价值连城。

——爱德华·利文斯顿·尤曼斯致赫伯特·斯宾塞

一

1866 年，亨利·沃德·比彻致信赫伯特·斯宾塞："由于美国社会的独特状况，您的作品在这里取得的成效远远超过了欧洲，在这里更能激发人们的生气。"[1] 美国人为何愿意对斯宾塞敞开怀抱，比彻没有说，但他的话可以得到多方印证。斯宾塞的哲学非常贴合美国这个舞台。它在推导上是科学的，在范围上则可谓包罗万象。它有一套建立在生物学和物理学基础上的可靠的进步理论。它足够大，大到可以包罗所有人的所有事；它足够宽，宽到既可以满足罗伯特·英格索尔（Robert Ingersoll）这样的不可知论者，也可以满足像费斯克和比彻这样的有神论者。它为人们提供了一个无所不包的世界观，把世界上的一切，从原生动物到政治，全都统一在一条普遍原理之下。它满足了"先进思想家"的愿望，即建立一种世界体系来取代破碎的摩西宇宙论（Mosaic cosmogony），这让斯宾塞在公众中的影响力很快就超过了达尔文。此外，它不是用以指导专业人员的专门纲领。它在遣词造句上用的是哲学方面的生手都可以理解的语言。[2] 这就让斯宾塞既成了民间知识分子的形而上学大师，又成了朴素的不可知论者的先知。尽管斯宾塞体系的影响远远超过了它自身的价值，但对研究美国思想的学者来说，它犹如一件化石标本，人们可以由此出发，重建这一时期的思想主体。奥利弗·温德尔·霍姆斯（Oliver Wendell Holmes）怀疑"除了达尔文之外，还有没有哪位英语世界的作家能像他这样，对我们思考宇宙的整体方式产生过如此巨大的影响"，可以说并不夸张。[3]

斯宾塞的哲学在美国大获成功时，超验主义正处在黄昏，受黑格尔启发的新的唯心主义哲学差不多还没有升出地平线。实用主义则刚刚在昌西·赖特和不受欢迎的查尔斯·皮尔士（Charles Peirce）的脑海中冒头。后者那篇如今名扬四海的文章《如何使我们的观念清楚明白》（"How to Make Our Ideas Clear"）问世于

1878 年，已是斯宾塞《综合哲学》(*Synthetic Philosophy*) 第一卷出版十四年后的事；而詹姆斯打响实用主义普及运动第一枪的划时代"加州联盟"(California Union) 演说，则要等到 1898 年。然而，在美国思想史上，《综合哲学》(1860 年之后即以数卷系列著作的形式出现) 可不是填补超验主义和实用主义之间空窗期的苍白外客。尽管爱默生 (Emerson) 称斯宾塞为"陈腐的作家"，詹姆斯也连讽带刺地猛烈抨击这位"维多利亚时代的亚里士多德"，但在他同时代大多数受过教育的美国人看来，斯宾塞是一个了不起的人，一个伟大的智者，一位思想史上的巨人。

新英格兰为美国人接受斯宾塞哲学打下了坚实的基础，如果将回应尤曼斯征订意向、预先订阅《综合哲学》各卷的人中那些响当当的人物作为判断标准的话，这片土地可谓是培育斯宾塞在美国影响力的基地。出现在早期订阅名单上的，有乔治·班克罗夫特 (George Bancroft)、爱德华·埃弗雷特 (Edward Everett)、约翰·费斯克、阿萨·格雷、爱德华·埃弗雷特·希尔 (Edward Everett Hale)、詹姆士·拉塞尔·洛威尔 (James Russell Lowell)、温德尔·菲利普斯 (Wendell Phillips)、贾里德·斯帕克斯 (Jared Sparks)、查尔斯·萨姆纳 (Charles Sumner) 和乔治·提克诺 (George Ticknor) 等。这一长串的名字表明，新英格兰地区理智主义蔚然成风，已经具备为斯宾塞提供美国读者的能力。[4] 在打破旧的正统观念和解放美国知识分子的思想方面，超验主义和上帝一位论起到的作用虽然无法估量，但任何一位追踪内战后智识潮流的学者都肯定可以察觉得到。事实上，斯宾塞之所以有机会继续写作自己规划的后续各卷著作，还是托美国人的福。1865 年，由于第一批次的作品卖出后获得的回报少得可怜，斯宾塞面临着不得不放弃自己工作的危险。就在这个时候，尤曼斯从支持斯宾塞的美国人那里筹集到了 7000 美元。[5]

在斯宾塞发表《综合哲学》后的几年里，其著作已为相当多美国读者所熟知。1864 年，《大西洋月刊》评论道：

> 赫伯特·斯宾塞先生已经是世界上有影响力的人物……他已经打破一些有识之士的沉默生活，他们的信仰标示了这个时代的文明必须奋力上升到的高度。在美国，我们甚至可以承认，我们受惠于斯宾塞先生的作品，因为我们这里的大众，已经早于其他地方的人们，体会到了只有少数人认为是真理的东西的效用……斯宾塞先生代表了时代的科学精神。他把感官经验范围内所有事物都记录下来，而且由此他公布了一切通过仔细归纳得出的结论。作为一个哲学家，他没有再往前走……斯宾塞先生已经确立了一些原则，这些原则尽管在一段时间内不得不与偏见和既得利益者妥协，但将成为改进后社会的公认基础。[6]

内战后三十年里，一个人如果不掌握斯宾塞的思想，就无法活跃于任何知识领域。[7]几乎每位一流或二流的美国哲学家，特别是詹姆斯、罗伊斯（Royce）、杜威（Dewey）、鲍恩（Bowne）、哈里斯（Harris）、豪伊森（George Howison）和麦科什，在某个阶段都不得不同斯宾塞打交道。他对美国社会学的大多数创始人，尤其是沃德（Ward）、库利（Cooley）、吉丁斯（Giddings）、斯莫尔（Small）和萨姆纳，产生了至关重要的影响。"我想，几乎所有在 1870 年到 1890 年间开始学习社会学的人，都是受斯宾塞的感染选择社会学的。"库利承认。他接着说：

> 他撰著的《社会学研究》也许是其所有著作中可读性最
> 强的，销量很大，而且极可能比之前或之后任何其他出版的
> 作品都更能引起人们对这个主题的兴趣。无论我们有什么样
> 的理由去指责他，都要同时在功劳簿上给他的有效宣传记上
> 浓墨重彩的一笔。[8]

在尤曼斯的领导下，阿普尔顿公司的刊物不断挖掘斯宾塞的
卖点，大众杂志上到处都是他写的文章或是关于他的文章。在将
格兰特视为英雄的那辈人心目中，斯宾塞就是他们的思想家。亨
利·霍尔特（Henry Holt）晚年写道，"也许没有其他哲学家"

> ……像大约从 1870 年到 1890 年的斯宾塞那样，刮起过
> 一阵如此强烈的旋风。以前的大多数哲学家，其作品的阅读
> 范围大抵主要限于经常从事哲学研究的读者圈，但那时不仅
> 整个英、美有理解和学习能力的世界都在广泛阅读和普遍谈
> 论斯宾塞，而且那个世界比以往的任何一个这样的世界都要
> 广阔。[9]

斯宾塞对美国普通人的影响，尽管只是隐约可见，但却是
无法估量的。他的作品被那些部分靠自学或基本靠自学的人广
为阅读，被千百个小镇和村寨里那些迈着艰辛的步伐走出神学
正统的人广为阅读，那些后来获得了一些名声的人，在生活中
不经意间就提到了斯宾塞，即表明此非虚言。西奥多·德莱塞

（Theodore Dreiser）、杰克·伦敦（Jack London）、克拉伦斯·达罗（Clarence Darrow）和哈姆林·加兰（Hamlin Garland）都曾透露，自己在个性形成时期受到了斯宾塞的影响。约翰·R. 康芒斯（John R. Commons）在他的自传中，就说起了作者在印第安纳的少年时代，他父亲的那些朋友们对斯宾塞的迷恋：

> 他和密友们谈论政治和科学。在印第安纳州的那个东部地区，他们每个人都是共和党人，靠为内战呐喊为生，每个人都是当时那位闪耀着进化论和个人主义光芒的赫伯特·斯宾塞的追随者。几年后，也就是1888年，在美国经济学会（American Economic Association）的一次会议上，我听到伊利（Ely）教授谴责赫伯特·斯宾塞误导经济学家，感到十分震惊。我是在胡歇主义（Hoosierism）、共和主义、长老会制和斯宾塞主义的熏陶下长大的。[10]

自19世纪60年代最早出版以来，到1903年12月，斯宾塞的著作在美国的销量达到了368755册，在哲学和社会学这类颇为难懂的领域，相较于其他著作，这个数字可能是空前的。[11] 至于受他影响的人究竟有多少，也必须以其在读者中间的传阅度和图书馆的借阅量来衡量。当然，我们不能说斯宾塞著作的传播量有多大，人们对他思想的接受程度就有多高。这其中无疑也不乏批评的声音。1884年，《国家》杂志的一位评论家在斯宾塞旋风尚未息止时评论说："这些审视或驳斥斯宾塞的书籍现在成了一座蔚为壮观的图书馆。"[12] 这种批评本身就是衡量斯宾塞巨大影响力的另一尺度。

二

赫伯特·斯宾塞和他的哲学是英国工业主义的产物。这位新时代的代言人本该通过训练成为一名土木工程师，他思想中的科学成分——能量守恒和进化论思想，本该间接来自对水利技术和人口理论的早期观察资料。斯宾塞的体系是在一个钢铁与蒸汽的时代，一个竞争、剥削和斗争的时代构想出来的，也是献给这个时代的。

斯宾塞 1820 年出生于英格兰一个中下阶层的新教传统家庭，按他自己的说法，其毕生对国家政权的狂野憎恨，概归于此。斯宾塞早年在鼓吹自由贸易的宣传机构《经济学人》（*Economist*）工作时，曾与信奉戈德温哲学的无政府主义者托马斯·霍吉斯金（Thomas Hodgskin）有过短暂交往，而且看来也吸收了后者的原则与观念。斯宾塞的思想是沐浴着英国科学和实证思想的阳光成长起来的，他的巨著《综合哲学》是其家庭信奉的新教和他所处的学术环境中耀眼的科学成就的综合体。莱伊尔的《地质学原理》（*Principles of Geology*）、拉马克的发展理论、冯·贝尔（Von Baer）的胚胎学法则、柯勒律治（Coleridge）的普遍进化模式观念、霍吉斯金的无政府主义、反《谷物法》联盟（Anti-Corn Law League）的自由放任原则、马尔萨斯（Malthus）的悲观预测，以及能量守恒等，都成为斯宾塞用来构建其庞大体系的要素。他的社会理念只有置于这种哲学背景之中才明白易懂；他的社会法则只是他的各种总原则在特定情况下的具体实例，[13] 而在美国，人们之所以被他的社会理论吸引，大都在于这些理论同他对知识的综合性整合紧密结合在一起。

斯宾塞的整合旨在将物理学和生物学的最新发现纳入一个连贯的结构。就在达尔文的思想中形成自然选择概念的同时，一批热力学研究者的工作也得出了一条富有启发性的普遍规律。焦耳（Joule）、迈尔（Mayer）、赫尔姆霍茨（Helmholtz）、开尔文（Kelvin）等人一直在探讨热和能之间的关系，而且提出了能量守恒定律，其中，赫尔姆霍茨的《能量守恒》(*Die Erhaltung der Kraft*, 1847）对这一定律的阐释最为清晰。这一概念同自然选择一道为人们普遍接受，而这两大发现在 19 世纪思维方式基础上的融合，则是自然科学声望获得巨大增长的主要原因。人们认为，科学现在已经为自成一体的宇宙图画添上了最后一根线，在这个宇宙中，物质和能量从未毁灭，而是在不断变换形式，其各种有机生命形态是整个系统不可分割的、清晰明了的产物。就像前牛顿哲学在 18 世纪遭遇的命运那样，此前的哲学现在也已经陈旧过时。以机械主义世界体系的繁荣为标志，哲学开始向自然主义转变。引领这一趋势的，是爱德华·毕希纳（Edward Büchner）、雅各布·摩莱肖特（Jacob Moleschott）、威廉·奥斯特瓦尔德（Wilhelm Ostwald）、恩斯特·海克尔（Ernst Haeckel）和赫伯特·斯宾塞等人。在这些新的思想家中，只有斯宾塞力图将科学上的启发用于社会思想和社会行动，在这方面他最像 18 世纪的哲学家。

能量守恒——斯宾塞更愿意称之为"力的恒久性"(the persistence of force)——是斯宾塞演绎体系的起点。以物质和运动形式表现出来的力的恒久性，是人类探索的基础，是哲学赖以构建的原料。人们观察到，在宇宙的每个角落，物质和运动总是在不停地重新分配，在进化（evolution）和消亡（dissolution）

之间有节奏地按比例分配。进化是物质的逐渐聚合（progressive integration of matter），伴随着运动的耗散（dissipation of motion）；消亡是物质的解体（disorganization of matter），伴随着运动的吸收（absorption of motion）。生命的进程本质上是进化的，体现了从低级原生动物所示的分散的同质状态到人和高等动物所体现的聚合的异质状态的连续变化。[14]

斯宾塞从力的恒久性出发，推断出任何同质性的事物天生都是不稳定的，因为恒久的作用力对不同部分产生的影响大小不一，这就必定导致各部分未来发展出现差异。[15] 因此，同质的事物必然发展为异质的事物。这乃是宇宙进化的关键。这种从同质性到异质性的进展——星云物质形成地球、低级简单的物种进化为高级复杂的物种、千篇一律的一团细胞发育成个体胚胎、人类心智的成长，以及人类社会的进步——是在人类可认识的一切事物中都起作用的基本原理。[16]

这一过程的最终结果，在动物有机体或社会中，是达到一种平衡状态——斯宾塞将这一过程称为"平衡化"。最终达到平衡是不可避免的，因为进化过程不可能永远朝着异质性不断增加的方向发展。"进化有着自己不可逾越的极限。"[17] 在这里，宇宙律动的模式开始发挥作用：进化之后便是消亡，聚合之后便是解体。在有机体中，这一阶段表现为死亡和腐烂；但在社会中却表现为确立起一种稳定、和谐、完全适应新情况的状态，在这种状态下，"进化只能以确立起尽善尽美和完满幸福告终"。[18]

要不是斯宾塞以不可知论的形式向宗教作出了重要让步，这种气势宏伟的实证主义大厦在美国可能根本不会被人们接受。那时的大问题，就是宗教与科学可否和解。斯宾塞不仅给出了人们想要的肯定回答，还断言在未来所有时代，无论科学如何认识世界，宗教的实质领域——对不可知事物的崇拜——就其本质而言是决不容亵渎的。[19]

对于那些坚定的宗教正统人士来说，斯宾塞的妥协并不比格雷和勒·孔蒂作出的妥协更能令人接受，对其哲学的声讨与斥责频频出现在19世纪60年代的神学期刊上。然而，那些乐于玩弄自由主义的宗教领袖却对斯宾塞甚是赞赏。虽然像麦科什这样的思想家发现，不可知事物对于信仰和崇拜来说太过模糊和令人不适，有些人还是可以把它与上帝联系在一起。[20]此外，还有一些人发现，斯宾塞关于从利己主义向利他主义转变的看法，同基督教的道德宣讲之间存在相似之处。[21]

三

斯宾塞认为可以构想出一条总的进化法则，正是这种想法让他把生物进化的图解应用于社会。其体系中各种推导出来的一般规律要是有效的话，社会结构和社会变化的原理就必须同宇宙的普遍原理别无二致。在将进化论运用于社会的过程中，斯宾塞和他之后的社会达尔文主义者，都在妥善地对它的起源进行诗意的处理。"适者生存"是从19世纪早期社会各种残酷进程中归纳出来的、深思熟虑的观察家觉察到在起作用的一条生物学规律；达尔文主义则是政治经济学的派生物。工业革命早期悲惨的社会条件为马尔萨斯《人口论》（*Essay on the Principle of Population*）提供了数据来源，而马尔萨斯通过观察获得的资料则一直构成自然选择理论的背景。在达尔文的理论中，自然选择理论的社会源头印记非常明显。"在整个英国的达尔文主义头顶上，"尼采曾评论道，"都散发着某种穷困交加的底层人的气息。"[22] 达尔文承认马尔萨斯对他影响极大：

39

> 　　由于长期观察动植物的习性，我已经有了足够的知识储备去领会各处都在发生的生存斗争。1838 年 10 月，也就是开始系统研究 15 个月后，我出于消遣，碰巧读到了《马尔萨斯论人口》。我立马意识到，在这些生存斗争的环境下，适合的变种会趋于继续存活下去，不适宜的变种则趋向毁灭。其结果便是新物种的形成。[23]

　　同达尔文一道发现自然选择理论的阿尔弗雷德·拉塞尔·华莱士（Alfred Russel Wallace），同样承认马尔萨斯给他提供了自己"长期以来一直在寻找的推动有机物进化的动力究竟是什么的线索"。[24]

　　斯宾塞的社会选择理论起因于他对人口问题的关注，也是受到马尔萨斯的激发而写出来的。在 1852 年问世的两篇著名文章中，也就是达尔文和华莱士共同公布他们的理论概略的六年前，斯宾塞就已经提出了这样的观点：人口的生存压力必定会对人类产生有益的影响。从人类最早开始，这种压力就是进步的直接原因，它通过重视技能、智力、自控力和由技术创新获得的适应能力，推动了人类的进步，并从每代人中挑选出最优秀的人，让他们生存下去。

　　由于没有像达尔文那样把自己的归纳扩展到整个动物世界，

斯宾塞尽管创造了"适者生存"这个词，但未能获得丰硕的洞察成果。[25] 他更关心的是精神上的进化而不是生理上的进化，并接受了拉马克的理论，即后天获得性状遗传（inheritance of acquired characteristics）是物种起源的一种手段。这一学说坚定了他的进化乐观主义。因为，如果心智性状和生理性状都能遗传下去，则种族的智识能力就会日积月累，渐渐增强，经过几代人的累积之后，最后将发展出一个理想的人。斯宾塞一直没有放弃他的拉马克主义，即便是在科学意见一边倒地反对拉马克主义的时候，也是如此。[26]

斯宾塞绝不会否认伦理因素和政治因素在他思想阐发中的首要地位。他在《伦理学资料》（*Data of Ethics*）序言中写道："我所有近期目标背后的终极目的，一直就是为支配一般行为举止的是非原则寻找科学依据。"因此，他的创作生涯始于一部伦理学而非形而上学著作，也就不足为奇。斯宾塞的第一部作品《社会静力学》（*Social Statics*，1850），是一次用生物学上的各种迫切性与必要性来支持与巩固自由放任的尝试，该书旨在攻击边沁主义（Benthamism），尤其是攻击边沁主义信徒对立法在社会改革中积极作用的强调。斯宾塞虽然同意杰里米·边沁（Jeremy Bentham）的终极价值标准——最大多数人的最大幸福，但一概抛弃了功利主义伦理的其他方面。他呼吁回归自然权利论，将人人皆有权利做自己乐意的事定为伦理标准——只有一个条件，即不得侵犯他人的平等权利。据此方案，国家仅具有唯一一项消极职能，那就是确保这种自由不受限制。

斯宾塞认为，人类品质对生活环境的适应是一切伦理进步的基础。一切恶的根源都是"素质适应不了环境"。由于就是在有机体的本性里建立起来的适应过程一直在起作用，所以恶在慢慢消失。虽然人类在道德素质上仍然满是原始掠食生活的遗迹——这种生活要求人们拥有兽性的骄横，但适应确保了人类终将发展出一种适合文明生活需要的新的道德素质。人类的完美不仅是可能的，而且一定会实现：

> 理想的人终将出现，这在逻辑上是确定的，就像"所有人都会死"这类我们最笃信的任何结论一样确定无疑……因此，进步不是一种偶然，而是一种必然。文明不是人为的，而是自然的一部分，跟胚胎的发育或花苞的缓缓绽放一模一样。[27]

　　尽管在附带主题上抱持激进主义，如坚持土地私有的不公、捍卫妇女和儿童的权利，以及主张一种独特的斯宾塞式"无视国家的权利"（right to ignore the state）——后来各版本删除了这一点，其他著作也没有再提——但斯宾塞该书的主流是极端保守主义。他断然否定国家对"自然"的、放任自流的社会发展的干预，因此，国家向穷人提供任何帮助，他都一概反对。他说，这些穷人都是不适者，就应该淘汰。"大自然的整个努力就是为了涤荡这样的不适者，把他们从这个世界上清除出去，为更好的人腾出空间。"大自然对心理素质的要求就像对生理素质一样严格，"不管是心理上的劣根性还是生理上的劣根性，都是死亡的起因"。因愚昧、恶劣或游手好闲而丢了性命的人，同脏器虚弱或肢体畸形的罹病者是一类人。在自然法则下，大家都一样，全都要接受自然法的审判。"如果他们能足够完美地活着，他们也就确实活下来了，那很好，他们也应该继续活下去。如果他们不能足够完美地活着，他们就死了，而且最好不过的是，他们也应该死。"[28]

斯宾塞不仅公开谴责济贫法，而且也强烈反对国家扶持教育，反对除制止妨害公共卫生的行为之外的卫生监督，反对制定居住环境方面的规章条例，甚至对国家保护无知者免受江湖庸医的诊切，他也一概反对。[29] 他同样反对关税、反对国家银行、反对政府邮政系统。这就是他对边沁斩钉截铁的回答。

在斯宾塞的后期作品中，社会选择尽管从未消失，但已经不再那么显眼。把社会学建立在生物学的基础上，究竟要精确到何种程度，斯宾塞从来没有形成前后一贯的意见。由于其体系的前后矛盾和含糊不清，结果产生了大量的斯宾塞评注家，其中最孜孜不倦、最将心比心的，就是斯宾塞本人。[30] 外界指控他将生物学概念运用到社会原理上的残忍无情，对此斯宾塞被迫一遍又一遍地强调，他并不反对私人出于自愿去帮助不适者、自愿去做慈善，因为这会提升施主的品格，并加快利他主义的发展；他只反对强制性的济贫法和其他国家举措。[31]

斯宾塞的社会理论在《综合哲学》中得到了进一步充分发展。在其中的《社会学原理》(*The Principles of Sociology*) 中，斯宾塞对社会有机演绎作了一番长篇大论的阐述，追溯了社会同动物群体之间在生长、分化和结合方面的相似之处。[32] 斯宾塞虽然认为社会有机体的目的不同于动物有机体，但坚持两者的组织规律没有什么两样。[33] 社会之间同生物之间一样，也存在着生存斗争。这种斗争对社会的进化一度不可或缺，因为这让小团体相继合并为大一级的团体成为可能，并促进了最早形式的社会合作。[34]

42

但作为一个和平主义者和国际主义者，斯宾塞没有将这种分析运用于当代社会，而是选择了收缩。他断言，未来社会间的这些斗争将失去效用并走向消亡。斗争和征服带来的社会巩固进程消除了继续冲突的必要性。这样，社会便从野蛮时期或者说尚武时期迈入工业时期。

在尚武时期，人们之所以组织起社会，主要是为了生存。社会用林立的干戈武装自己，训练人民的作战技能，仰赖专制政权，湮没个体，并将大量强制性合作强行塞给人民。在这类社会的彼此斗争中，那些最能体现上述好狠斗勇特征的社会将生存下来；那些最适应这种尚武社会的人，将成为占统治地位的人群。[35]

尚武政权的四处征服，创造了越来越大的社会单元，拓展了内部和平与工业艺术的应用得以养成的地域空间。尚武社会现在到达了进化的均势阶段。接下来便出现了工业社会，一种基于契约而不是建立在身份基础上的制度。与原先形式的社会不同，这种类型的社会性情平和，[36] 尊重个体，更加具有异质性和可塑性，更倾向于放弃经济上的自主而赞同与其他国家进行工业合作。自然选择现在致力于打造一种完全不同的个性。工业社会要求保障人们的生命、自由和财产；相应地，与这种社会最协调的品格类型，便是和平、独立、善良和诚实。新的人性的出现，加快了社会从利己主义转向利他主义的趋势，而利他主义将使所有伦理问题迎刃而解。[37]

斯宾塞强调，基于对生存本身的考虑，工业社会的合作必须出于自愿，而不能强制。社会主义者提议国家对生产和分配进行管制，这样的国家更像是尚武社会的组织，对工业社会的生存来说是致命的。这样的做法是在惩罚优秀的公民及其后代，让劣质者受益，采取这种做法的社会将在竞争中被其他社会超越。[38]

在《社会学研究》一书中，斯宾塞概述了他对社会科学实用价值的看法。该书于 1872 年至 1873 年在美国《大众科学月刊》以连载形式首次发表，并收入"国际科学系列丛书"。斯宾塞撰写此书，旨在证明自然主义的社会科学值得向往，并捍卫社会学免受神学家和非决定论者的批评，这对社会学在美国的兴起产生了显著影响。[39]斯宾塞有一个愿望，并深受其鼓舞，那就是推动一门关于社会的科学的发展，这门科学将打破法律改革者们的幻想。斯宾塞认为，法律改革者采取行动，通常都建立在如下假定的基础上，即：社会因果关系是简单的、容易估算的；用来减轻苦难、纠正弊病的方案，都会达到预期效果。社会学作为一门科学，通过教导人们科学思考社会因果关系，可以让人们认识到社会有机体的巨大复杂性，并废弃草率的法律万能论。[40]达尔文的那种事物历经漫长时期逐渐发生改变的概念，让斯宾塞嘲弄各种实现社会快速转型的计划时充满了底气。

在斯宾塞的展望中，社会学的伟大任务，是绘制"社会进化的正常路线"，让大家看到既定政策将如何影响社会进化，并谴责一切类型的干扰社会进化的行为。[41]社会科学是消极意义上的实用工具，其目的不是引导人们有意识地控制社会结构、组织或功能的进化，而是让大家明白绝对做不到这种控制；组织起来的知识所能尽力而为的，就是教导人们更乐意接受前进的动力。斯宾塞指出，真正的社会理论的作用是发挥润滑剂的功能，而不是成为前进的动力。它能润滑轮子，防止摩擦，但不能保持发动机运转。[42]他说："没有什么比让社会畅通无阻地进步来得更好，然而，为追求错误的观念而采取的政策可能会造成巨大的危害，

44

干扰、扭曲和压制进步。"[43] 斯宾塞断定，任何一种关于社会的完备理论，都会承认生物学的"普遍真理"，并通过"人为保护那些最不能照顾自己的人"而避免违背选择原理。[44]

四

迅速的扩张、各种手段的利用、不顾一切的竞争以及对失败的断然拒绝，内战后的美国就像一幅描绘达尔文主义者生存斗争和适者生存情景的巨型人物漫画。成功的企业家显然几乎全都本能地接受了达尔文的术语，这些术语似乎就是对他们生存状况的描述。[45] 商人通常都不是善于表达的社会哲学家，但对他们的社会观进行粗略的重现后，可以看出，社会选择理论中的各种看起来言之成理的类比同他们的思维十分契合，斯宾塞体系的那种滔滔不绝的进化乐观主义甚受他们欢迎。在一个弥漫着进步信念的国家里，甚至许多道德视野比那些做生意办企业的人士广阔得多的人，也在追求金钱上的成功。沃尔特·惠特曼（Walt Whitman）在《民主远景》（Democratic Vistas）一书中写道："我清楚地认识到，在美国盛行的那种异乎寻常的商业活力，和对财富近乎疯狂的渴求，构成了改良和进步的组成部分，对为我所强烈要求的那些结果作准备，必不可少。我的理论中包括财富，也包括获取财富……"铁路主管昌西·迪普（Chauncey Depew）断定，出席纽约各种盛大宴会和公共筵席的宾客，是成千上万为了名誉、财富或权力来到纽约的芸芸众生中的优胜者，正是"卓越的能力、远见和适应力"使他们成功地在这个大都会上演的种种激烈竞争中生存下来。毫无疑问，他的这番话赢得了众多喝彩。[46] 另一位铁路大王詹姆斯·J. 希尔（James J. Hill）在一篇为企业兼并辩护的文章中，指出"各家铁路公司的命运是由适者生存的法则决定的"，并暗示大的铁路企业兼并小的铁路企业代表了工业上强者的胜利。[47] 约翰·D. 洛克菲勒（John D. Rockefeller）则在一所主日学校的演讲中，以一种熟悉各种竞争方法的口吻宣称：

> 大企业的成长不过就是适者生存而已……只有牺牲周围早熟的花蕾，才可育出一支灿烂、芬芳的美国丽人，让观者赏心悦目。这不是商业领域出现的邪恶倾向，而只是自然法则和上帝法则拟制的结果。[48]

斯宾塞最著名的门徒是安德鲁·卡内基（Andrew Carnegie），后者找到了这位哲学家，成了他的亲密朋友，给了他无数的捐赠。卡内基在他的自传中，讲述了他对基督教神学的崩溃感到多么烦乱不安和困惑不解，直到他孜孜不倦地阅读达尔文和斯宾塞的著作之后才豁然开朗。

> 我记得那光亮就像洪水一样涌了过来，一切都是那么清晰。我不仅摆脱了神学和超自然的东西，还发现了进化的真相。"一切都好，因为一切都在变得更好"成了我的座右铭，成了宽慰我的真正源泉。人不是带着堕落的本能被造物主创造出来的，而是从低级形式上升到高级形式的；其走向完美之路，也没有哪一处会是终点。他面向光明，站在阳光之下举目仰望。[49]

认识到社会法则建诸自然秩序的不变原则之上，或许也会让人感到宽慰。卡内基在《北美评论》的一篇文章中（这篇文章被他列为自己的上乘佳作之一），强调了竞争法则的生物学基础。尽管这项法则貌似严厉冷酷，但无论我们怎么反对，他写道，"它就在这儿。我们无法规避它，也找不到任何东西可以替代它。虽然法律有时对个人来说冷酷无情，但对整个种族来说是至为恰当的，因为它保证了在每个活动领域都是适者生存"。即使文明最终抛弃其个人主义基础是可取的，但这样一种改变在我们这个时代是行不通的；它属于另一个"长久美满的社会学层面"，而我们的责任是与此时此地联系在一起的。[50]

斯宾塞的社会思想为人所接受，同他整个思想的主体部分受到欢迎是分不开的。然而，其成功也可能部分来自他说出了那些捍卫美国社会现状的人想听的话。农民党人（Grangers）、绿币党人（Greenbackers）、单一税制主张者（Single Taxers）、劳工骑士团（Knights of Labor）、工会主义者（Trade Unionists）、平民主义者（Populists）、乌托邦社会主义和马克思社会主义者（Socialists Utopian and Marxian），都对现有的自由企业模式发起了挑战，要求国家采取行动实施改革，或者是坚持彻底重塑社会秩序。那些希望以既定方式继续下去的人迫切需要对不断高涨的批评声音作出理论上的回答。铁器制造商亚伯兰·S.休伊特（Abram S. Hewitt）说：

宗教制度和政府体制面临的问题是，如何使在自由方面平等——也即享有平等的政治权利，并因而平等享有财产所有权——的人们，安于接受由正义法则的应用必然导致的财产分配上的不平等。[51]

这个问题，斯宾塞的体系可以解决。

保守主义和斯宾塞的哲学如影随形。自然选择理论和为自由放任生物学的辩护，在斯宾塞的正式社会学著作和一系列较短的论文中，都有宣讲，从而满足了自然选择对科学依据的渴望。斯宾塞呼吁给予个人企业绝对自由，是对宪法禁止不经正当法律程序妨碍自由和财产的一份重要的哲学声明。斯宾塞在宇宙框架内提出了一种总的政治哲学。正是同一种政治哲学，在联邦最高法院对宪法第十四修正案的解释中，发挥了光彩夺目的作用，扭转了国家改革的潮流。正是斯宾塞哲学与最高法院对正当程序的解释的融合，最终鼓舞霍姆斯大法官（Mr. Justice Holmes）（他本人是斯宾塞的崇拜者）去抗议"第十四修正案没有担当起赫伯特·斯宾塞先生'社会静力学'的角色"。[52]

推广斯宾塞的人在社会问题上的看法也同样保守。1872 年，尤曼斯还从自己的科普工作中抽出时间，攻击要求推行八小时工作制的罢工者。他以典型的斯宾塞风格敦促说，劳动者必须"接受和平的、建设性的、受理性支配、一点一点改进和进步的文明精神"。指望采取胁迫手段和暴力措施来骤然获得巨大利益，必将被证明为实属幻想。他认为，如果人们在接受教育的过程中，学习了政治经济学和社会科学的基本知识，这些错误是可以避免的。[53]尤曼斯抨击新成立的美国社会科学学会（American Social Science Association）把心思全都花在不科学的改革措施上，而不"从科学的角度对社会进行严格的、不偏不倚的研究"。他宣称，不了解社会行为规律，改革就是盲目的；社会科学学会要是承认有那么一个顺乎自然的、自我调节的活动领域，政府对这个领域进行干预通常会贻害无穷，那社会科学学会可能就会有更好的表现。[54] 在那些同尤曼斯一样相信科学表明"我们的命好还是不好，都是与生俱来的；被领到社会底层去挣扎求生的人，无论是谁，都永无可能爬到社会上层，因为天地万物的重量都压在他身上"的人看来，社会改良活动几乎没有任何空间。[55]

接受斯宾塞主义哲学导致了改革意志的麻痹。在《进步与贫穷》(Progress and Poverty) 出版几年后，有一天，尤曼斯当着亨利·乔治 (Henry George) 的面，极其愤怒地斥责纽约的政治腐败和富人的自私自利，说他们只要发现这么做有利可图，就会视而不见或者推波助澜。"你建议怎么办？"乔治问。尤曼斯回答说："什么也做不了！你和我什么都做不了。这都是进化问题。我们只能等着进化。也许四五千年后，进化可能会将人带出这种状态。"[56]

48

1882 年秋天可能是斯宾塞在美国最受欢迎的高光时刻。当时，他到美国进行了一次令人难忘的访问。尽管斯宾塞很厌恶记者，但他还是受到了媒体的极大关注。酒店经理和铁路代理商也争相为他服务。[57] 斯宾塞最后同新闻界的先生们来了次"综合访谈"，他（语气有些刺耳地）说他担心美国的国民性还没有发展到可以充分利用其共和制度的程度。不过，前景还是令人鼓舞。[58] 他告诉记者，根据"生物学真理"，他推断，雅利安人种的同源变种最终混合形成的族群，将繁育出一类比迄今存在的形态更优质的人。无论美国人可能需要克服什么困难，他们都"有理由期待，有一天他们会创造出一个比世界上任何已知文明都要伟大的文明"。[59]

　　这次访问的高潮是在德尔莫尼科餐厅（Delmonico's）匆匆举办的一场宴会，它给了美国社会名流挨个向斯宾塞表达敬意的机会。参加晚宴的都是美国文学界、科学界、政界、神学界和工商界的领袖。斯宾塞向这群显要人物传达的信息多少有些令人扫兴。他说，他观察到，美国人的生活节奏太快，劳动强度太高，过于信奉勤劳，他的朋友们会因过度操劳最后弄垮了身体。客人们用一轮发愤的恭维来酬谢他反对发愤的呼吁，这让平时自视甚高的斯宾塞也感到极度难堪。[60] 威廉·格雷厄姆·萨姆纳把社会学方法的基础归功于这位贵宾；卡尔·舒尔茨（Carl Schurz）认为，要是南方熟悉他的《社会静力学》，内战就可以避免；约翰·费斯克断言，他对宗教的贡献和对科学的贡献一样大；亨利·沃德·比彻在一番大大的表扬之后，来了句很不合时宜的话：愿死后与他在阴间再次相聚。

　　尽管对斯宾塞思想的精妙之处，客人们领会得还不甚到位，但这场宴会业已表明，他在美国确实大受欢迎。在码头候船返回英国时，斯宾塞抓住卡内基和尤曼斯的手，向记者喊道："这是我最好的两个美国朋友。"[61] 就斯宾塞而言，这是他个人罕有地表现出热情姿态；但更重要的是，这象征着新的科学与商业文明观念之间的协调。[62]

　　经济学和社会学领域的批判改良主义、哲学领域的实用主义，以及其他动摇斯宾塞红极一时的地位和取代其思想的倾向的兴起，这个问题留待以后另行讨论。此处仅指出，斯宾塞1903年去世时，其作品洛阳纸贵的盛况已经远逝多年。斯宾塞晚年已经意识到，时代的潮流正与他的说教背道而驰。据在此期间的一位到访者说，他发现，斯宾塞对自己的政治学说不受重视、个人主义的衰落和社会主义理想的兴起，感到"极度失望"。[63] "二十五年前，赫伯特·斯宾塞的名字如雷贯耳，"1917年一位宗教评论家奚落道，"但大英雄何竟仆倒！现在人们对赫伯特·斯宾塞的兴趣多小啊！"[64]

诚然，对于年轻人来说，斯宾塞的名字已经失去了昔日的权威光环，但这位作者忘了，当时那些步入练达老成年纪的人——已经挑起社会大梁的那代人中间的政治家、实业家、教师和作家——都是在斯宾塞的陪伴下度过自己的青春的。无论《综合哲学》已经变成什么样子，其进化个人主义标记是无法磨灭的。直到 1915 年，《论坛》（*Forum*）还认为宜重新编印一本斯宾塞的个人主义论文集。文集拟收录《人对国家》（"The Man Versus the State"）、《新托利主义》（"The New Toryism"）、《即将到来的奴隶制》（"The Coming Slavery"）、《过度立法》（"Over-Legislation"）、《立法者的罪过》（"The Sins of Legislators"）等文章，以及邀请共和党那些璀璨群星撰写的评论。这些共和党人响当当的名头，足以打消人们对斯宾塞在杰出国家领导人当中所具影响的怀疑。[65]在编辑向"知悉斯宾塞的作品在我们社会体系中所具有的巨大价值的美国思想界领袖"发出征稿启事后，尼古拉斯·默里·巴特勒（Nicholas Murray Butler）、查尔斯·威廉·艾略特、众议员奥古斯特·P. 加德纳（Augustus P. Gardner）、埃尔伯特·H. 加里（Elbert H. Gary）、大卫·杰恩·希尔（David Jayne Hill）、亨利·卡伯特·洛奇（Henry Cabot Lodge）、伊莱休·鲁特（Elihu Root）和哈伦·费斯克·斯通（Harlan Fiske Stone），都作出了回应。希尔说，斯宾塞在英国一直在同一种致命的、不合逻辑的做法作斗争，他自己在工作中看到，本国也有这种做法。"那就是，以自由的名义渐渐强迫你接受一种新的束缚……公民被迫日益屈从于越来越专横的官僚主义。"希尔的评论表明，这些文章是作为向威尔逊的"新自由"（New Freedom）发起挑战的宣言而被再版的。[66]

在个人主义成为国家传统很久之后，斯宾塞的学说才传入这个共和国。然而，在我们工业文化的广阔时代，他却成了那个传统的代言人，如果说他的贡献不曾改变个人主义潮流的进程的话，那也极大地推进了这种潮流。如果说后人似乎感觉不到斯宾塞对美国思想的持久影响的话，那兴许只是因为美国把斯宾塞的学说吸收得太彻底了。[67]他的语言已经成为个人主义民间传统的标准规范。"你不可能让这个世界把什么都精心计划好了，处处都是温情，"米德尔镇的商人说，"谁最强，谁最好，那谁就活下去，毕竟这是自然法则，过去一直是这样，将来也会一直如此。"[68]

---

1. David Duncan, *The Life and Letters of Herbert Spencer* (London, 1908), p. 128.
2. 威廉·詹姆斯写道，斯宾塞"是那种能够为不知道其他哲学家的人所欣赏的哲学家"，*Memories and Studies*, p. 126。
3. M. De Wolfe Howe, ed., *Holmes-Pollock Letters* (Cambridge, 1941), I, 57–58. 帕林顿写道："斯宾塞铺设了一条宽广大道，本世纪后期美国人的思想便在这条大道上驰骋。"*Main Currents in American Thought*, III, 198.
4. Duncan, *op. cit.*, pp. 100–101, Fisk, *The Letters of John Fiske, passim*.
5. Fiske, *Edward Livingston Youmans*, pp. 199–200. 后来甚至在英国销售也可以获利。*New York Tribune*, December 9, 1903.
6. *Atlantic Monthly*, XIV (1864), 775–776.
7. 约翰·杜威写道："他让人们完全接受了他的理念，即使是非斯宾塞主义者也得用他的方式说话，并根据他的说法调整他们的问题。"*Characters and Events*, I, 59–60.
8. Charles H. Cooley, "Reflections upon the Sociology of Herbert Spencer," *American Journal of Sociology*, XXVI (1920), 129. 莱斯特·沃德直到 1898 年还认为，美国的社会学家"差不多全是斯宾塞的门徒"。*Outlines of Sociology*, p. 192.

9. *Garrulities of an Octogenarian Editor*, p. 298. 另请参见 *New York Tribune*, December 9, 1903。

10. *Myself* (New York, 1934), p. 8.

11. Herbert Spencer, *Autobiography*, II, 113n. 该数字仅包括授权出版的版本。此外还有许多是在国际版权生效之前，未经授权擅自印刷的。

12. *Nation*, XXXVIII (1884), 323; 另请参见 "Another Spencer Crusher," *Popular Science Monthly*, IV (1874), 621–624。有一份批评斯宾塞的著作书目载于 J. Rumney, *Herbert Spencer's Sociology*, pp. 325–351。

13. "由此看来，在处理每一个主题时，无论它看起来离哲学有多远，我都发现可以回到自然秩序中的某种终极原理上来。" Spencer, *Autobiography*, II, 5. 有一篇非常尖锐的文章论述了斯宾塞的哲学同其社会偏见之间的关系，参见 John Dewey, "Herbert Spencer," in *Characters and Events*, I, 45–62。

14. 用原定义的话来说，"进化是物质的整合和与之相随的运动的耗散；在此过程中，物质从一种不确定的、分散的同质状态交替到一种确定的、聚合的异质状态；而在此期间，被保留的运动也发生了相应的转变"。*First Principles* (4th Amer. ed., 1900), p. 407.

15. "The Instability of the Homogeneous," *ibid.*, Part II, chap. xix.

16. *Ibid.*, pp. 340–371.

17. *Ibid.*, p. 496.

18. *Ibid.*, p. 530.

19. *Ibid.*, pp. 99, 103–104.

20. Emma Brace, ed., *The Life of Charles Loring Brace*, p. 417; 试比较 Lyman Abbott, *The Theology of an Evolutionist*, pp. 29–30。

21. Daniel Dorchester, *Christianity in the United States*, p. 660.

22. 引自 *The Joyful Wisdom*, in Crane Brinton, *Nietzsche* (Cambridge, 1941), p. 147。

23. *Life and Letters*, I, 68. 另请参见 *The Origin of Species*, chap. iii。

24. *My Life* (New York, 1905), pp. 233, 361.

25. "A Theory of Population, Deduced from the General Law of Animal Fertility," *Westminster Review*, LVII(1852), 468–501, 尤见 499–500; "The Development Hypotheses," 重印收录于 *Essays* (New York, 1907), I, 1–7; 参见 *Autobiography*, 450–451。

26. 参见其同魏斯曼之间的争论，收录于 Duncan, *op. cit.*, pp. 342–352。

27. *Social Statics*, pp.79–80.

28. *Ibid.*, pp. 414–415.

29. *Ibid.*, pp. 325–444.

30. 针对当时普遍存在的指责，说他的社会学过于依赖生物学，斯宾塞在《生物学、心理学与社会学三者的关系》这篇文章中，为自己进行了辩解，并称，他也一直都充分利用了心理学。"The Relations of Biology, Psychology, and Sociology," *Popular Science*, L (1896), 163–171. 在为他的伦理学著作辩护时，他还辩称，他从来就没有把生存斗争神化。"Evolutionary Ethics," *ibid.*, LII (1898), 497–502.

31. Duncan, *op. cit.*, p. 366.

32. "A Society Is an Organism," *The Principles of Sociology* (3rd ed., New York, 1925), Part II, chap. ii; 对斯宾塞有机体理论的精彩批判，参见 Rumney, *op. cit.*, chap. ii。

33. 斯宾塞在贯彻他的社会有机体理论时，并没有做到始终如一。正如欧内斯特·巴克所指出的那样，他无法克服其个人主义伦理同他的有机社会观之间的对立。Barker, *Political Thought in England*, pp. 85–132. 斯宾塞似乎从他的个人主义偏好中得出了原子论的观点，即社会不过是其个别成员的总和，其特征来自他们特征的总和，这在《社会静力学》和《社会学研究》中表达得最清楚。*Social Statics*, pp. 28–29; *The Study of Sociology*, pp. 48–51. 然而，斯宾塞又在《社会学原理》一书中说，在社会有机体中产生了"一种整体的生命，它与构成其单元的生命截然不同，尽管它是由这些单元产生出来的生命"（3rd ed., I, 457）。在他的伦理标准中，也可以找到类似的二元论，这些标准有时是由进化的客观要求决定的，有时则又是由个人的享乐主义决定的。试比较 A. K. Rogers, *English and American Philosophy since 1800*, pp. 154–157。

34. *The Principles of Sociology*, II, 240–241.

35. *Ibid.*, Part V, chap. xvii.

36. 从尚武社会向工业社会过渡的观点在所谓"不列颠治下的和平"时期似乎更能说服人。*Ibid.*, II, 620–628.

37. *Ibid.*, Part V, chap. xviii, "The Industrial Type of Society"; 试比较 *The Principles of Ethics*, Vol. II, chap. xii。

38. *Principles of Sociology*, II, 605–610; 另请参见 *Principles of Ethics*, I, 189。

39. Cooley, *op. cit.*, pp. 129–145.

40. *The Study of Sociology*, chap. i.

41. *Ibid.*, pp.70–71.

42. Duncan, *op. cit.*, p. 367.

43. Spencer, *op. cit.*, pp. 401–402.

44. *Ibid.*, pp. 343–346.

45. 一位社会学家 1896 年写道："如果这位'工业巨头'有时候没有表现出一种好斗的精神，我会感到奇怪，因为他之所以能够脱颖而出，主要是因为他比我们大多数人更能战斗。竞争性的商业生活不是一个舒适的花坛，而是一个战场。在这里，'生存斗争'把工业界规定为'适者生存'。在这个国家，巨大的奖赏不在国会，不在文学界、法律界、医药界，而是在工业界。成功者因其成功而受到赞扬和尊敬。商业繁荣带来的社会回报，无论是权势、赞美还是奢华，都是如此之大，足以吸引那些最有才智的人。具有非凡才能的人在制造商或商人的职业生涯中找到了发挥最大能量的机会。正是所处环境的那种危险，令冒险精神和创造精神为之着迷。在这场无声而又激烈的竞争中，一种特殊类型的男子气概得到了发展，其特点是活力四射、精力充沛、专心致志、娴于结合使用各种力量达到目的，以及对社会事件后果的高瞻远瞩。"C. R. Henderson, "Business Men and Social Theorists," *American Journal*

of Sociology, I (1896), 385–386.

46. *My Memories of Eighty Years* (New York, 1922), pp. 383–384.

47. *Highways of Progress* (New York, 1910), p. 126; 另请比较参阅 p. 137。

48. 引自 William J. Ghent, *Our Benevolent Feudalism*, p. 29。

49. *Autobiography of Andrew Carnegie* (Boston, 1920), p. 327.

50. "Wealth," *North American Review*, CXLVIII (1889), 655–657.

51. Allan Nevins, ed., Selected Writings of Abram S. Hewitt (New York, 1910), p. 277.

52. Lochner *v.* New York, 198 U.S. 45 (1905).

53. Youmans, "The Recent Strike," *Popular Science Monthly*, III (1872), 623–624; 另请参见 R. G. Eccles, "The Labor Question," *ibid.*, XI (1877), 606–611; *Appleton's Journal*, N. S. V (1878), 473–475。

54. "The Social Science Association," *Popular Science Monthly*, V (1874), 267–269. 另请参见 *ibid.*, VII (1875), 365–367。

55. "On the Scientific Study of Human Nature," 重印于 Fiske, *op. cit.*, p. 482。保守的斯宾塞主义视域下的其他主张，参见 Erastus B. Bigelow, "The Relations of Capital and Labor," *Atlantic Monthly*, XLII (1878), 475–487; G. F. Parsons, "The Labor Question," *ibid.*, LVIII (1886), 97–113。还可参见 "Editor's Table," *Appleton's Journal*, N. S.,V (1878), 473–475。

56. Henry George, *A Perplexed Philosopher*, pp.163–164 n. 费斯克赞同尤曼斯的保守主义，但并不那么担心激进主义对美国未来的威胁。参见 Fiske, *op. cit.*, pp. 381–382 n。一位深受斯宾塞影响的美国思想家的社会观，参见 Henry Holt, *The Civic Relations* (Boston, 1907), 以及 *Garrulities of an Octogenarian Editor*, pp. 374–388。

57. Duncan, *op. cit.*, p. 225.

58. Youmans, ed., *Hebert Spencer on the Americans*, pp. 9–20.

59. *Ibid.*, pp. 19–20. 参见 *Nation*, XXXV (1882), 348–349。

60. Spencer, *Autobiography*, p. 479.

61.Burton J. Hendrick, *The life of Andrew Carnegie* (New York, 1932), I, p. 240.

62. *Ibid.*, Vol. II, chap. xii.

63. W. H. Hudson, "Herbert Spencer," *North American Review*, CLXXVIII (1904), 1–9.

64. *Catholic World*, 转引自 *Current Opinion*, LXIII (1917), 263。

65. 这些论文 1916 年由特鲁克斯顿・贝亚勒（Truxton Beale）编辑、结集成著作《人对国家》，重新出版。

66. *Ibid.*, p. IX. 见载于《国家》的评论，*Nation*, CI(1915), 538。阿尔伯特・杰伊・诺克于 1940 年挑选出斯宾塞的一些文章，将其辑为一本有关新政的评论性著作，著作标题与贝亚勒的版本同名。

67. 参见 Thomas C. Cochran, "The Faith of Our Fathers," *Frontiers of Democracy*, VI (1939), 17–19。

68. Robert S. and Helen M. Lynd, *Middletown in Transition* (New York, 1937), p. 500.

第三章 威廉·格雷厄姆·萨姆纳: 社会达尔文主义者

　　必须清楚, 我们走不出这个选择: 一边是自由、不平等、适者生存; 一边是不自由、平等、不适者生存。前者推动社会上行, 偏爱所有最好的社会分子; 后者推动社会下行, 袒护所有最差的社会分子。

——威廉·格雷厄姆·萨姆纳

一

　　在美国, 最具活力、最有影响的社会达尔文主义者, 是耶鲁大学的威廉·格雷厄姆·萨姆纳。萨姆纳不仅让进化论异乎寻常地适应了保守主义思想, 而且通过其被广泛阅读的书籍和文章有效地传播了自己的哲学, 还将他在纽黑文(New Haven)占据的关键教学岗位变成了社会达尔文主义者的讲坛。他为自己的同代人提供了一种综合体系, 这个综合体系虽然没有斯宾塞的体系那么宏大, 但其鲜明而坦率的悲观主义则比斯宾塞更加突出。萨姆纳的体系综合了西方资本主义文化的三大传统: 新教伦理、古典经济学说和达尔文的自然选择学说。与此相应, 萨姆纳在美国的

思想发展历程中扮演了三个角色：一位伟大的清教徒传教士、一
个李嘉图和马尔萨斯古典悲观主义的鼓吹者、一名进化论的吸收
者和普及者。[1] 他的社会学在宗教改革所确立的经济伦理与 19 世
纪的思想之间架起了桥梁。它假定勤劳、温和、像理想中的新教
徒那样节俭的人，在生存斗争中相当于"强者"或"适者"；它
用一种冷酷无情的、既是加尔文教的又是科学的决定论，来支持
李嘉图的必然性原理和自由放任主义。

52   萨姆纳 1840 年 10 月 30 日出生于新泽西州帕特森（Paterson）。
父亲托马斯·萨姆纳（Thomas Sumner）是一位工作勤奋、自学
成才的英国劳工，由于工厂制度的发展导致自家产业难以维持，
漂洋过海来到美国。他教导孩子们敬重传统的新教经济伦理，他
的节俭给儿子威廉留下了深刻印象。若干年后，萨姆纳终于开始
把那个总是往储蓄银行跑的储户称誉为"文明的英雄"。[2] 这位社
会学家后来如是写到他的父亲：

> 他的生活准则和生活习惯是最理想的。他知识渊博，精
> 于判断，属于《米德尔马契》中凯勒布·加斯那类人。早年
> 我从书本上和其他人那里接受了一些与他不同的观点和意
> 见。现在在这些问题上，我站在他一边，不支持其他人。[3]

萨姆纳早年时期社会上流行的传统古典经济学说，强化了他
从父亲那里获得的精神遗产。他开始把金钱上的成功看作是勤奋
和节俭的必然结果，并认为，那时他生活于其中的生机勃勃的资
本主义社会，实现了追求自由竞争秩序的古典理想，而这种自由
竞争秩序自然本来就是厚道的。十四岁那年，他就读了哈丽雅

特·马蒂诺（Harriet Martineau）的系列通俗小书《政治经济学图解》（*Illustrations of Political Economy*），该书的目的是通过一系列寓言故事，图解李嘉图的政治经济学原理，让大众了解自由放任的好处。萨姆纳正是通过这套小书知道了工资基金理论及其推论："没有什么东西能一直影响工资率而不影响人口与资本的比例"；"劳动者联合起来反对资本家……不能保证工资一直上涨，除非劳动力供不应求，而在这种情况下，通常不必罢工"。他在书中还找到了虚构的证据，证实"在整个商业交换系统中……有一种与生俱来的自我平衡力，对其放任自流的运行之结果的一切担心都是荒谬的"，"当资本偏离正常路线，转向用于在国内生产价贵质次的东西，而不是用来准备在国外购买价廉质优的同样商品时，就是造了孽"。马蒂诺女士认为，慈善事业，不管是公共慈善抑或是私人慈善，永远都不会减少穷人的数量，而只会鼓励浪费，助长"侵吞、暴政和欺诈"。[4]萨姆纳后来称，他对"资本、劳动、货币和贸易"的概念"都是通过童年时代读过的那些书形成的"。[5]他对上大学时反复背诵的由弗兰西斯·韦兰（Francis Wayland）编写的政治经济学标准教材似乎没有多少印象，也许是因为该教材只是证实了他所抱持的根深蒂固的信念而已。

　　1859年，年轻的萨姆纳进入耶鲁，学的是神学。在萨姆纳上大学期间，耶鲁仍然是正统观念的支柱，校长先是多面手西奥多·德怀特·伍尔西（Theodore Dwight Woolsey），后由诺亚·波特牧师大人（the Rev. Noah Porter）继任。伍尔西当时刚从古典学术领域转向撰写《国际法研究导论》（*Introduction to the Study of International Law*），诺亚·波特则是道德哲学和形而上学教授。后者终有一天要同萨姆纳就新科学在教育中究竟该处于什么样的适当位置的问题，展开唇枪舌剑的交锋。萨姆纳当时是一个对人颇为冷淡的年轻人（他会一脸严肃地问人家："读小说合情合理、无可非议吗？"），很多同学都反感他。不过，他的朋友虽然不多，对他却非常慷慨。其中有一位朋友威廉·C.惠特尼（William C. Whitney），说服自己的哥哥亨利资助萨姆纳到国外继续深造，萨姆纳在日内瓦、哥廷根和牛津继续从事他的神学研究期间，两兄弟还物色了一个人替他在联邦军（the Union Army）里服役。[6] 1868年，萨姆纳经推选成为耶鲁学院教师，开启了自己终身的教学生涯，其间只有几年做过一家宗教报纸的编辑和位于新泽西州莫里斯敦的美国新教圣公会的教区牧师。1872年，萨姆纳晋升为耶鲁学院政治和社会科学教授。

尽管萨姆纳为人冷淡，上课直截了当、自以为是，但他的拥趸比耶鲁历史上任何一位教师都要多。[7] 高年级学生在他的课程中找到了一种独特的满足；低年级学生则盼着升入高年级，主要就是为了能有资格选他的课。[8] 威廉·里昂·菲尔普斯（William Lyon Phelps）把上尽萨姆纳的每一门课程当作原则问题，根本不顾自己对这门课的兴趣究竟如何，他留下了这么一幅萨姆纳同一位意见相左的学生交往的难忘画面：

54

> "教授，您难道一点儿也不信任政府对产业的任何支持吗？"
>
> "不！谁拱到，谁全占；拱不到，就完蛋。"*

---

* "root, hog, or die"，英语俚语，一般翻译为"苦干则全占，不然就完蛋"。萨姆纳用该俚语形象生动且极为精确地表达了自己的观点：人必须，事实上也确实像猪一样，自己拼命"拱土觅食"，"吃独食"。——译者注

"是的。可是，猪不是有拱土找食的权利吗？"

"世上没有权利。这个世界谁都不欠，没有谁可以说这个世界该让谁活着。"

"那么，教授，您只信任一种体制，契约—竞争体制？"

"那是唯一正确的经济体制，其他的都是谬论。"

"呃，假如有某位政治经济学教授抢走了你的工作，你不会气恼？"

"欢迎任何教授来试。如果他得到了我的工作，那是我的错。我只管把这门课上到极致，这样就没人能抢走我的工作。"[9]

萨姆纳早年接受的宗教教育和这方面的兴趣在他的所有作品中都留下了印记。虽然他的风格中神职人员的那种遣词造句很快就消失了，但从脾性上说他仍是一个说教者、道德家，一个致力于自己的事业而没有兴趣区分对手是错还是恶的人。他的传记作者写道："他表现出来的那种头脑与其说是希腊人的，不如说是希伯来人的。他全凭直觉，粗犷，有力，具有强烈的、不屈不挠的道德色彩，喜好指责，总是像个先知。"[10] 他也许会坚持说政治经济学是一门与伦理学无关的描述性科学，[11] 但他对贸易保护主义者和社会主义者的非难总是回荡着道德上的弦外之音。他的通俗文章读起来就像是在布道。

萨姆纳没有把自己的一生全都搭在口诛笔伐的斗争上。他的智识活动经历了两个相互重叠的阶段，这两个阶段之间的区别主要是工作方向上的变化，思想上的变化相对较小。在 19 世纪 70年代、80 年代以及 90 年代早期，他借助通俗杂志的专栏和各种讲座场合，展开了一场反对改良主义、保护主义、社会主义和政府干预主义的运动。这一时期，他发表了《自扫门前雪——社会各阶级彼此应该为对方做什么》（1883）、《被遗忘的人》（"The Forgotten Man"，1883）、《重造世界的荒唐努力》（"The Absurd Effort to Make the World Over"，1894）。不过，在19世纪90年代早期，萨姆纳将注意力越来越多地转向了学术性的社会学研究。正是在此期间，他写出了《全球饥荒》（"Earth Hunger"）一文的手稿，里程碑式的不朽名著《社会科学》（*Science of Society*）也在构思之中。萨姆纳一向是个做事不蹈旧矩的人，当他发现关于人类习俗的一章已经写到20万字时，便决定将其独立成册，单独出版。就这样，萨姆纳几乎不假思索地在1906年拿出了《民俗论》（*Folkways*）。[12] 尽管萨姆纳年轻时深厚的伦理情感，到他的社会—科学阶段，已经让位于精密复杂的道德相对主义，但他的哲学根基依然如斯。

二

萨姆纳社会哲学的主要前提来自赫伯特·斯宾塞。牛津大学研究生毕业后的几年里，萨姆纳对于创建一门系统的社会科学的可能性问题，"脑海里"已经有了"一些模糊的想法"。1872年，当《社会学研究》在《当代评论》（*Contemporary Review*）上连载时，萨姆纳紧紧地把握了斯宾塞的思想，社会科学的进化论观点深深地迷住了他。斯宾塞的建议似乎充分证明了他自己初步设想的潜力。那个对斯宾塞的《社会静力学》无动于衷的年轻人（因

为"我不相信自然权利和他的'基本原理'"），现在发现《社会
学研究》让自己无法抗拒。"它解决了社会科学同历史学的关系
这个古老难题，把社会科学从一帮稀奇古怪的人手里解放出来，
并为大家提供了一个明确而又壮丽宏伟的工作领域，我们有望最
终从这项工作中为社会问题的解决找到明确的答案。"数年后，
O. C. 马什教授对马类的进化研究让萨姆纳完全信服了发展假说。
他一头扎进达尔文、海克尔、赫胥黎和斯宾塞的著作中，全身上
下、里里外外都浸透了进化论。[13]

就像在他之前的达尔文一样，萨姆纳也到马尔萨斯那里去为
自己的体系寻找基本原理。他的社会学在很多方面就是沿着生物
学和社会学的思路，只往前追溯那么几个阶段，即从马尔萨斯到
达尔文，再经过斯宾塞到现代社会达尔文主义者。萨姆纳说，人
类社会的基础在于人地比例（man-land ratio）。人最终要靠土地谋
生，他们求得了什么样的生存、以何种方式求得这样的生存，以
及在此过程中彼此之间形成的相互关系，都取决于人口与可用地
之间的比例关系。[14] 在人口少而土地肥沃的地方，生存斗争就不
那么野蛮，民主就可能盛行。当土地的供应承受不了人口的压力
时，全球就会出现饥荒，人类各种族便四处迁徙，军国主义和帝
国主义盛行，冲突肆虐；而在政府内部，则是精英阶级占据统治
地位。

在人们努力使自己适应这片土地的时候，他们开始在征服自
然的过程中争夺领导权。萨姆纳在一些通俗文章中强调了这样一
种观点，即生活的艰辛是人同自然斗争产生的不幸，"我们不能
责怪我们的人类同伴，说是他们造成了我们的困苦。我的邻居和
我都在努力使我们自己摆脱这些厄运。我的邻居在这场斗争中比

56

我更胜一筹，这对我来说没有什么好委屈的"。[15] 他接着说：

> 毫无疑问，与一点儿资本也没有的人相比，拥有资本的
> 人在生存竞争中占据了极为有利的位置……但这并不意味着
> 一个人拥有**对抗**别人的优势，而是说，当他们为了从大自然
> 获取生存资料而成为竞争对手时，掌握资本的一方比另一方
> 拥有不可估量的优势。如果不是这样的话，资本就不会形
> 成。资本只有通过克己才能形成。如果拥有资本不能确保社
> 会高级阶层的有利地位和优越性，人们就绝不会甘心忍受要
> 获得资本所必须满足的条件。[16]

因此，这场斗争就像一场赛狗，一条猎犬去追逐金钱这只没
有感情的野兔，并不妨碍其他猎犬也这么做。

萨姆纳可能有这么一种愿望，即平息穷人对富人的怨恨，尽
57 量减少人类在生存竞争中的冲突。然而，他始终都没有回避把动
物斗争和人类竞争进行直接类比。[17] 在 19 世纪 70 年代和 80 年
代的斯宾塞主义知识氛围里，把竞争性社会里的经济竞争看作是
对动物世界斗争的反映，这在保守派人士那里，是再自然不过
的事。从自然选择更适合生存的有机体到社会选择更适合生存
的人，从具有更强适应能力的有机形式到具有更多经济美德的公
民，人们很容易通过类比说出个一二三来。竞争性秩序现在被标
上了一个放之四海而皆准的宇宙原理。竞争无上光荣。正如生存
是力量的结果，成功乃是美德的回报。有些人主张给那些要什么
没什么的人慷慨补偿，对于抱有这种主张的人，萨姆纳颇不耐
烦。他在 1879 年的一次演讲（演讲的主题是艰难时世对经济思

考的影响）中宣称，许多经济学家

> ……似乎害怕地球上仍有穷困和苦难，而且只要人性的恶还在，穷困和苦难就可能一直存在下去。他们中有许多人害怕自由，特别是害怕竞争形式下的自由，将其臆想为妖魔鬼怪。他们认为这是对弱者的无情压迫。他们没有意识到，这里的"强者"和"弱者"无可定义，除非把它们等同为勤奋者和懒惰者、俭约者和奢靡者。他们更没有意识到，如果我们不喜欢适者生存，我们就只有一个选择可用，那就是不适者生存。前者是文明的法则；后者是反文明的法则。我们可以在两者之间作出选择；或者我们也可以像过去那样，继续在两者之间摇摆不定。但第三条道路——社会主义者心心念念的那个东西——一个既养育不适者又促进文明发展的计划，没有人找得到。[18]

按照萨姆纳的看法，文明的进步取决于选择过程，而选择过程又取决于不受限制的竞争活动。竞争是一种自然规律，"就像万有引力一样，无法消除"，[19] 因此，人们对它佯装未见，只会徒增不幸。

三

萨姆纳在撰写社会学方面的著作之前，早就在杂志上发表文章，阐述了其哲学基本原理。他断言，人生面临的第一个事实就

58

是生存斗争，这场斗争中向前迈出的最大一步是资本的生产。资本的生产提高了劳动的成效，并为文明的进步提供了必要的工具。原始人很早就退出了竞争性的斗争，不再积累生产资料，为此，他们必须以落后的、未开化的生活方式作为代价。[20] 社会的进步从根本上说要靠世袭的财富，因为财富是对努力的奖赏，世袭财富使有进取心的、勤奋的人确信，他可以令子女保留他那些能够推动社会富裕的美德。任何对世袭财富的攻击都必定从攻击家庭开始，到终使人沦落为"令人讨厌的猪"结束。[21] 社会选择的运转有赖于保持家庭的完整。生理遗传是达尔文理论的重要组成部分，与此相对应的社会遗传，是对孩子进行必要的经济美德方面的教导。[22]

如果要允许适者生存，要让社会享受到高效管理带来的好处，就必须向工业巨头（the captains of industry）支付因其独一无二的组织才能而应得的报酬。[23] 他们的巨额财富乃是从事管理工作获得的合法工钱，而在生存竞争中，金钱就是成功的象征。它是衡量问世的高效管理和被淘汰的废弃之物的价值尺度。[24] 百万富翁是竞争文明盛开出的鲜花：

> 百万富翁是自然选择的产物。自然选择作用于全体人类，挑选出那些符合特定工作要求的人来……正因为他们就这么被选定了出来，因而财富——既包括他们自己的，也包括委托给他们照看的——便汇集到他们手中……他们完全可以被看作是为某些工作而自然选择出来的社会代理人。他们拿着高额的工资，过着奢侈的生活，但这样的交易对社会来说是件好事。他们的位置和职业，竞争最激烈。这让我们确

信，所有能胜任这一职能的人都将受雇于此，这样，该项工作的成本将会降到最低。[25]

在达尔文的进化模式中，动物是不平等的，这样就能出现可以更好地适应环境的生命形式，并将这种优势一代代传下去，从而带来进步。没有不平等，适者生存的法则就没有任何意义。与此相应，萨姆纳的进化社会学很是看重能力上的不平等。[26] 竞争过程"根据各种能力的大小和级别来开发所有现存的能力"。如果自由占了上风，以至所有人都可以在斗争中自由发挥自己的力量，结果肯定不会到处都一样。那些"英勇无畏、积极进取、接受过良好的训练、富有才智、坚忍不拔"的人将脱颖而出，名列前茅。[27]

萨姆纳由此得出结论，这些社会进化原理否定了美国传统的意识形态——平等与自然权利。从进化论的角度看，平等是荒唐可笑的；而且上过大自然这所学校的人比谁都清楚，丛林里是没有自然权利的。"我们只能从大自然那里得到我们所能得到的东西，没有可以对抗大自然的任何权利，这只是对生存斗争事实的再次陈述。"[28] 在进化现实主义冷冰冰的分析当中，18 世纪那种认为人在自然状态下是平等的看法，与事实截然相反；从平等状态出发、启程的大众，永远只能是在其身上看不到任何进化希望的野蛮人，除此之外，便什么都不是。[29] 对萨姆纳来说，权利不过就是以法律的形式明确下来的演变中的习俗而已。权利远非绝对的或是先于某一特定文化而存在——这些都是哲学家、改革家、鼓动家和无政府主义者的幻想；"此时此地通行的社会竞争游戏规则"，才是其正解。[30] 在其他时期、其他地方，盛行的是

59

其他习俗，未来还会出现其他风俗习惯：

> 每一套观念都会为一个时期的**民风民德**着上颜色。18 世纪关于平等、自然权利、阶级以及诸如此类的观念，造就了19 世纪的国家与立法，不管是在信仰上还是在性情上，一切都带有浓厚的人道主义；现如今，18 世纪的观念正在消失，20 世纪的**民风民德**，不会像过去一百年那样带有人道主义色彩。[31]

60　　萨姆纳对美国传统流行语的抵制也明显表现在他对民主的怀疑上。在尤金·德布斯（Eugene Debs）和安德鲁·卡内基等形形色色的人心目中活力四射的民主理想，这么个充满着巨大的希望、炽热的感情和无边的友爱幻想的东西，在他看来，却只不过是社会进化中的一个倏忽即逝的阶段，是由有利的人地比例和资产阶级的政治需要决定的。[32]“作为这个时代人们钟爱的迷信，民主本身只是这场所有人都无法抗拒的运动的一个阶段。如果你有大量土地，又没有几个人与你共享，那所有人都会一律平等。”[33] 他认可将民主设想为一种基于美德的进步原则，认为民主“具有社会进步性，对社会有好处”。他认为，将民主看成占有与享有方面的平等，这不仅在理论上难以理解，在现实中也完全没有可行性。[34]“工业可以是共和的，但只要人们在生产能力和工业美德方面不同，工业就永远不可能是民主的。”[35]

　　在一篇写于 J. 艾伦·史密斯（J. Allen Smith）和查尔斯·A. 比尔德（Charles A. Beard）的相关研究之前，只是从未发表过的精彩论文中，萨姆纳对开国元勋们制定美国宪法的意图进行了推测。萨姆纳指出，他们害怕民主，并试图在联邦架构中对其施加各种限制。但由于整个天才的国家已经不可避免地民主化，由于其继承下来的信条和它自身所处的环境，美国的历史已经成为一部人民的民主倾向同他们的宪法框架之间持续不断的战争史。[36]

四

社会决定论是萨姆纳从斯宾塞那里借用的一个进化哲学概念，这个概念在他与改革者的斗争中发挥了巨大作用。按照这个概念，社会是不知多少个世纪以来缓慢演变的产物，不可能通过立法迅速再造：

> 不管我们怎样，时间和尘世万物的洪流都将照样滚滚向前。我们每个人都是他自己那个时代的产儿，逃不出那个时代。他自己就在那条小溪里随波逐流。他接受的所有科学和哲学都出自这条溪流。因此，潮流不会为我们所改变。它将会把我们和我们的各种实验一起吞没……就此，一个人竟然有本事坐下来，一手端着石板一手握着铅笔，去设计出一个新的社会世界，这种想法真是愚蠢至极。[37]

61

对萨姆纳和斯宾塞来说，社会是一个超级有机体，按地质节奏变化。由于《社会学研究》强调缓变，萨姆纳迫不及待地接受了这本书。在他看来，那些爱管闲事的社会人士总是有种错觉，以为既然社会秩序没有自然规律，他们就可以用人为法则来彻底改变世界；³⁸ 但有意思的是，他又期望斯宾塞的新科学能够消除这些幻想。

　　萨姆纳以进化论者对一切形式的社会向善论和唯意志论所抱有的轻蔑态度，把厄普顿·辛克莱（Upton Sinclair）和他的社会主义同仁斥为微不足道的爱管闲事者、江湖郎中，指斥他们试图随便选个点，然后就从这里强行介入古老的社会发展过程，并按照他们那些短浅的愿望去改造它。他们从"人人都应该得到幸福"这个前提出发，并认为，由此就应该有可能使人人得到幸福。他们从来不问："社会在向哪个方向移动？"或者"推动社会前进的是些什么样的机制？"进化会教导他们，人们不可能一夜之间就摧毁一个植根在历史的土壤之中长达几百年的社会制度。历史会教导他们，革命永远不会成功，看看法国的经历就可知道，拿破仑时代给法国留下的切身利益，同 1789 年之前法国原来拥有的没什么区别。³⁹

　　任何制度都有其不可避免的弊端。"贫穷属于生存斗争，而我们从一出生就都活在这种斗争中。"⁴⁰ 果真要消除贫困，就必须更加积极地从事这种斗争，通过社会动乱或者为某种新秩序制定纸面上的计划，都无法达到目的。人类的进步归根结底是道德的进步，而道德进步很大程度上就是经济美德的积累。"每个人都应该保持清醒、勤奋、谨慎和智慧，并把自己的孩子也培养成这样的人。这样的话，几代人之后贫穷就会消失。"⁴¹

62　　这样，进化哲学便针对通过立法来干预自然事件，提出了一条强有力的反对意见。萨姆纳主张对国家行为进行恰当限制的看法，虽然不像斯宾塞那样激进，但也十分严厉。"政府要处理的主要事情实质上有两件，那就是男人的财产和女人的名誉。政府必须捍卫这两件东西，保护其不受犯罪侵袭。"[42] 除了教育领域（在该领域，萨姆纳一直是改革派进步人士），在他活跃的那些岁月里，在美国被提议的改革中，没有受到过他的攻击的，可谓寥寥无几。在 1887 年为《独立》周刊撰写的系列文章中，萨姆纳攻击时下的几个改革项目是猖獗的压力集团在无事生非。他认为《布兰德白银法案》(The Bland Silver Bill) 是少数几个公众人物精心策划的荒谬妥协，没有实质性地承诺向债务人、银矿工人或其他任何相关人群提供任何真正的援助。他谴责州法律限制囚犯劳动，是用草率的、毫无意义的立法来回应盲目的喧嚣。《州际商务法》(Interstate Commerce Act) 缺乏宗旨或者说缺少谋划。铁路问题"远远超过了任何提议的立法范围：铁路与如此之多的复杂利益交织在一起，立法者要介入干预，就不能不伤害到所有相关方"。[43] 他拿出正统经济学的各种论据来攻击自由铸银运动。[44] 他责备"所有济贫法和所有慈善机构与慈善开销"都是一种以资本为代价来保护人们的手段，这种手段让穷人更容易活下去，最终拉低了国民的生活水平，从而增加了资本消费者的数量，同时弱化了对资本生产的激励。[45] 他对工会要宽容一些，承认罢工如果不带暴力，也许是检验劳动力市场状况的一种手段。罢工所需的所有正当理由就是胜利，罢工失败就足以让我们谴责它是不正当的。工会可能也有助于维持工人阶级的集体荣誉感 (esprit de corps)，并方便随时通知工人。劳动条件——卫生设施、通风设备、妇女和儿童的工作时间——最好由劳工团体的自发活动来掌控，而不是由国家去强制规定和实施。[46]

　　那个时代吸引萨姆纳的，除了反对帝国主义外，还有另一大社会上的异见，即自由贸易。但是，在萨姆纳的脑海里，自由贸

63

易并不是一场改革运动，而是一个认知上不言而喻的公理。虽然他在 1885 年写了一本题为《贸易保护主义：教导我们说浪费创造财富的主义》(*Protectionism, The Ism That Teaches That Waste Makes Wealth*) 的小册子，详尽阐述了反对贸易保护主义的经典论据，但他感觉开明人士对贸易保护主义几乎没有异议——他觉得，对待贸易保护主义，"应该像对待其他江湖医术一样"。[47] 他坚信，征收关税以及政府对经济生活的其他形式的干预，最终或许会以社会主义告终，他认为，保护主义和社会主义原则相同，社会主义就是"任何旨在通过'国家'干预，使个人免于生存斗争和生活竞争的任何困难或艰辛的手段"。[48] 他坦言，关税从未停止过激起他最强烈的义愤。他曾给报纸写过许多愤怒的抗议信，就因为在血汗工厂工作的妇女每天为赚 50 美分的钱辛辛苦苦缝制紧身胸衣，竟还要为这衣服缴纳关税。[49]

五

对于他自己认定的来自左右两派的攻击，萨姆纳寸步不让，这便让他成了双方的靶子。萨姆纳死后很久，厄普顿·辛克莱还在《鹅步》(*The Goose-Step*) 中称他为"财阀教育帝国的首相"。[50] 另一位社会主义者则指责他滥用才智、出卖灵魂。[51] 这些批评人士对萨姆纳的性格或支配他思想的动机几乎没有什么了解。他是一个教条主义者，他的思想已经深入骨髓。他不是那种有奶就是娘的商用文人，也不觉得自己是财阀政治的代言人，而是认为自己在替中产阶级说话。他攻击经济民主，但并不支持财阀政治，因为他知道财阀政治究竟是怎么回事，认为财阀政治要对政治腐败和保护主义游说团体负责。[52] 意味深长的是，他对杰斐逊式民主奉行限制国家权力和地方分权赞不绝口。[53] 那令人难忘的"被遗忘的人"，萨姆纳绝大部分通俗文章的主人公，就是一位中产阶级公民，像萨姆纳的父亲一样，安安静静地做着自己的生意，养活自己和家人，对国家没什么要求。[54] 税收对这些人造成的致命影响，令萨姆纳最是焦虑，这也部分解释了他反对国家干预的原因。[55] 对他来说，不幸的是，当他还在以哈丽雅特·马蒂诺和大卫·李嘉图提供的知识做武器，来为这个阶级的事业奋斗时，这个阶级却已经转向支持改革了。

　　在自己的思想同社会上公认的信念发生罕见冲突的那么几个场合，萨姆纳顶住了一生中遭遇到的最大压力，绝不让步。他和波特校长在使用《社会学研究》作为教科书的问题上发生的那场著名争执，本会让他丢了耶鲁教职，而且他都已经准备好辞职。由于在关税问题上直言不讳，他经常受到媒体的批评，但他从未动摇畏缩。纽约《论坛报》在指斥他有关贸易保护方面的文章时，曾把他的举止比作"纽约监狱里的粗鄙讼棍"。[56] 共和党的媒体和耶鲁的共和党校友时不时敦促校方开除他，在他宣布反对美西战争时，这种呼声甚嚣尘上。[57] 尽管萨姆纳一直没有被赶走这件事，让一位老派捐助人士确信，"在财产和文明受到无知者、卑鄙者、蛊惑人心的政客、公债老赖、造反派、铜头蛇、共产党、巴特勒们、罢工人士、贸易保护主义者以及形形色色的狂热分子的威胁时，就财物的保管使用和文明的维系来说，耶鲁大学是一个既不错又安全的去处"，从而将他捐给耶鲁的钱加了一倍，[58] 但由于萨姆纳坚持自主独立，很大一部分富人和正统人士总是不信任他，觉得他有问题。

　　萨姆纳的声望首先来自他的《民俗论》，其次是他的历史著作，而他的许多社会达尔文主义文章相对而言反倒是不引人注目。[59] 其观念王国中的自然选择对他一生的工作都造成了很大影响。最受推崇的《民俗论》的思想与他的其他思想格格不入。这部作品的最大贡献在于它把民俗看作"自然力量"的产物，看作进化生长出来的事物，而不是将其看作出自人类目的或者才智的人工制品。[60] 评论家们经常认为，萨姆纳否认道德的直觉特点，坚持道德具有自己的历史基础和制度基础，削弱了他反对社会主义者和贸易保护主义者的立场。[61] 任何一位打算采用《民俗论》奠定的那种与道德无关的、严格的经验主义方法来研究社会变革的一以贯之的进化论者，都不会像萨姆纳这样深受自由放任学说日趋衰落的困扰，或许他们都已经以一种稳健、谦恭的精神，将这种衰落视为道德观念发展过程中的一个新的趋势，而予以接受。但是在自由放任和财产权问题上，萨姆纳是决不妥协且毫无保留的。在《贸易保护主义：教导我们说浪费创造财富的主义》中，我们看不到谦恭；在《重造世界的荒唐努力》中，我们找不到稳健。作为一名来自神学领域的社会学新兵，萨姆纳一直都沉浸在自己的扬基文化当中，对他来说，要做到完全始终如一的相对主义太不容易，需要异乎寻常的努力。对于像托斯丹·凡勃伦（Thorstein Veblen）这样一个尚未被美国驯化的外地人而言，从一个文化人类学家的高超角度来对待美国社会，相对来说是比较容易的。对萨姆纳来说，瓦旺加人（Wawanga）的婚姻习俗、达雅克人（Dyaks）的财产关系，始终处在一个与他自身文化中的习俗相分离的话语空间里。

作为现状的捍卫者，萨姆纳在美国人的生活中是一位有影响的人物。自革命以来，启蒙运动的信条一直都是美国信仰的传统组成部分。美国社会思想一直都是乐观的（对这个国家非同一般的命运充满信心）、人道的、民主的。改革者们仍然信赖自然权利的约束。萨姆纳的作用就在于，以 19 世纪初李嘉图和马尔萨斯的悲观主义为工具，在如今达尔文主义巨大威望的加持力量下，来领导一场对针对意识形态中这些固有成分的批判性检视。他给自己定下的任务是，用 19 世纪的科学来挫掉 18 世纪哲学思辨的锐气。萨姆纳力图让他的同代人看到，他们的乐观主义只是对社会斗争现实的一种空洞的、没有实际价值的蔑视；他们的"自然权利"在自然界中无处可寻；他们的人道主义、民主和平等，都不是永恒的真理，而是属于社会进化一个阶段的已经逝去的道德观念。在一个忙乱的改革时代，他力图说服人们相信，他们对自己选择、安排命运的能力的那份信心，不管是在历史上、在生物学上，抑或是在任何经验事实上，都没有根据，他们所能采取的最好举措，就是向自然力量低头。他就像一位现代版的加尔文，跟人们宣讲，社会秩序是先定的，经济上的上帝选民是通过适者生存来得救的。

66

---

1. 查尔斯·佩奇强调了新教传统的经济伦理在萨姆纳思想中的重要性，Charles Page, *Class and American Sociology*, pp. 74, 103。拉尔夫·H. 加布里埃尔（Ralph H. Gabriel）指出了萨姆纳时期其在美国人的思想中的重要性，*The Course of American Democratic Thought*, pp. 147–160. 在萨姆纳的著作中可以找到阐释这一传统的段落，见 *Essays of William Graham Sumner*, edited by A. G. Keller and M. R. Davie, II, 22 ff., 及 *The Challenge of Facts and Other Essays*, pp. 52, 67。

2. *Essays*, II, 22.

3. *Earth-Hunger and Other Essays*, p. 3.

4. *Illustrations of Political Economy* (London, 1834), III, Part I, 134–135, and Part II, 130–131; VI, Part I, 140, and Part II, 143–144.

5. *The Challenge of Facts*, p. 5.

6. Harris E. Starr, *William Graham Sumner*, pp. 47–48.

7. 试比较阿尔伯特·加洛韦·凯勒对萨姆纳之影响的讨论，见 "The Discoverer of the Forgotten Man," *American Mercury*, XXVII (1932), 257–270。

8. William Lyon Phelps, "When Yale Was Given to Sumnerology," *Literary Digest International Book Review*, III (1925), 661–663.

9. *Ibid*, p. 661.

10. Starr, *op. cit.*, p. 322.

11. 试比较 What Social Classes Owe to Each Other, pp. 155–156。

12. 试比较 the preface to *The Science of Society*, I, xxxiii。萨姆纳生前没有完成此部著作，后由阿尔伯特·加洛韦·凯勒完成，并于 1927 年由耶鲁大学出版社出版了四卷本。

13. 参见其自传小记，*The Challenge of Facts*, p. 9。凯勒根据自己的估算，将对萨姆纳的社会学产生影响的主要人物作了一个排名，斯宾塞位列第一，尤利乌斯·利珀特（Julius Lippert）排名第二，古斯塔夫·拉岑霍费尔排在第三。"William Graham Sumner," *American Journal of Sociology*, XV (1910), 832–835. 利珀特是一位德国文化历史学家，其研究方法同《民俗论》采用的研究方法十分相像。参见其著作 *Kulturgeschichte der Menschheit* (1886)。该部著作由乔治·默多克（George Murdock）在 1931 年翻译成英文，书名 *The Evolution of Culture*。拉岑霍费尔是德国冲突学派的一位社会学家。

　　当然，萨姆纳并不是斯宾塞的忠实追随者。萨姆纳不接受斯宾塞把进化论等同于进步，斯宾塞的乐观主义对他来说毫无意义。他对政府的适当限制，看法并不那么苛刻。试比较 Starr, *op. cit.*, pp. 292–293. 萨姆纳对自由的崇尚没有达到斯宾塞那般地步，他明白工业社会对个人自由的种种限制。*Essays*, I, 310 ff. 最后，他的伦理相对主义也不同于斯宾塞的伦理理论。

　　就斯宾塞而言，他衷心赞同萨姆纳捍卫自由放任和财产权的方式，并曾试图说服英国自由与财产保护联盟再版《自扫门前雪——社会各阶级彼此应该为对方做什么》。Starr, *op. cit.*, pp. 503–505.

14. *Science of Society*, chap. i; 另比较参阅论文 "Earth-Hunger"。这一思想的主要内容类似于工资基金学说，并可追溯到萨姆纳早年对哈丽雅特·马蒂诺的了解。

15. *What Social Classes Owe to Each Other*, p.17; 另请比较参阅 p. 70。"大自然是完全中立的；她屈从于最有力和最坚决地向她发起攻击的人。她把奖励给予适者……不考虑其他任何因素。如果自由存在的话，人们获得的自由是同他们的生存和他们的所作所为成正比的。" *The Challenge of Facts*, p. 25.

16. *What Social Classes Owe to Each Other*, p. 76.

17. 萨姆纳有时会把生存斗争与他所谓的 "生活竞争" 区别开来，将前者看作人与自然所作的一般性斗争，将后者视为严格意义上的社会形式的竞赛，在后一种情况下，人们在征服自然的斗争中，结成一个个群体。试比较 *Folkways*, pp.16–17, 和 *Essays*, I, 142 ff.。

18. *Essays*, II, 56.
19. *The Challenge of Facts*, p. 68.
20. *Ibid.*, pp.40, 145–150; *Essays*, I, 231.
21. *The Challenge of Facts*, pp. 43–44.
22. *What Social Classes Owe to Each Other*, p.73.
23. *Essays*, I, 289.
24. *What Social Classes Owe to Each Other*, pp. 54–56.
25. *The Challenge of Facts*, p. 90.
26. *The Science of Society*, I, 615. 另请比较参阅 p. 328，萨姆纳在该处表示反对公有制经济，理由是它使变异成为不可能——"而变异乃是新的调整的起点"。萨姆纳认为群众对社会的改善无所作为，没有任何贡献。变异主要是上层阶级的性状。*Folkways*, pp. 45–47.
27. *The Challenge of Facts*, p.67.
28. *What Social Classes Owe to Each Other*, p. 135.
29. *Folkways*, p. 48.
30. *Essays*, I, 358–362.
31. *Ibid*, I, 86–87.
32. *Earth Hunger*, pp. 283–317.
33. *Essays*, I, 185.
34. *Ibid.*, I, 104.
35. *Ibid.*, II, 165.
36. 参见 "Advancing Organization in America," *ibid.*, II, 34c ff.。尤见 349–350。萨姆纳在提到边疆对美国独特的历史发展的影响时，似乎也预见到了弗雷德里克·杰克逊·特纳的理论。萨姆纳关于民主的看法，加布里埃尔和哈里·埃尔默·巴恩斯两人已经作过探讨，Gabriel, *op. cit.*, chap. xix; Harry Elmer Barnes, "Two Representative Contributions of Sociology to Political Theory: The Doctrines of William Graham Sumner and Lester Frank Ward," *American Journal of Sociology*, XXV (1919), 1–23, 150–170。
37. "The Absurd Effort to Make the World Over," in *Essays*, I, 105.
38. *Ibid.*, II, 215.
39. 参见 "Reply to a Socialist," 收录于 *The Challenge of Fact*, pp. 58, 219; 关于改革的各项立法措施之无效，参见 *War and Other Essays*, pp. 208–310; *Earth-Hunger*, pp. 283 ff.; 以及 *What Social Classes Owe to Each Other*, pp. 160–161。
40. *The Challenge of Facts*, p. 57.
41. *Essays*, I, 109.
42. *What Social Classes Owe to Each Other*, p. 101.

43. *Essays*, II, 249–253, 255.

44. *Ibid.*, II, 67–76.

45. *The Challenge of Facts*, pp. 27–28.

46. *Ibid.*, p. 99; *What Social Classes Owe to Each Other*, pp. 90–95.

47. *Essays*, II, 366.

48. *Ibid.*, II, 435.

49. Starr, *op. cit.*, pp. 285–288; 试比较 *What Social Classes Owe to Each Other*, p. 146。

50. *The Goose-Step* (Pasadena, 1924), p. 123.

51. Starr, *op. cit.*, pp. 258, 297.

52. 参见《论文》中关于民主政治和财阀政治的论文，*Essays*, II, 213 ff.。

53. *Ibid.*, II, 236–237.

54. "The Forgotten Man," *ibid.*, I, 466–496; 另比较参阅 *What Social Classes Owe to Each Other*, *passim*。

55. *The Challenge of Facts*, p. 74.

56. Starr, *op. cit.*, p. 275.

57. Phelps, *op cit.*, p. 662.

58. 引自 Starr, *op. cit.*, pp. 300–301。

59. 然而，萨姆纳这方面的思想一点儿也没有过时，证词见收录于《今日萨姆纳》中的一些评论。Maurice R. Davie ed., *Sumner Today* (New Haven, 1940)。

60. *Folkways*, pp.4, 29.

61. 试比较乔治·文森特（Gorge Vincent）为《民俗论》写的书评，载 *American Journal of Sociology*, XIII(1907), 414–419; 另比较参阅 John Chamberlain, "Sumner's Folkways," *New Republic*, IC (1939), 95。

第四章　莱斯特·沃德: 批评者

人类真的最终会获得对除自己而外的整个世界的统治权吗?

——莱斯特·沃德

一

现代社会学的创始人孔德和斯宾塞都满怀激情, 企图为宇宙确立秩序。两人都把各自的社会学体系建立在一元论的假设基础上, 假定宇宙法则同样普遍适用于人类社会。他们的工作令人印象最深刻的地方之一, 是力图将所有科学的题材, 不管是自然科学还是社会科学, 从天文学到社会学, 全都置于一个相互联系的层次体系之中, 并利用迅速发展的物理学和生物学成果, 因为这两门科学也许可以给社会带来启示。依据这种一元论精神, 孔德可以把社会学说成是 "社会物理学", 而在达尔文之前他早就写道: "显然有必要把社会学建立在整个生物学之上。" [1] 沃尔特·白芝浩依据同样的假设, 将一篇社会理论方面划时代的文章命名为《物理与政治》(*Physics and Politics*, 1875)。赫伯特·斯宾塞对他的社会有机体类比作了详尽的阐释, 他的社会学中到处都是分化、整合、平衡, 以及其他种种严肃沉闷的形而上学的抽象概念。斯宾塞甚至从万有引力定律推导出一条新奇的社会学原理："城市的吸引力与质量成正比，与距离成反比。"[2]

美国第一本综合性社会学专题论著的作者莱斯特·弗兰克·沃德，同这种一元论之间有着某种很是奇特的矛盾关系。像其他许多19世纪60年代初成长起来的年轻人一样，沃德在他接受的教育餐食里撒上了些许斯宾塞调料，并对斯宾塞版的普遍进化论甚是钦佩。对他来说，一元论教条似乎就是不言自明的公理。在《动态社会学》(*Dynamic Sociology*)一书中，他表示，希望"宇宙科学或真正的宇宙学将……在目前科学的异质状态基础上向前迈出一大步"。[3]"我在考虑每一事物时，自然而然就将它置于同宇宙的关系中。"他在其职业生涯接近尾声时如是写道。在谈到自己的《纯粹社会学》(*Pure Sociology*)时，他曾称："这可不仅仅是社会学，这是宇宙学。"[4]沃德的研究方法中对一元论的健全，很容易得到《动态社会学》读者的认可，因为他们先必须钻研大约两百页的物理、化学、天文学、生物学和胚胎学，然后才能采掘到严格意义上的社会学材料。

沃德虽然形式上接受了斯宾塞主义方法，但与斯宾塞迥异的是，沃德社会系统的形成，来自他对实用的偏爱，因而无论是在结构上抑或是在具体内容方面，都与斯宾塞截然不同。因为，沃德的社会学本质上是二元论。对沃德来说，在书写每一事物时至关重要的是，将身体性的或者说动物性的无目的进化，同经过有目的的行动而被毅然决然地修正了的精神性的人性进化，明确区别开来。沃德通过将斯宾塞体系分成两支的方式，将社会原理同简单直接的生物类比割裂开来。在他手中，社会学成为一门同一种新颖而独特的组织层面打交道的特殊学科。在对种种认为社会达尔文主义和基于自然法的自由放任式个人主义乃是两面一体的假设发起攻击的思想家中，沃德是第一个，也是最令人敬畏的一个。随着时间的推移，沃德对美国社会学家的批评获得了显著的成功。沃德在他的领域，发挥了一种类似于哲学领域工具主义者的角色，即：用适应改革需要的积极的社会理论来取代旧的消极决定论。

　　像其他许多美国改革家一样，沃德来自边远地区。[5] 他1841年出生在伊利诺伊州的乔利埃特（Joliet），父亲是一名四处奔波的技工，母亲则是一位牧师的女儿。尽管沃德年轻时穷困艰辛，为生计终日奔波，但他还是趁着在磨坊、工厂和田间劳作的空闲时间，研究生物和生理，学习法语、德语和拉丁语，最后当上了一名中学教师。内战期间，沃德服了两年兵役，此间曾在钱斯勒斯维尔战役（Battle of Chancellorsville）中严重负伤。两年后，沃德于1865年进入政府部门工作，在财政部谋了一份小职员的差事。二十六岁那年，他考上了夜大学，五年之内拿到了文学、法学和医学三张文凭。沃德的教育很多是自学完成的，为此他付出了巨大牺牲。他从无可能轻轻松松就学成名就。或许是受困于对自己卑微出身的极度敏感，他对那些虚华的拉丁语和希腊语派生词甚是钟爱，他的社会学中到处都是诸如"synergy"（协同增效作用）、"social karyokinesis"（社会有丝分裂）、"tocogenesis"（生殖起源）、"anthropoteleology"（人类目的论）、"collective telesis"（集体的目的性利用）之类的字眼，把男性的性选择（male sexual selection）称为"andreclexis"（雄性性选择），把爱情称为"ampheclexis"（两性性选择）。他在布朗大学的一门课程倒是取了一个很朴素的名称："全部知识概览"（"A Survey of All

Knowledge"）。

在政府部门当差的最初几年里，沃德为一份名为《反偶像人》（*The Iconoclast*）的杂志做主要编辑，更多时候是任撰稿人，其中大部分文章甚至是由他来捉笔的。这本杂志是 19 世纪 70 年代怀疑论风潮中冒出的一个小泡泡，满纸都洋溢着专业揭露者们的一种稚嫩的争强好胜，从而为我们提供了他完全赞同新思潮的早期证据。沃德后来继续从事自己的科学研究，终于成为声誉卓著的博物学家和古生物学家，并于 1883 年担任美国地质调查局首席古生物学家。也就是在这一年，沃德出版了自己的第一部专题论著，历时十四载终告完成的划时代著作《动态社会学》。此后，这部作品的核心概念在其《文明的心理因素》（*The Psychic Factors of Civilization*，1893）、《社会学大纲》（*Outlines of Sociology*，1898）、《纯粹社会学》（*Pure Sociology*，1903）和《应用社会学》（*Applied Sociology*，1906）等其他著作中，不断得到重申和拓展。这样，沃德在 1906 年终于被召到布朗大学担任社会学教授。

沃德的《动态社会学》问世时，社会学尚处于发展的初期阶段。虽然有几所美国大学在泛泛相关的学科中开设了一些课程，有些还把斯宾塞的著作用作教材，但威廉·格雷厄姆·萨姆纳可能是当时唯一使用"社会学"这个术语来称呼一门大学课程的老师。[6] 这门学科的素材也才刚刚出现在"历史哲学"和"文明史"一类的课程中。尽管时代迫切需要一本系统的社会学专题论著，但这片土地还没有准备好来接受一位籍籍无名的政府公职人员的大胆的理论创新，特别是当他冒险挑战的对象是当时占主导地位的斯宾塞主义学说时，情况就更是如此。令沃德非常失望的是，他的著作问世后，开始几乎无人理睬，之后立稳脚跟的速度也极其缓慢。阿尔比恩·斯莫尔（Albion Small）回忆说，这本书出版整整五年后，约翰·霍普金斯大学只有理查德·T. 伊利（Richard T. Ely）一个人知道这本书，要不然约翰·霍普金斯大学的教师们老早就警觉起来了。1893 年，沃德告诉他，这本书勉强卖出了 500 册。[7] 然而，1897 年，阿普尔顿公司推出了《动态社会学》第二版，到世纪之交沃德已被广泛认为是社会学领域的第一流人物。至少美国社会科学领域另两位拓荒先驱，阿尔比恩·W. 斯莫尔和爱德华·A. 罗斯（Edward A. Ross），均深受其作品的影响，而他也在 1906 年当选为美国社会学会的第一任主席。不过，尽管职业社会学家终于学会了尊敬他，尽管斯莫尔坚信，是沃德将职业社会学家从在"被曲解的进化论"这一了无新意的荒漠里多年徒劳无益的耕耘中解救了出来，沃德却从未在一般公众中获得像威廉·格雷厄姆·萨姆纳或其他具有类似地位的学者所享有的声誉。[8]

沃德提出他的集体主义，在时间上早了将近二十年，根本就找不到可以充分接受的听众。甚至在美国断断续续地采取一些极其初级的中央集权步骤，如制定《州际商务法》和《谢尔曼法》（Sherman Act）之前十年，沃德就在鼓吹计划社会。他的怀疑主义倾向也限制了他的影响力，那些本可以被他的社会理论吸引的基督教改革家，却发现他的自然主义令人反感，有些支持者也敦促他在语气上要妥协一些、再妥协一些。[9] 直到其职业生涯接近尾声时，他才在一所知名大学获得教职，并错过了与一流学术地位相随的公众声望和职业声望。沃德的正式著作，尤其是厚达 1400 页的《动态社会学》中，冗长乏味的散文和像野蛮人说话一样难懂的术语，也妨碍了他在公众中获得广泛声誉。然而，沃德也确实在通俗刊物上发表过一些具有可读性的文章，其中最引人注目的是，他在《论坛》上发表的系列文章深受欢迎。[10] 在他生命的最后阶段，随着持不同政见人士的声音越来越强，沃德的思想渗透到了普通读者这块战略要地，并对一些革新派团体的观点产生了一定影响。但部分由于他的"社会政体"（sociocracy）倡议从来就没有组织过信徒，在他 1913 年去世后，其声名就迅速消退了。沃德是美国思想史上，甚至是整个国际社会学界史上最有才干、最有先见之明的思想家之一。但对他来说，命运的奇妙之处就在于，作为一个思想家，其最中肯的地方却正是他最否定的部分。他最大的成就，是对某些知识体系展开了批判。这些知识体系曾一度充斥着整个社会，极具影响力，如今则早已坍塌崩溃、被遗忘在角落里无人问津。沃德用自己的方式对这些知识体系进行的尖锐抨击，虽然对美国思想的解放厥功至伟，却也逃不过随这些体系一道被忘在九霄云外的命运。

二

　　底层阶级的出身，一直以来都让沃德感到深深的刺痛。社会达尔文主义影射的精英政治在 19 世纪 70 年代和 80 年代抛头露面，冒犯了他对民主的情感。直到生命的尽头，他都还记得，当年他在一所公立学校读书的时候，每当来自他那个阶级的衣衫褴褛的孩子能够击败有钱人家的儿子获得奖学金时，他是怎样地感到称心如意。[11] 如果说他的童年经历与激励他充分信任普罗大众潜在的智识能力有关的话，那么，沃德在政府机构工作的长期经历则可能激励了他去反对斯宾塞主义对政府的不信任。早在 1877 年，在统计局工作几年后，他就为华盛顿《国家联盟》(Washington *National Union*) 写了两篇文章，探讨政府统计资料作为立法依据的可能性，认为如果社会活动的诸法则可以用统计的方式表达出来的话，那便可以作为"科学立法"的数据。[12]

接下来的几年里，沃德对政治的关注越来越急切。在写作《动态社会学》的过程中，他在这方面的工作已经颇有进展。在 1881 年华盛顿人类学会上宣读论文时，他就对盛行的自由放任主义哲学的基本前提进行了猛烈抨击。在这里，沃德以引人注目的方式清晰而有条理地阐述了他晚年要为之殚精竭虑的思想。在指出日趋盛行的政府干预社会事务的趋势与当前的社会理论完全不一致后，沃德颇有先见地预言，在社会舆论领域，很快就将爆发一场危机。

> 科布登俱乐部 (Cobden Club) 和其他"自由贸易"团体正在挥舞自由之手，四处散发传单，希望能遏止这股潮流。维克多·伯默特 (Victor Boehmert) 发出了警告，奥古斯特·蒙格瑞丁 (Augustus Mongredien) 发出了吼叫，赫伯特·斯宾塞发出了咆哮。结果呢？德国的回答是，收购私有铁路，设置高额保护关税。法国的回答是，颁布法令建造 1.1 万英里的国有铁路，并赏了法国船东一笔奖励金。英国的回答是，通过了一项义务教育法，政府收购了电报业，通过了一项电话业务归国家所有的司法决议。美国的回答是，

右侧页边：72

通过了一项州际铁路法、一项国民教育法，以及一场以压倒性优势通过的保护国内制造商的全民公投。整个世界都受到了感染，所有国家都在采取积极的立法措施。[13]

沃德继续说，现在是学者们停止谴责这种不可阻挡的立法干预潮流的时候了，他们应该集中精力认真研究当下究竟正在发生什么。在社会极力挣脱君主统治和寡头统治的年代，自然法和自由放任的信条一直都是管用的知识工具。当政府掌握在专制统治者手中时，反对政府干预是再也自然不过的事；但在代议制政府时代，人民大众可以通过立法行动来贯彻自己的意志，这时还要坚持反对政府干预，便是愚蠢。这些假设已经过时了。"自然法与人类利益之间并不必然是和谐的。"贸易法则造成了财富分配的巨大不平等，这种不平等的根源在于出身的巧合或卑鄙狡猾的举措，而不是高人一等的智商或胜过常人的勤奋。

自然法也不是阻击垄断的屏障。经典理论说，竞争导致价格下降，但通常的情况则是，竞争"使商店的数量成倍增加，远远超过了需要，而每家商店又都必须通过交易来谋利。为了达到这一目的，所有商店都必须卖得比本来的价格更贵"。在经销行业尤其如此。在其他行业，竞争催生了拥有危险的广泛权力的大型公司组织。拆散它们就将是摧毁"社会进化的综合有机体"这一"自然法的法定产物"。唯一建设性的选择是政府为了整个社会的利益实行管制。[14]具有重大历史意义的政府管制或管理尝试从来就没有构成为个人主义者所指控的灾难。英国的电报行业和德国与比利时的铁路系统就是明证。在文明史上，社会控制的范围一直在逐步扩大，但

　　一个多世纪以来，英国的消极经济学派一直致力于阻碍这种进步。自由放任学派对科学进行分类的背后是掘壕据守，他们一方面实事求是地宣称社会现象同物理现象一样，彼此之间是统一的，而且受规律的支配；另一方面，与这种实事求是的宣称相伴的，则是一条虚假陈述和一个不从前提出发因而不合逻辑的推理：不管是物理现象还是社会现象，人类都无法控制；事实上科学带来的所有实际益处都是人类控制自然力量和自然现象的结果，否则，这些自然力量或自然现象就会被浪费，或者成为人类进步的敌人。与此相对，积极经济学派只是要求有那么一个机会，完全按照人类利用物理力量的方式，来利用社会力量为人类利益服务。只有通过人为控制自然现象，才能让科学为人类的需要服务；如果社会规律真的类似于物理规律，社会科学就没有理由不能像物理科学那样得到实际应用。[15]

　　在一篇题为《积极政治经济学的科学基础》（"The Scientific Basis of Positive Political Economy"，1881）的文章中，沃德继续攻击社会理论中的自然法。他断言，依照人类的标准，自然本身就是不经济的。自然的过程已经被证明是"所有可以想象的过程中最不经济的"，只不过这一事实被大自然运转的浩瀚及其结果的绝对庞大掩盖了而已。一些低等生物会释放出多达十亿个卵细胞，只有少数发育成熟，其余的则根本抵挡不住随之而来的生存斗争。生殖能力的浪费之大令人难以置信。人类之间的无序争斗，特别是以工业竞争形式出现的冲突，同样也是一种浪费。在

这里，沃德区分了由人类意志和目的所支配的目的（telic）现象
与作为盲目的自然力量之结果的遗传现象。在目的对遗传、人为
对自然的巨大优势面前，自由放任主义理论家们对自然法经久不
息的热情，就像是卢梭浪漫主义的自然崇拜，或者还可能更糟，
那就是原始宗教的自然崇拜。用进化的视角来看自然，认为其在
某种程度上本性就是良善的，这是纯粹的神秘主义。[16] 人类的
任务不是模仿自然法则，而是去观察它们，把它们拿过来为己所
用，去指导、监督、管理它们。

　　正如存在两种动态过程一样，也有两种不同的经济学——关
于生命的动物经济学和关于思想的人类经济学。动物经济学，也
即物竞天择、适者生存，是生物的繁殖超过了生存资料的供应导
致的结果。大自然繁育了太多生物，并依赖风、水、鸟、兽来替
她播种。而一个理性的人，则每隔一段适当的时间，去整地、除
草、钻洞、种东西，这是人类经济学的方式。环境改造动物，人
类则改造环境。

　　竞争实际上使最适者无法生存。理性经济学不仅节约资源，
而且繁育更优秀的生物。这方面最好的证据是，当竞争完全消除
时，比如说当人类通过人工方式培育出某种特定的生命形式时，
这种生命形式立即便大踏步前进，很快就超过那些依靠竞争获得
进步的生命形式。也就是这样才有了优质的果树、谷物、家畜。
竞争即使采取最理性的形式，也是极其浪费的。我们在广告这种
标志性的商业精明——"动物之狡猾的改良形式"的一个极好例
证——那里，就见证了社会浪费。最后，针对一位论者激情澎湃
地提出的关键论点，沃德据理力争，如果说竞争在人类事务中果
真可能有什么价值的话，自由放任实际上也破坏了它，因为既然

完全的自由放任允许合并乃至最终允许垄断，自由竞争就只能通过某种程度的管制才能得以稳固。[17]

沃德的《动态社会学》来自"一种日益增长的感觉"的激发，这种感觉就是，"社会科学领域迄今为止所做的一切，在本质上都可谓贫乏之至"。该书的写作设计，就是要对那些"断言大自然怎么样人类就应该怎么样"的人作出回应。[18]因此，在《动态社会学》中，沃德把他反对自然法的所有论点聚拢在一起，并详细阐述了他对目的论式的进步的诉求。虽然他总是蔑视改革者这个名称，坚称自己是一位社会科学家，但《动态社会学》本质上就是在论证社会化的有组织、有引导的变革——沃德自己喜欢称之为"通过冷静的计算来改进社会"。沃德坚信，这种变革注定要取代迄今为止社会无意识的自动变迁。[19]因此，当初开始着手撰著《动态社会学》时，他曾计划将书名定为《伟大的灵丹妙药》(*The Great Panacea*)。

沃德对生物理论作了个让步，即同意认为，人类是由于自然选择发展到目前这个阶段的，而人的智力则是其中最至高无上的产物。但他坚持认为，除非人类把自己的智力用于改进自身，从而以有目的的进步取代遗传的进展，否则人类就不能认为自己终于比其他动物高级了。[20]社会的进步在于整个社会快乐总量的增加和痛苦总量的减少。

　　到目前为止，社会进步都一直在以某种笨拙的方式自己照料自己，但在不久的将来，它必须由别人来照料。要做到这一点并始终保持动态状况以抗击所有阻碍势力——社会每取得一次新的进步，阻碍势力就会进一步增强——是社会学　*76*

作为一门应用科学所面临的真正的问题。[21]

　　沃德在《动态社会学》第二卷中强调了感觉在社会动力中的
重要性。他坚持认为，情感是心智的基本组成部分，理智已经进
化为情感的向导。社会心智是个体心智的概括或合成，由社会理
智和社会情感两部分构成。发乎情感而不加制约的工作方法会导
致冲突和破坏，但理智可以通过制定法律和设定理想来引导情感
进入建设性轨道。随着其自身的成长，理智终将有能力规划出完
美的标准，供作社会以及个人的指导。

　　那些带来进步的行动，沃德称之为"动态行动"。要采取这
些动态行动，只有通过创造一种"动态意见"的状态才能办得
到。在这种状态下，社会理智配备齐全，足以发挥指导作用。[22]
如果整个社会要着手一项动态行动，则必须通过尽可能广泛的知
识传播，把人民装备起来，让他们作好准备。

> 　　才智虽然迄今依然是一种自然生长的东西，但注定将成
> 为批量生产出来的制成品。可以说，经验知识是一种遗传产
> 物，通过教育获得的知识则是一种目的产品。知识的来源和
> 分布不会再听凭偶然和自然了。它们将被系统化并由此升华
> 为真正的艺术。通过人工方式获得的知识仍旧是真实的知
> 识，所有人储存的，都必定始终主要是这种知识。人工供给
> 的知识要比自然供给的丰富得多，正如人工供给的食物要比
> 自然供给的充裕得多一样。[23]

　　在沃德那里，教育不仅仅是社会工程建设的手段，同时也是

一种平整工具，一种给底层人民带来机会并让他们得以发挥才干的手段。[24] 在孩提时代，沃德就对接受了教育的人和未曾接受过教育的人之间的巨大差异印象极其深刻，因而始终都不能相信，自己已经跨越的这条天堑，可以归因于天生能力上的差异。他慷慨激昂地强调教育，就源于他个人正是成功的典范。[25]

　　由于沃德相信教育是改进人类的一种长远手段，他不愿意放弃拉马克主义和斯宾塞主义所谓后天习得的性状可以遗传的观点。达尔文已经接受了这个观点，但最初并没有把它融为自己进化论的一部分。沃德则将其视为自己的乐观的社会学中，一个必不可少的组成部分。在这个问题上，他与魏斯曼（August Weismann）等新达尔文主义者在很多场合都进行过交锋。在 1891 年《论坛》上发表的一篇题为《文化的传承》（"The Transmission of Culture"）的重要文章中，他认为后天获得的知识本身不能通过遗传来传承，但坚持认为获取知识的**能力**是另一回事。有些明显是家族流传的艺术和才能，用自然选择理论无法解释，因为这些才能在生存竞争中没有价值；自然选择无法解释这些才能的代代相传。对于天赋才能的这种存续，最好的解释是，假定人类在某种特定的追求过程中，由于心智能力的训练和运用，从而获得了某部分的才能，那部分才能可能会被传下来，成为整个种族遗产的一部分。如果魏斯曼的追随者们是对的，而且也没有上述这样的继承关系，那么"教育便对人类的未来毫无价值，它的益处只限于接受了教育的那一代人"。沃德总结说，历史事实和个人观察到的事实都支撑了人们对这种"使用—继承"的普遍看法，在科学界对这一问题作出明确断定之前，我们最好"拥抱妄想"。[26]

三

　　沃德有时被归为社会达尔文主义者，因为他后期的理论受到社会学领域冲突学派的影响。该学派最突出的代表是两位欧陆作家路德维希·贡普洛维茨（Ludwig Gumplowicz）和古斯塔夫·拉岑霍费尔（Gustav Ratzenhofer）。到 1903 年，沃德对他们的作品已经非常熟悉，他们对种族斗争起源的解释给沃德留下了深刻印象，称其为"截至目前对社会学最重要的贡献"，[27] 他的《纯粹社会学》有一小部分就建立在这个基础上。在该部分，他把组织化社会的起源归因于一个种族被另一种族所征服。首先是从这种征服中产生了各种社会等级系统，而后社会就先后经历了如下五个阶段：等级制度缓和，同时不平等现象继续存在；通过加强法律巩固各种关系；国家（政权）起源；各群体逐渐胶合为同一民族；最后，爱国主义形成，社会组织发展为国家形式。[28]

　　进步往往是不同因素强行融合的结果。尽管人们可能会强烈谴责可怕的战争，但战争在过去一直是种族进步的必要条件，征服落后的种族在未来也是不可避免的。[29] 在先进社会里，理性的、和平的社会同化形式可能会取代过去那种遗传的、暴力的方式。就像斯宾塞那种尚武社会让位于工业社会一样，一个友好的和平时代也可能会即将到来，但世界是否已经到了战争消弭的时刻，却令人怀疑。冲突的终止是否可取，对沃德来说是一个悬而未决的问题。[30]

　　沃德在这些方面对冲突学派的依循，丝毫没有改变其向善主义社会学的基本结构。在对冲突理论与他的集体主义两者进行调和的过程中，沃德看不出有什么困难——尽管事实上困难重重，他甚至成功地让贡普洛维茨归附了自己欢快的视角。[31] 在沃德的著作中，确实可以发现冲突学派的思想，但这只是其中一个很小的地方，而且倏忽即逝，除此而外，其晚年的理论同 1883 年时并没有什么显著的不同。通观他的全部作品，其中大部分著作都始终贯穿着一个目标，即摧毁生物社会学的传统。

　　沃德的社会学有一个贯穿始终的特征，那就是同时与斯宾塞主义者令人错愕又使人麻痹的乐观主义和马尔萨斯主义者同样令人错愕又使人麻痹的悲观主义进行持续争论。他认为，不管是马尔萨斯—李嘉图—达尔文这一脉的悲观主义，还是斯宾塞的乐观主义，都是在为一手造成社会压迫和社会苦难的上层阶级辩护。[32] 他提出，马尔萨斯的理论不适用于人属动物（*genus homo*）。沃德说道，马尔萨斯揭示了一条基本的生物学定律，但是在他把这条定律同人类粘连在一起时，他只将这条定律应用到就这么一种动物身上，从而毫无成效。达尔文则有一种天才，能通过将马尔萨斯主义卓有成效地应用于动物和植物，从而阐明整个有机世界的过程。

　　　　尽管马尔萨斯主义在所有方面都失败了，但马尔萨斯主义是一条基本社会规律那种印象却流行起来了，而且时至今日仍然被人们普遍接受，当前的社会学就是建立在马尔萨斯主义的基础之上的……事实是，除了在非常有限的意义上，人类和社会并没有受到那些控制动物世界其余部分的伟大的动态法则的影响……如果我们称生物过程为自然过程的话，则我们必须把社会过程称为人工过程。生物学的基本原理是自然选择，社会学的基本原理则是人为选择。适者生存就是

强者生存，而这便意味着弱者的灭亡；甚至适者生存最好就
称为弱者灭亡，这样倒更贴切一些。如果说大自然是通过消
灭弱者来进步的话，人类则是通过保护弱者才进步的。[33]

沃德毫不犹豫地同斯宾塞或斯宾塞在美国的门徒萨姆纳和吉
丁斯展开了交锋。萨姆纳《自扫门前雪——社会各阶级彼此应该
为对方做什么》收到的评论中，沃德为纽约的期刊《人》(*Man*)
撰写的可能是最负面的一篇。沃德说，该部著作是自由放任主义
作家的"最后哀嚎"。这本书的利远远大于弊，因为它已经极端
到成为一幅个人主义的讽刺画。

> 整本书基于一个根本性的错误，即这个世界赐给人类的
> 恩惠完全是按照人的美德来分配的。贫穷只是懒惰和邪恶的
> 证据。富裕就显示出了富有者的勤奋和德行。该书的绝大部
> 分是由马尔萨斯主义制成的，而人类的活动也被贬低到和动
> 物活动完全处在同一个水平。那些幸存下来的人仅仅证明了
> 他们适合生存；所有生物学家都清楚，适合生存与真正的优
> 越性完全不同，作者自然是忽视了这个事实，因为所有社会
> 学家都应该是生物学家，而他却恰恰不是。[34]

在一篇针对"赫伯特·斯宾塞的政治伦理学"（"The Political
Ethics of Herbert Spencer"）的超长论辩中，[35] 沃德巧妙地挑选了
斯宾塞著作中的文字段落。在有的段落中，斯宾塞指望商人的仁
慈，让他们克制自己不去毫不怜悯地讨价还价、不去赚取超额利
润；在有的段落中，斯宾塞捍卫私人控制污水处理系统的权益，

80

建议通过威胁关闭顽抗的房主的排水设施，来强制他们向污水处理企业付款；在有的段落中，他谈到失业者"一无是处"，工会就是"一群永久的流浪汉"；在有的段落中，他表达了对民主进程的精英式的蔑视，以及类似的个人主义式的诸极端主义。接着，沃德又继续用上了斯宾塞的个人主义同其有机社会观之间的自相矛盾。如果国家这个一体化的最高机关实际上没有任何作用，那么被斯宾塞视作一种进步标准的不断一体化，又会如何呢？沃德问道。社会有机体的逻辑结果不是极端个人主义，而是极端的集权。"即使是国家控制论的最坚定的拥护者和最极端的社会主义者，一想到任何这类专制主义，就是由甚至可以说是已知后生动物中最低级的物种的中央神经节所施行的专制主义，也会避而远之。"[36] 只有当它涉及社会的各心理方面时，有机体的比喻才是合理的；而即使在这个层面，它在逻辑上也意味着社会控制的延伸，因为政府是公众意志的仆人，就像大脑是动物意志的仆人一样。[37]

斯宾塞主义者的另一个缺陷是，他们对"自然的"一词下的定义，其中加载的信息太多，他们对这个词的使用很是前后不一，因为他们不是用这个词来描述他们可能发现的任何现象，而只是用来描述他们所认可的那些现象。然而，事实上，社会的惰性及其不能立即对变革的压力作出反应，"导致出现了合理合法的，同时也是社会所必需的社会改革者。不仅如此，他们也是每个国家和每个时代的自然产物。保守主义作家如此强调'**自然**'一词，却无视这一事实，真可谓当今时代众多逗人发笑的荒唐之一"。[38]

沃德拒绝接受古典个人主义的前提假设，这便驱策他去开辟

81　一条尚未经过检验的思想路线，从心理学角度和制度角度而不是生物学角度和个体角度，去发展出一套社会理论方法。像其他大多数职业生物学家一样，他对自然和社会之间的简单类比不感兴趣，这种类比倒是取悦了那些为竞争秩序辩护的人。由于无法在社会中找到他在自然界里看到的那种发挥作用的粗糙的变化过程，沃德对社会达尔文主义进行了双重批判。他首先揭穿了自然本身的真相，展示了它的浪费，并将它从大众心目中的崇高地位上拉了下来。其后，沃德又通过展示新兴的人类心智如何能够将自然界狭隘的遗传过程锻造成迥然相异的形式，摧毁了一元论信条的核心特征：存在于自然界中的变化过程和社会中的发展过程两者之间的连续性。

　　达尔文主义将重点放在跨越地质年代的缓慢变化上，把变化解释为各种"偶然性的"变异的结果，看来已经将目的论驱逐出了动物的世界。这样，对于那些在一元论信条阴影下工作的人来说，达尔文主义也将目的论驱逐出了人的世界。如果高等物种的出现，其背后没有更大的目的，没有宇宙指引之手，如果进化是随机变异的漫无计划的结果，目的性在宇宙中没有位置，那么社会也一定像其他生命一样漫无目的地生长和变化。然而，在沃德看来，从目的论而来的这种反应似乎走得太远。如果说没有宇宙目的的话，那至少还有人的目的。这种人的目的已经给了人类在自然界中一个特殊的位置，而且如果人类决心想要的话，还可能给其社会生活提供组织和方向。从此，有目的的活动必须被看作不仅是个体的而且是整个社会的一项正当功能。

四

　　沃德的兴趣一向是世界性的，他从一开始就把向美国人解读欧洲在国家干预问题上的思想和实践两方面的教训视为己任。除自己作为政府雇员的洞察外，国外政府活动范围的扩大也令他印象深刻，特别是铁路归政府所有或受政府管制，这在德国、法国、比利时和英国都可以观察得到。[39] 当他把欧洲的做法同美国的私人经营惯例进行比较时，结果是情况对后者不利。[40] 在反对自由放任的问题上，沃德还受到了孔德的影响。孔德对自由放任持批评态度，沃德对他敬佩之至。[41]

　　当然，这并不是说，沃德只是又一位经济学领域的民族主义者。他倡导国家管理是出于下层阶级偏向的激发。他似乎将自己看成了学术论坛上替这群人发声的说客。他反对对个人主义作生物学上的论证，源于他的民主信仰；他摒弃萨姆纳和斯宾塞，部分动因是他嗅到了他们的精英偏好。和凡勃伦一样，沃德对美国知识分子生活中占据支配地位的人物和观点，总是感觉有些格格不入，这无疑加快了本就居于劣势地位的他成为最边缘的知识分子的步伐。他曾一度抱怨过芝加哥大学的"资本主义审查制度"。在 1896 年的那场运动中 *，他还写信给因支持布赖恩而受到牵连的 E. A. 罗斯，"我可能比你更倾向于平民主义。没有谁比我更急于掐死金钱权力"，其后他只是补充道，他认为自由铸银是一种糟糕的社会补救措施，他年轻时经历过一次通货膨胀，可不想再经历一次。[42]

_82_

---

* 此处指"自由铸银运动"。——译者注

沃德在1906年美国社会学会的一次会议上讨论"社会达尔文主义"期间，对他的社会偏向作了一番发自肺腑的陈述。当时，前面有一位发言者提出了一个社会达尔文主义命题，主张通过各种方法，主要是优生学诸方法，小心仔细地淘汰掉那些身体不健康和依靠别人生活的人。在回应中，沃德称发言者提出的这种学说，是"以少数为中心的世界观的最彻底的例子。这种世界观在高层社会阶级正日趋流行，它将把整个世界的注意力集中在人类当中那几乎是极其微不足道的一小撮人身上，而对其余部分佯装未见"。沃德继续说，他的工作不会满足于仅仅是教育和保护精选出来的少数高层阶级这样一个如此之小的领域。"我想要一个足够宽广的领域去拥抱全体人类，如果我不认为社会学就是这样一个领域的话，我就会对它毫无兴趣。"未来，社会将会无限期地从基座那里吸纳新成员，并不得不从底层吸收大量未经加工的原料。他的对手也许可以由此得出结论："社会注定会无可救药地堕落。"然而，人们也可能持有另一种看法：

83

> ……唯一的安慰、唯一的希望就在于真相……就高等生命的天赋能力、潜在素质、"出息和潜能"而言，那些蜂拥来去、孕育着儿儿女女的无数大众，这些社会底层，无产阶级、工人阶级、"伐木担水之辈"，不仅如此，甚至还有贫民窟的居民，所有这些人，同现在主宰着社会、对他们鄙夷不屑、自诩为"有头脑的精英"的那些人，本质上都是相同之辈；除无法享有特权接受最开明的优生学教师的教育而外，他们在其他所有方面本质上都是同等之人。[43]

　　沃德虽然是社会规划的先行者，是人民群众的捍卫者，并受到那些读过他作品的社会主义者的称许，为他们所利用，但他本人并不是社会主义者。他对马克思主义传统甚是不感兴趣。他认为，自己有一个可供选择的切实可行的方案来代替社会主义和个人主义。这个方案是从孔德那里借来的，他称之为"社会政体"（sociocracy），也即由作为一个整体的社会来实施的有计划的社会控制。在社会政体下，有目的的社会活动，或"集体的目的性利用"，可以通过设计"有吸引力的法律法规"，用积极的而不是消极的和强制性的手段，来释放人类行动的活力、促进有益于社会的行为，从而与个人的利己主义相谐和。在个人主义造成人为不平等的地方，社会政体将废除这些不平等；在社会主义寻求制造人为平等时，社会政体将承认自然形成的不平等。一个社会政体的世界将会像个人主义者所要求的那样，依据人们的美德来分赐自己的恩宠，但它会通过给予所有人平等的机会，来取消那些拥有不应得的权力之人、由于偶然因素获得地位或财富之人，或者反社会的狡诈之徒所拥有的优势。[44]

　　在推动社会规划、对自由放任的局限性进行历史考察，以及掀起反对生物社会学的运动三个方面，沃德做了大量工作，以图将美国人的思想从满脑子都在毫无批判地盘算着19世纪科学的各种守旧用途的状态中解救出来。在社会心理学方面，他帮助其后来者更好地理解了情感在人类动机中的重要性。沃德在试图提供一些积极主动的方案时，是经不起批评的，因为他天真地相信教育可以促进社会重建，而且有些改革建议也含糊不清。在哲学上，他对一元论思维的批判，既算不上最坚定，也算不上最精致。在抽象层面，他给实用主义者留下了很多尚待完成的工作。

虽然沃德的遗传二元论和目的论事实上已经背离了威廉·詹姆斯所谓的斯宾塞"块体宇宙论"（block-universe），但斯宾塞主义病毒仍然在他的血液里流淌。在对社会学领域的自然崇拜者发动攻击的过程中，他把大的联合体描述为自然秩序的产物，从而不由自主地滑向了他们的语言表达方式；而且他还曾经写道，仅集体的目的性利用就可以"再次将社会置于自然法的自由洪流之中"。[45]当他认识到自己体系中的缺口时，只是试图把这个窟窿遮起来，说有目的的行为是一种遗传产物。对于一个如此不断强调社会组织和社会过程的独特性和人为性的人来说，用物理学、化学和生物学来装饰自己的社会学，并把这种社会学置于宇宙学体系的框架内，这种自相抵牾也很稀奇古怪。

沃德的批评固然在技术层面算不得怎么完美，但无疑属于一个大胆的开拓性举动。他遭到了太多不应有的忽视，部分原因恰恰在于他远远走在了同时代人的前面。"你不光在时间上走在我们的前面，"阿尔比恩·斯莫尔在1903年给他的信中写道，[46]"而且我们都知道，你在科学的许多方面都远远超过了我们，从头到脚都是这样。你是小人国中的格列佛。"

1. 参见路德维希·贡普洛维茨对孔德的讨论，Ludwig Gumplowicz, *The Outlines of Sociology*, pp. 28–29。
2. 转引自 Edward A. Ross, *Foundations of Sociology*, p. 48。
3. *Dynamic Sociology*, I, 6; 试比较 pp. 142–144。*The Psychic Factors of Civilization*, p. 2.
4. *Glimpses of the Cosmos*, I, xx–xxi; VI, 143.
5. 有关沃德的生平资料，可见于 Emily Palmer Cape, *Lester F. Ward;* Bernhard J. Stern, *Young Ward's Diary;* 并散见于 6 卷本的 *Glimpses of the Cosmos*。
6. 参见 George A. Lundberg, *et al.*, *Trends in American Sociology*, chap. i。

7. Howard W. Odum, ed., *American Masters of Social Science* (New York, 1927), p. 95.

8. 有关沃德未受重视的情况，参见 Samuel Chugerman, *Lester Ward, The American Aristotle* (Durham, 1939), chap. iii。

9. Richard T. Ely to Ward, November 22, 1887, Ward MSS, Autograph Letters, II, 35; Ely to Ward, July 30, 1890, *ibid.*, III, 48; "The Letters of Albion W. Small to Lester F. Ward," Bernhard J. Stern, ed., *Social Forces*, XII (1933), 164–165.

10. 参见 "Broadening the Way to Success," *Forum*, II (1886), 340–350; "The Use and Abuse of Wealth," *ibid.*, III, (1887), 364–372; "Plutocracy and Paternalism," *ibid.*, XX (1895), 300–310。沃德手稿（Ward MSS）中有大量一手材料透露了沃德的影响范围。

11. 参见其自传式的评论，载于 *Applied Sociology*, pp. 105–106, 127–128。

12. *Glimpses*, II, 164–171.

13. *Ibid.*, II, 336–337.

14. *Ibid.*, II, 342–345.

15. *Ibid.*, p. 352.

16. *Glimpses*, III, 45–47; 另请参见 VI, 58–63。

17. *Ibid.*, IV, 350–363; 试比较 *The Psychic Factors of Civilization*, chap. xxxiii; *Pure Sociology*, p.16。关于人类事务中竞争的价值限度，沃德的朋友、美国民族学局首任局长、陆军少校约翰・W. 鲍威尔（John W. Powell）也提出了同沃德类似的看法。此外，同沃德一样，他也主张人类的进化具有独一无二的理性特征。参见鲍威尔的 "Competition as a Factor in Human Evolution." *The American Anthropologist*, I (1888), 297–323，及 "Three Methods of Evolution," *Bulletin*, Philosophical Society of Washington, VI (1884), xlvii–lii。

18. *Dynamic Sociology*, I, v–vi.

19. *Ibid.*, I, 468.

20. *Ibid.*, I, 15–16, 29–30.

21. *Ibid.*, I, 706.

22. *Ibid.*, II, chaps. ix–xii.

23. *Dynamic Sociology*, II, 539.

24. 埃尔莎・P. 金博尔（Elsa P. Kimball）在《社会学与教育学》(*Sociology and Education*)一书中对沃德在教育问题上的看法作了充分讨论。

25. 参见 *Glimpses*, III, 147–148。

26. *Ibid.*, IV, 246–252; 另请参见沃德对拉马克和新达尔文主义的讨论，*ibid.*, IV, 253–295。

27. *Pure Sociology*, p. 204.

28. *Ibid.*, p. 204.

29. *Ibid.*, pp. 237–240.

30. *Ibid.*, pp. 215–216.

31. Bernard Stern, ed., "The Letters of Ludwig Gumplowicz to Lester F. Ward," *Sociologus*, I (1933), 3–4.

32. *The Psychic Factors of Civilization*, chap. xi; *Outlines of Sociology*, p. 27.

33. *The Psychic Factors of Civilization*, pp. 134–135.

34. *Glimpses*, III, 303–304. 另请参见沃德对吉丁斯《社会学原理》(*Principles of Sociology*) 一书所作的评论，*ibid.*, V, 282–305。

35. *Ibid.*, V, 38–66.

36. *Outlines of Sociology*, p. 61; 参见 "Herbert Spencer's Sociology", in *Glimpses*, VI, 169–177。

37. *The Psychic Factors of Civilization*, pp. 298–299.

38. *Ibid.*, p. 100.

39. 参见 "Politico-Social Functions," in *Glimpses*, II, 336–348。

40. *Dynamic Sociology*, II, 576–583.

41. *Ibid.*, I, 104, 137, 50.

42. Stern, ed., *op. cit.*, XV (1937), 318, 320; "The Ward-Ross Correspondence, 1891–1896", *American Sociological Review*, III (1938), 399.

43. "Social Darwinism," *American Journal of Sociology*, XII (1907), 710.

44. *Applied Sociology*, chap. xiii; *Outlines of Sociology*, pp. 273 ff., 292–293; *The Psychic Factors of Civilization*, chap. xxxviii.

45. *Outlines of Sociology*, p. 293.

46. Stern, ed., *op. cit.*, XV, 313.

第五章 进化：伦理与社会

我在曼彻斯特的一份报纸上看到一篇编得还很不错的讽刺文章，说是我已经证明了"强权即公理"，因而拿破仑是对的，每位奸商也都是对的。

——查尔斯·达尔文致查尔斯·莱伊尔爵士

一

斯宾塞、萨姆纳和沃德形成他们哲学思想的时代，是一个人们在智识上极度局促不安的时代。正如我们所见，许多人不确定，在人们全都接受了自然选择学说以后，他们的宗教还会有多少立足之地，其他人则被达尔文主义对道德生活意味着什么的问题所困扰。斯宾塞和进化人类学家向他们断言，这意味着进步，甚至也许是完美。[1]然而，达尔文主义中的马尔萨斯元素指向了一种永无止境的生存斗争，这种斗争只受到单纯的生存控制，除此之外，没有比这更崇高的约束。正基于此，有些人期望出现一套新的、更高的道德规范，另一些人则担心道德标准将会彻底崩毁。

亨利·亚当斯以镀金时代弥漫着道德沦丧、金钱至上氛围的华盛顿为背景，撰写了一部小说《民主》(*Democracy*, 1880)。小说中有一位人物参议员戈尔，他就表露了许多人担心将成为未来主流的那种价值观本质上的漫无目的和了无生气：

> 但我是有信仰的！我信的也许不是旧的教义，而是新的信条。我信奉人性，信奉科学，信奉适者生存。我们要忠于我们的时代，李太太！如果我们的时代遭到失败，那就让我们把生命献在它的队伍之中；如果它将取得胜利，那就让我们走在队伍的前列。总之，我们不要躲躲闪闪，也别满腹牢骚。[2]

那些对传统理想有着更深执念的人所希望的可不止如此。达尔文主义真的能证明冷酷的自我伸张、对弱者和穷人的装聋作哑、对慈善事业的弃置不顾是正当的吗？这是否意味着，在不断增长的人口对勉强维持生活的极限永远构成压力的情况下，人类要取得进步，就必须无情地淘汰不适者？

在一个接受过基督教道德教育，并固之以民主和人道主义传统的国家，这种尼采式的价值重估，是人们无法接受的。斯宾塞在进化论和理想主义之间进行的调和，以及对世界从好战到和平、从利己到利他的转变的预测，是最常见的答案。然而，斯宾塞说起话来经常是一种自然选择论者的粗暴口吻，话语中全无暖心而熟悉的神学律令，这就很难令那些对严格的竞争秩序维护不甚坚决，或不愿意对自然主义伦理作出重大让步的人感到满意。在《社会学原理》一书中，他宣称：

　　我们不仅看到，在同类个体之间的竞争中，适者生存从一开始就促进了一种更高级的类别的产生；我们还看到，不管是物种的生长还是组织，都主要归功于物种之间无止无休的战争。没有普遍存在的冲突，就不会有主动能力的发展。[3]

　　所有这些关于"无止无休的战争"和"普遍存在的冲突"的言论，对于那些对斯宾塞所预想的遥远的人间天国的当下感兴趣的人来说，其价值何在？一位慈善家如此问道：

　　　　如果人类就只有斯宾塞给我们指出的那种未来，他们岂不会去过一种麻木不仁的生活？没有个体的延续，没有上帝，没有神灵，只有朝向此岸美好社会的进化和人间的完美。能不能成，都是个大问题；而且即便成功了，结局是否值得也是大问题。[4]

　　另一位评论家写道："赫伯特·斯宾塞的伦理当然是终极伦理。只是，我们实在是不得不面对这样一个问题：当下正在流逝的这一刻，有什么与之相应的伦理？"[5]"我们这一代读书的年轻人，科学讲座和科学期刊都告诉他们，所有旧的道德戒律都已发生动摇。随着他们踏入社会，"詹姆斯·麦科什问道，"我们该怎么办？"[6]

　　1879年，《大西洋月刊》发表了戈德温·史密斯（Goldwin Smith）的一篇文章，题为《道德空位期展望》（"The Prospect of a Moral Interregnum"），直面自然主义提出的棘手问题。史密斯认为，宗教一直都是西方道德规范的基础；实证主义者和不可知论者料想，当基督教被进化摧毁时，基督教伦理的人道价值观还将继续存在，这种胡乱猜想毫无意义。他承认，一种基于科学的伦理最终或许可以确立起来，但目前会有一个道德空位期，类似于以往危机时期曾经发生过的那样。希腊世界在其宗教因科学的推测而崩溃之后，曾有过这样一个空位期。罗马世界在基督教到来为其提供新的道德基础之前，也有过这样一个空位期。在西欧，伴随着文艺复兴而来的第三次宗教崩溃，产生了波吉亚家族和马基雅维里、吉斯家族和都铎家族的时代；最后，英国的清教主义，以及天主教会内部的反宗教改革运动（Counter Reformation），再次带来了道德的稳定。目前，另一场宗教崩溃正在发生：

> 就此，我们要问，这场革命对道德可能会产生什么影响？不产生一定的影响几乎是不可能的。进化拼的是力，生存斗争拼的是力，自然选择拼的还是力……但人类的兄弟情谊呢？人道的观念呢？这些东西将会如何？ 7

有什么能阻止强食弱肉？（史密斯曾听一位帝国主义者说："殖民者的首要任务是清除这个国家的野兽，而所有野兽中最有害的就是野性的人。"）又或者，假若一位暴君在不管是哪一个大国攫取了主宰权，按照一以贯之的原则，根据这种生存学说，我们又有什么反对他的话可说呢？（拿破仑难道不是为了生存而被选择出来的吗？）19 世纪的人道主义又会怎样？导致社会冲突的各种激情怎样缓和？对于这些问题，史密斯没有答案，但他确信，日益逼近的道德危机将会同时带来一场政治和社会秩序方面的危机。

　　其他作家关注的则是更加具体的问题。哈佛大学道德哲学教授弗朗西斯·鲍恩（Francis Bowen）永远无法抑制自己在宗教上对达尔文的敌意。当他极力强调达尔文主义的可怕社会后果，力图使达尔文主义声名狼藉时，鲍恩可能说出了许多老派的基督教保守人士的心声。鲍恩熟悉马尔萨斯这一支的自然选择谱系，于是把两者作为一对相似的错误联系在一起。他指出，马尔萨斯主义由于抵消了戈德温等人的革命思想，在英国已经颇受欢迎；但它也已经被用来开脱富人在造成穷人的苦难上所应负的责任。事实已经证明，马尔萨斯是错误的；而就在他的理论逐渐从政治经济学中消亡的时候，竟又有了来自达尔文主义生物学的新帮腔。针对这一理论，可以用同样的理由来进行反驳，因为社会过程同达尔文主义过程两者完全背道而驰。我们无法否认，下层阶级比上层阶级更能生育；与其说是适者生存，不如说是不适者生存。因此，在社会过程中，处于危险境地的，是更高形式的生物而不是更低形式的生物。要解决这一问题，办法只能来自有钱、有文化、有教养的人，他们必须违反马尔萨斯的准则，为促进文明去更加不受限制地生儿育女。达尔文—马尔萨斯体系不管运用在什么地方，都会带来糟糕的后果：用在社会学上，就是对穷人的苦难冷酷无情；用在宗教上，结果就是无神论；用在哲学上，则是德国悲观主义暗黑凄凉的荒原，以及像罗马的斯多葛学派那样，蔑视人类的生命价值，预兆社会灾难即将降临。[8]

　　另一位作者的看法同鲍恩在社会保守主义方面不相上下，但更符合科学精神。这位作者预言，他所称的"体恤政府理论"和"科学政府理论"之间将会发生一场大冲突。体恤派（sympathetic party）全力支持通过社会立法来缓和工人阶级的糟糕状况。美国根本不需要这种博爱式的柔和，因为在这片土地上，能让人成不了财主的，只有天生的无能。人为把普通大众从庸碌无能中拖出来，肯定会导致社会性的灾难。在体恤派慈善人士的影响下，美国社会正遭移民洪流淹没，并被越来越多的碌碌之辈拖垮。科学派会"捍卫竞争原则，遵守供求法则，为适者生存实验提供公平的场所"。9

威廉·迪安·豪威尔斯（William Dean Howells）有一部小说《来自奥尔特鲁里亚的旅客》（*A Traveler from Altruria*，1894）。"科学派"的信条就类似于小说中那些优渥阶层人士的社会偏见。豪威尔斯对这种社会偏见作了一番冷酷的审视。小说中，霍莫斯先生对美国社会阶级壁垒如此森严惊愕不已，美国人于是向他解释说：

> "我们内部类别的划分是一个自然选择的过程。当你对我们的制度运作有了更深入的了解之后，你就会明白，这里没有各种随意弄出来的差别，而只是工作对人的合适程度和人对工作的适应程度决定了每个人的社会地位。……"
>
> "你知道，在美国这里，我们都是某种宿命论者。我们都坚信，一切终究都会好起来。"我补了一句。
>
> "噢，如果自然选择过程像你说的那样，在你们中间运行得这么完美，我对此就不感到奇怪了。"奥尔特鲁里亚人说。10

在"科学派"内部，也有人对进步的可能性表示怀疑。有位随笔作家在《群星》上发表了一篇文章，公开反对普遍地盲目信仰机器、发明和平民改革，并争辩说，在人口压力面前，热心家的那些灵丹妙药全无疗效。对此，乔治·凯里·艾格斯顿（George Cary Eggleston）在《阿普尔顿杂志》的专栏中给予了一番进化乐观主义的回答。艾格斯顿说，没有必要为人口的压力感到悲叹，也没有必要限制人口的增长。世界的拥挤，可以刺激工业和迫使人们提高自己的能力，可以压碎不适者，"可以将没有价值的人逐出世界并将有价值的人托向成功与权力"，是进步的最大动力。

著名地质学家纳撒尼尔·S. 谢勒（Nathaniel S. Shaler）是"体恤派"阵营的一名科学家。他抱有一种更加人道主义的态度，对人口数字在社会中的价值提出了质疑，谢勒指出，高等物种的特点是在繁衍后代方面不那么浪费，文明用智慧选择取代了自然选择。要是自然选择真的在文明中充分发挥作用的话，谢勒会认可人口增长是一件值得向往的事；但事实上，所有人只要被生下来，无论是弱者还是强者，其生命的延续都是由人道支配的。甚至现代战争也是选择让弱者、懦夫、老朽活下去，并消灭适者。这样的话，同自然以一种更浪费的方式来出产被拣选的少数人相比，通过教育来产生被选择的少数人的方式就更好。教育要求人们有条件享受舒适安逸的生活，这反过来又要求"限制繁殖，以满足种族的真正需要"。[11]

悬而未决的问题就以上述这样的方式成为热门话题。那些1871 年到1900 年间开始阅读严肃书籍的读者发现，在达尔文主义对伦理、政治和社会各方面事务究竟意味着什么的问题上，讨论极其刺激。除萨姆纳和斯宾塞外，还有其他人也对美国的智识生活产生了巨大影响。其中有一个是土生土长的美国人约翰·费斯克，但绝大部分都是英国人。沃尔特·白芝浩、赫胥黎、亨利·德拉蒙德（Henry Drummond）、本杰明·基德（Benjamin Kidd）、威廉·马洛克（William Mallock），这些人几乎同任何一位美国作家一样，都是美国思想界的领袖人物。此外，欧陆起码也有一位思想家获得了好评，那就是彼得·克鲁泡特金亲王（Prince Peter Kropotkin）。所有这些人贡献各不相同，但都得到了人们发自内心的倾听。

二

达尔文本人曾就他自己的发现可能带来的伦理上的影响给出过有些含糊不清的忠告。鉴于他对道德感的讨论、他对同情在进化中的作用的讨论，对于那种暗指他证明了强权即公理的说法，达尔文感到多少有些委屈，也就并不奇怪。他几乎不会怀疑自己注定要成为知识界的潘多拉。因为，无论其体系背后的马尔萨斯逻辑多么令人阴郁，这种逻辑都是通过他自己充满仁爱的道德情感过滤出来的。的确，《物种起源》的精神内核是霍布斯式的；达尔文《人类的由来》中关于"自然选择对文明国家的影响"的论述，则在诸多方面都让人想起斯宾塞《社会静力学》中那些最刺耳的部分：

> 我们文明人……尽我们最大努力来阻止淘汰进程。我们为低能儿、残疾人和病人造护理所、建医院；我们制定济贫

法；我们的医务人员使出浑身解数去拯救每一条生命，不到
病人的最后一刻决不放弃……就这样，文明社会中的弱者繁
衍了他们的同类。凡是饲养过家畜的人，都不会怀疑这对人
类极其有害。[12]

　　然而，这并不是达尔文道德情感的内在品质，因为他接着
说，无情的淘汰政策会背叛"我们本性中最高贵的部分"，而这
一部分本身就牢牢地根植于社会本能之中。因此，我们必须忍
受弱者生存和繁衍带来的恶果，把希望寄托于"社会上的那些弱
质、劣质的人，不像健康人士那样可以自由结婚"。他还倡导，
凡是不能使自己的孩子免于忍饥挨饿的人，都不要结婚。这里达
尔文又陷入了马尔萨斯主义：他说，思考周密的人不应推卸维持
人口的责任，因为正是通过人口压力和随之而来的斗争，人类才
取得了进步并将继续前进。[13]
　　如果说达尔文的著作中包含了维护粗犷的个人主义者和无情
的帝国主义者的内容的话，那些主张社会团结友爱的人，也可以
在达尔文的著作中找到大量对应的内容，而且比前者还要多。达
尔文在《人类的由来》一书中，用了很多篇幅去论述人类的社会
性及其道德感的起源。他认为，原始人和他们的类人猿祖先，以
及许多低等动物，在习性上可能就是社会性的，远古时期原始
人已经实行劳动分工，人类的社会习性对其生存已经至关重要。　*92*
"自私的人与好争吵的人都做不到团结一致，"他写道，"而没有
团结一致，任何事情都不可能实现。"他相信，人的道德感是其
社会本能和社会习性的必然结果，是群体生存的关键因素。达尔
文把群体意见的压力和家庭情感的道德效应，同明智的利己主义

一道列为道德行为的生物基础。[14] 难怪克鲁泡特金在《互助论》（*Mutual Aid*）一书中声称达尔文是他的前辈，并指责其他人对达尔文的理论进行霍布斯式的解释。[15]

《人类的由来》出版两年后，第一部从生物学导出对社会的思考，从而打破了斯宾塞在该领域的垄断地位的重要著作横空出世。这便是沃尔特·白芝浩的《物理与政治》，副标题是更加贴切的"'自然选择'与'遗传原理'应用于政治社会之思考"（*Thoughts on the Application of the Principles of "Natural Selection" and "Inheritance" to Political Society*）。该书被选入尤曼斯"国际科学系列丛书"并出版后，在美国立刻大受欢迎。许多美国人也由此深受鼓舞，纷纷依照生物学路径去解释社会。白芝浩试图按照卢伯克（Lubbock）和泰勒等进化民族学家的方式来重建政治文明的生长模式，并使用了泰勒的一些数据。

白芝浩无意解释法律和政治制度的起源。"但是，政治一旦启动，就不难解释它们为何持续。不管其他活动领域内'自然选择'原则存在何种争议，毫无疑问它在人类早期历史上占据了主导地位。强者只要有可能就会把弱者干掉。"既然任何形式的政治组织都要好于混乱，一个由家庭联合起来的、拥有政治领导和某种法律习俗的集合体，就会迅速征服那些没有这样联合起来的家庭。早期政治组织的水准如何并不重要，重要的是有这么一个组织，其作用在于胶凝出"一剂习俗"，将人们粘在一起。诚然，这么做的结果是，他们生来处在社会秩序中的什么位置，以后都将一直处在这种位置，因为组织起源于一种身份制度，只是在很久以后才演变成一种契约制度。建立组织之后，第二步是国家性格的塑造。这种塑造是通过无意识地模仿那么一两个出色的个体组织所表现出来的偶然"变化"实现的。国家的性格就是由自然选出来的地区性格，正如国家的语言就是成功的地区方言一样。

人们习惯于认为进步是人类社会的常态，但实际上这在各种人类当中极为罕见。古代人没有这种观念，东方人也没有这种观念，而野蛮人则没有进步可言。这种现象只发生在少数几个起源于欧洲的国家。有些国家是在进步，有些国家则停滞不前，因为不管在什么情况下，最强的国家总是战胜其他国家；而最强的国家，"就其某些显著的独特之处而言"，就是最优秀的国家。在每个国家内部，最有魅力的人物、通常也是最优秀的人物，占据了上风。而在当今占据支配地位的西方世界，国家之间以及不同的人物性格类型之间的竞争，由于"内生力量"的驱动进一步加剧。毫无疑问，军事艺术也会取得进步，由此带来的结果必然是，最先进的一方消灭相对贫弱的一方，人口分布上相对稠密的一方干掉稀疏的一方，而国家越文明，人口就越稠密。因此，文明每前进一步，就是一项军事优势。落后文明的法律和习俗在结构上更加僵化，"变种出生时就被它扼杀在摇篮里"，但进步有赖于变种的出现。"墨守法规的力量足以将整个民族团结在一起，但又不足以扼杀所有变种和破坏自然界的永恒变化趋势，只有在这样恰当的情况下，才有可能取得进步。"早期社会的人们处于一种严峻的两难境地：为了生存，他们需要习俗；但除非习俗足够灵活，容得下变化，否则早期社会就被冻结在其古老的模式中。现代社会的人们生活在一个可以相互讨论的时代而不是一个习俗僵化的时代，他们找到了一种调和秩序与进步的方法。[16]

人类的道德情感和同情心是社会持久合作的基础，为其寻找自然之根，是搁在达尔文面前亟待解决的一项任务。约翰·费斯   *94*

克在《宇宙哲学大纲》(*Outlines of Cosmic Philosophy*, 1874) 和
《婴儿期的重要性》(*The Meaning of Infancy*, 1883) 中，承担起
了这项工作。在读了阿尔弗雷德·华莱士对马来群岛的观察描述
后，费斯克产生了这样一种看法：将人类同其他哺乳动物区别开
来的，是人类漫长的婴儿期。总的来说，物种某一潜在行为的复
杂性同其后天究竟习得了多少这种行为是相关联的。人类的婴儿
在娘胎里获得的能力只是其最终能力的最小部分。人生下来时没
有其他物种的幼崽同期发育得好，而且必须经历一个漫长的适应
期，学习其所在种族的行为方式。费斯克由此推断，人类这一物
种之所以进步，是因为婴儿来到这个世界时，其能力并没有"已
成定局，不容更改"；相反，婴儿必须慢慢学习，由此能够习得
的行为范围便要广泛得多。由于必须照顾婴儿度过这段漫长的时
期，母爱和照料的年限便会延长，而且人父、人母和孩子往往会
守在一起——简言之，建立起稳定的家庭，并最终迈出走向社会
的第一步，建立起氏族组织。由此，人便从单纯的群居人变成了
社会人。

一旦组织起了氏族，自然选择就会介入来维持它，因为原始
的自私本能最有效地服从于群体需要的那些氏族，就会在生存斗
争中占据上风。这样，最初表现在母亲对婴儿照料上的利他主义
和道德的萌芽，就被推广到越来越广泛的社会关系中，直至形成
广泛的同情与怜悯，支撑起现在人们所熟知的文明人的群体生
活。道德观念根植于原始的生物单元——家庭，而人的社会性合
作与团结如果不是自然形成的，其深度与广度就会微不足道。[17]

费斯克的哲学试图赋予进化过程中的高级伦理冲动以直接的
95 根源。T. H. 赫胥黎在"罗马尼斯讲座"(Romanes Lecture) 上名

噪一时的讲演《进化论与伦理学》("Evolution and Ethics", 1893）中，对道德问题释疑解虑时，用的则是另一种不甚相同的调子——在同时代大部分人看来，这个调子要差一些。与费斯克不同，赫胥黎表面上接受了对达尔文主义的霍布斯式解读，并且承认"处在社会中的人毫无疑问服从于宇宙进程"，其中当然也包括生存斗争和淘汰不适者。但他断然拒绝将"最适者"同"最好者"等同起来的通常做法，指出在某些宇宙条件下仅仅只是"适合"的有机体，恰恰被证明就是低等的。人类和自然作出的价值判断完全不同。伦理的进程，或者说人们打心底认可的"最好者"的产生，同宇宙进程是相背而行的。"社会进步过程中的每一步都是对宇宙进程的阻遏。"

赫胥黎在一篇配套论文中，把伦理进程比作园丁工作：花园里不存在"大自然血淋淋的残酷无情"那种状况，因为园艺就是以通过调整植物的生长环境而不是推动植物去适应自然的方式来排除斗争。园艺不是鼓励而是限制物种的繁殖。像园艺一样，人类的伦理是在反抗宇宙进程，因为园艺也好，伦理行为也罢，都是为了某种从外部强加给自然进程的理想，而去设法规避那种原始的生存斗争。

一个社会越是发达，它就越是会消除其内部成员之间的生存斗争。在一个崇尚丛林法则的社会里践行自然选择，将会削弱甚至摧毁维系社会的纽带：

> 我觉得，那些习惯于思量或主动或被动地将弱者、不幸者和多余者斩草除根的人，那些为这种行为辩护，说什么"这种做法得到了宇宙进程的支持，是确保人类进步的唯一

途径"的人，那些（如果他们始终如一的话）得把医学列为
巫术，并把医生算入不适者的恶意保护者行列的人，那些在
婚姻大事上首先考虑的是种马原则的人，以及，由于这些，
他们的全部生活就是接受搏斗教育，同发乎自然的关爱和怜
悯作斗争的人，不可能让这些有用的东西大量留存下来。但
没有这些东西，除了算计自身利益，在确定的当下出现的开
心事和不确定的未来的烦心事之间进行比较、权衡之外，既
不会有良知，也不会有任何对人类行为的自我约束，而经验
则告诉我们，拥有这两样东西弥足珍贵。[18]

现代社会所谓的生存斗争，实际上是对享乐资料的争夺。只
有一贫如洗的人、被推入贫困境地的人和犯罪分子，才在为真
正的生存进行斗争，而在这种生存斗争当中，占社会百分之五
的这群在困境中挣扎的人，总体上也不可能自由选择行动，因为
即使是这一阶层的成员，也得在咽气之前想方设法快速繁衍。虽
然享乐斗争可以采取某种经过严格筛选的温和行动，但它跟自然
选择和园艺家的人工选择都没有任何相似之处。既然如此，人
类需要的就不是乖乖接受自然，而是"去不断奋斗，以维护和
改善同'自然状态'相对立的、有组织的政治实体这种'人为
状态'"。[19]

能让人联想到费斯克婴儿期理论的，是亨利·德拉蒙德在
"洛威尔系列讲座"（Lowell Lectures）上备受欢迎的讲演《人类
的攀升》（*The Ascent of Man*, 1894）。德拉蒙德是一位苏格兰传教
士，此前，他那部乍看上去像是哲学著作的《精神世界的自然法
则》（*Natural Law in the Spiritual World*, 1883）已经为他赢得了为

数众多的拥趸。德拉蒙德并不否认"生存斗争"的重要性，但把它视为戏里的反派角色，而不是戏剧本身。进化中的第二个因素也同样重要，那就是"为他人生存而斗争"。生存斗争源于对营养的需求；生育以及由此产生的各种情感与各种关系，是"为他人生存而斗争"的基础。德拉蒙德和费斯克一同在家庭内部发现了人类怜悯和团结的基础，因为"为他人生存而斗争"也正是从这里开始。

德拉蒙德不同意赫胥黎把宇宙和伦理进行二元对立，力图为人类的道德行为找到自然基础。他的求解之道，是用目的论来解释进化过程，"为他人生存而斗争"被看作是上天赐予人类实现完美的一种手段。这样，德拉蒙德便达到了一箭双雕的目的：既修复了自然进化和诸道德之间逻辑上的链接，又把唯心主义从对进化的机械演绎中解救了出来。"进步的道路和利他的道路是一体的。进化不是别的，就是'爱的归位'（Involution of Love），就是'上天的启示'（the revelation of Infinite Spirit），就是'永恒生命向自身的回归'（Eternal Life returning to Itself）。"[20] 德拉蒙德把生存的能力仅仅看作是根据外部环境的量体裁衣，与伦理价值无涉。他承认工业过程和进化斗争之间存在某种相似之处，并发现工业"同单纯的动物斗争之间也就一两步距离"。[21] 但是，随着"为他人生存而斗争"的重要性日益增加以及技术的进步，这种进化斗争正在失去动物的兽性成分。虽然进化的前几章标题或许都是"生存斗争"，但整本书却是一个爱的故事。

克鲁泡特金的《互助论》（1902）没有德拉蒙德的书那么受欢迎，但影响更持久。克鲁泡特金起初写这本书，是想回应赫胥黎的《进化论和伦理学》，因为作为一个集体主义者，他对那些疏于将合作视为进化的主要因素的哲学抱有一种天然的敌意。克鲁泡特金在北亚时，看到西伯利亚的啮齿动物、鸟类、鹿类以及野牛各自内部的互助达到了令人赞叹的程度，这使他清楚地意识到，**同一物种的动物之间**没有争抢生存资料的尖锐而苦涩的斗争。有些达尔文主义者认为内部倾轧是进化的一个关键因素，但根据克鲁泡特金的看法，达尔文并没有这么认为过，因为他明确承认并接受了合作要素。

克鲁泡特金从广泛搜集的文献中，选取了大量自然和历史资料，来支撑他的命题。克鲁泡特金在蚂蚁、蜜蜂、甲虫，乃至所有哺乳动物中，都发现了以物种为单位的社交性和协作性。鸟类，甚至是猛禽，都是合群的，而狼则是成群猎食。啮齿动物是聚在一起干活的，马亦是聚群觅食，绝大多数猴子过的也是群居生活。克鲁泡特金接着在人类内部做了一番有关互助的调查，从原始时代的互助开始，再到野蛮时代、中世纪，最后到现代人的互助。就生物学对人类生活的启示，他总结道：

> 令人深感欣慰的是，无论是在动物界还是在人类当中，竞争都不是规律。它在动物中只限于异常时期，自然选择也有更好的用武之地。以互帮互助来**消除竞争**，便能创造更好的环境。……
>
> "不要竞争！竞争对物种永远是有害的。你们有的是办法来避开它！"避开竞争是自然的**偏好**，虽然这一点并不总是为人们所充分认识，但它一直就在那儿。这是荒野、丛林、江河与海洋撰写给我们的座右铭。"所以，联合起来——实行互助吧！这是给每一个人乃至所有人以最大的安全，最

能够保证他们肉体、智识和道德的存在和进步的最可靠的办法。"这是大自然对我们的教导。[22]

三

与此同时，有人从其他方面对竞争原则进行了新的巧妙辩护。19 世纪 90 年代，虽然竞争观念日益走向守势，但两位大众作家代表竞争一方进入了榜单，并再次试图将竞争伦理纳入进化体系。

知识界出现的两股新潮流，激起了为进化论辩护的基调的变化。一股是亨利·乔治（Henry George）和爱德华·贝拉米（Edward Bellamy）领导的运动中已经非常明显的社会抗议的高涨、费边主义论文的发表，以及人们对马克思主义普遍越来越熟悉的状况。另一股是在生物学领域，奥古斯特·魏斯曼发表了他对后天习得的性状的遗传特征方面的研究。[23] 魏斯曼提出了他认为是否定了这种遗传存在的决定性证据。如果他说的没错——而且大部分生物学家也相信他是对的——那赫伯特·斯宾塞哲学中的拉马克主义部分就站不住脚了。人类再也不能指望通过逐渐积累传给后代的知识和仁爱，进化出一个理想的种族；社会进化必须按照更加严格的达尔文主义路线重新绘制；果真存在什么进步的话，那一定来自对自然选择的严重依赖。

本杰明·基德，英国一个不起眼的政府小职员，充分抓住了这些问题，于 1894 年出版了《社会进化》（Social Evolution）一书，在英美识字人群风靡一时。基德试图在魏斯曼的基础上建立

起一个理论架构，以调和竞争性过程、自然选择和新的社会抗议
所发起的立法改革动向。他的理论起点是人们熟悉的信条，即进
步源于选择，而选择又不可避免地牵涉到竞争。[24] 因此，一个稳
步发展的文明，其核心目标必须是维持竞争状态。

然而，基德意识到，对于大多数人来说，对于世界各地活得
连狗都不如的弱势者来说，保持竞争状态对他们的激励越来越
小。于是，社会抗议的呼声日益高涨。

> 作为个体的（人的）利益，实际上已进一步从属于社会
> 有机体的利益，后者的利益比个体自身的利益不知要广泛多
> 少，后者的寿命更是比个体自己的生命要长无数倍。这种生
> 存条件要求个人的福祉必须在实际上频频服从于一种发展的
> 进程，而这种进程又无法让个人从中获得任何个人利益。就
> 此而言，个人所拥有的理性，怎能同屈从于如此严酷的生存
> 条件的意志谐调起来呢？[25]

为什么在更先进的民族的行进步伐面前，正在经历灭绝的
"红种"印第安人或新西兰毛利人就得对进步感兴趣？或者，对
西方文明及其未来而言，更重要的是，对于"芸芸众生也即所谓
的下层阶级"来说，为了通过竞争性的体系来实现社会进步，就
得忍受私人的审判和酷刑这类忍无可忍的事件，是什么样的理性
约束规定他们必须这么做？他们已经越来越清楚地认识到，他们
的个体理性利益显然是要废除竞争，搁置对抗，建立社会主义，
调节人口，使之同"让所有人都能舒适地生活所需的生存资料相
匹配"。

基德认为，大众的个体理性利益与社会有机体的持续进步之间的这种对立，是无法用理性来加以调和的。但倘若哲学不再试图去为人类的行为寻找一种理性的约束，则问题便有了新的观察角度。与此同时，宗教的社会功能也便清晰地展现了出来。

所有的宗教观念都有一个共同特点：它们都揭示出"人在某种程度上与自己的理性相冲突"。普遍存在的出自本能的宗教冲动承担着如下这一不可或缺的社会功能：为进步提供一种超自然的、非理性的约束。各种宗教制度"都与行为联系在一起，都具有某种社会意义；它们为人的行为规定的终极约束在各个地方都是超乎理性的约束"。宗教作为一种社会制度得以存在，是因为它为种族提供了一种基本服务：驱策人们以对社会负责的方式行事。这种冲动在所有纯靠理性的思维方式中都是找不到的。[26]

对于利他主义在人类事务中的作用，基德的辩护与斯宾塞截然不同。利他主义不受任何理性的鼓励，对它的鼓励是超乎理性的，而且这种鼓励与个体的私利是冲突的。难怪它经常与宗教冲动紧密联系在一起。我们应该关注利他主义冲动，听从它的召唤，而且它也的确正在受到人们的关注，因为现在有一种日益增长的趋势，就是加强社会底层弱者的力量，使他们有能力对抗较高的和较富裕的阶层。这是回应社会主义威胁的最佳的可能答案。社会主义放弃竞争，会导致退化，并被更有活力的社会给淹没。慈善事业以及通过社会立法手段加强大众竞争的普遍趋势，带来的效果是刺激竞争，使它绷得更紧。这样，西方社会的整个社会效率便得到了提高。今后所有进步的立法都必须把大众提升到这种充满活力的竞争层次。随着国家干预的扩大，就会出现这样一个悖论趋势，即人类越来越远离社会主义。国家永远不会走到控制产业或没收私有财产的地步。[27] 从这一切进步的运动中，将产生一种"新的民主"，这种新的民主比人类历史上迄今为止的任何成就都要高。

101   基德带给成千上万读者的，是蒙昧主义、改良主义、基督教和社会达尔文主义的某种奇怪的混合物。在那些想要为自己的信仰寻找一个理性基础的宗教人士中，在那些带有老一辈自由放任主义色彩的社会达尔文主义者、正统的斯宾塞信徒、受过训练的哲学家和社会学家，以及各式各样的理性主义者中，基德的学说甚是可憎可恶。但是这种憎恶并不妨碍他广受社会欢迎。"他的名望，"美国一位著名的社会学家抱怨道，"在我看来，来自那些最让读书人感到羞辱的狂热爱好者。这些最丢人的书迷，在当年是把汉弗莱·沃德夫人（Mrs. Humphrey Ward）捧上神坛的那一代，现在则是为特丽碧如痴如醉、语无伦次的那一批 *。"[28] 约翰·A. 霍布森（John A. Hobson）在《美国社会学杂志》（*American Journal of Sociology*）上给出了一个更加耐心的解释：

> 在大量仍旧坚守正统教会的人中，有一种急速增强的感觉，即宗教的智识基础已经悄无声息地消失。他们不是理性主义者，他们中大多数人从未认真检视过自己信仰的理性基础，但理性批判带来的令人恐慌的影响，以这种含糊、不安的感觉的形式，抵达了他们胸间。这些人由于一直都依赖教条式的行为支持，因而精神上都很软弱，现在他们急切地想

---

* 汉弗莱·沃德夫人，英国畅销小说家。特丽碧，英国小说家乔治·杜·莫里耶同名畅销小说《特丽碧》（*Trilby*, 1894）女主人公。——译者注

要抓住一种理论，这种理论将以看似与维护现代文化相吻合的方式，来拯救他们的宗教体系。29

西奥多·罗斯福（Theodore Roosevelt）在《北美评论》上作出了有褒有贬的反应。他赞同基德关于社会进步继续有赖于生物学法则的论断；赞同基德攻击社会主义是倒退；赞同他关于国家应该给人们平等的竞争机会而不是废除竞争的结论；赞同他强调效率是社会的准则；赞同他对品格而不是智力的强调。然而，他觉得基德过分强调了竞争的必要性，而低估了不适者即便没有有组织的社会援助也会生存下来，并更加适应外部环境而不是遭到淘汰的趋势。他还认为，基德夸大了大众的苦难：在一个稳步前进的社会里，有五分之四或十分之九的人是幸福的，因而确实有一种理性的因素在促成进步。此外，基德对所有宗教都一视同仁，但基督教在教导个人服从人类利益方面，远胜于其他宗教。最后，罗斯福不喜欢基德的宗教观，认为可以将其称作"为使世界前进所必需的一连串谎言"。30

四年后，一位以书籍和报纸杂志上发表的文章为美国人所熟知的英国写手威廉·H. 马洛克，推出了一部名为《精英与进化》（*Aristocracy and Evolution*）的著作，建议将基德的整个体系连同其他盛行的进化社会理论一并抛弃，回到纯粹的个人主义。

马洛克的意图是确立富裕阶层的权利，确定他们的社会功能。他觉得，斯宾塞和基德的进化哲学在这一点上理解很不充分。当前社会学的最大缺点是笼统地大谈特谈"人类""种族""民族"，而没有把这些术语精炼成各个阶级和各种个体。斯宾塞和基德谈的都是全体社会大众的进化发展。他们轻视伟大人

102

物，对伟大人物的贡献和成就视而不见，实在是太不应该。他们不合理地贬低了伟大人物的声望，把伟大人物的事迹归功于整个社会及其传承下来的技能与技艺；按照同样的逻辑，广大普通群众也作了些微不足道的贡献，但他们的荣誉也可以被一笔勾销。

在马洛克的体系中，伟大人物当然不能与生存斗争中身体上最适合生存的人相提并论。对于身体上最适合生存的人，你只能说他活下来了。虽然这无疑也有助于种族的进步，但这样的进步极其缓慢，而且平淡无奇。然而，伟大人物则通过获取独一无二的知识或技能并强迫普通大众接受，来激发社会进步。身体上的适者通过他人死了、自己活着来推动进步，伟大人物推动进步的方式则是帮助别人活下去。普通工人为找工作而斗争，相当于在社会上为生存而斗争，这对社会进步所起的作用微乎其微，因为人类发展过程中向前迈出的那些最大的步伐，都是在劳工这个群体没有任何长进的情况下完成的。真正推动进步的工业斗争是发生在领导者之间的斗争，是雇主之间的斗争。两个相互竞争的雇主，其中一位成功地击败了另一位时，败下阵来的雇主手下的工人被吸纳到胜方就业，一无所失；成功的领导者的本领结下的果实则留给了社会。因此，给社会带来进步的，不是残酷的生存斗争，而是富裕阶层之间争夺支配权的战争。

由适者来统治对整个社会好处最大。为推动这一进程，伟大人物必须要由强烈的动机驱动，并获得各种统治工具。从根本上说，这是一个经济问题。伟大人物可以从奴隶制和资本主义的工资制度这两种经济手段中，选择其中一种来施展自己的影响力。这两种手段，一种是强制制度，另一种则是基于自愿的诱导式的制度。社会主义者想要废除工资制度，就只能通过建立奴隶制度来实施统治。他们消除不了争夺统治权的斗争，只能把它封闭在他们那累赘、浪费的秩序中。为了进步，一个社会制度必须使主管劳动的经理之间保持竞争，此即争夺工业支配权的竞争。不管社会怎么样，都必须确保作为适者的伟大人物的统治，这就是资本主义竞争。这样的人才是真正的生产者。社会进步的根本条件是人民群众服从这些人的领导。就像在工业生产中一样，在政治生活中，民主的各种形式都是空洞的，因为虽然人们设计出行政机构是为了用来执行多数人的意志，但多数人的意见是由少数人构想出来的，是少数人操控着这些意见。[31]

四

读者如果对所有这些作家的建议都抱以同样的虔诚和轻信，可能会感到自己的困惑在不断增加，而不是逐步得到解决。然而，当人们仔细想想费斯克、德拉蒙德和克鲁泡特金之间有什么认识上的一致时，就会发现，在所有这些混乱中，可以找到一个明白无误的趋势。他们都公开赞同团结主义（Solidarism），都将群体（物种、家庭、部落、阶级或国家）视为生存单元，并要么贬低个人层面竞争的重要性，要么就是对这种竞争完全不予理会。正是在这一点上，极端个人主义者马洛克，发现进化思想当前这种趋势中，对个人层面竞争的贬低和无视令人反感。费斯克、德拉蒙德和克鲁泡特金不仅一致同意社会团结是进化中的一个基本事实，还进一步认为团结完全是一种自然现象，是自然进化的逻辑结果。[32] 在这方面，他们与赫胥黎不同。赫胥黎同样关

104

注生存斗争哲学对"社会纽带"的影响，但他在"宇宙过程"中
找不到"伦理过程"的准则，只好把两者割裂开来，从而确立起
事实和价值的二元论，由此招致了大量批评。即便是基德，其人
对抽象竞争如此热爱，但也对这种热爱加以了修正和限定，接受
了有利于群体效率的社会立法。

　　作为美国思想大规模重建的一部分，向团结主义的转变在 19
世纪 90 年代由隐转显。这一时期见证了德拉蒙德和基德的著作，
见证了赫胥黎的文章，见证了初具雏形的《互助论》。与团结主
义一道兴起的，还有其他批评流派。在哲学领域，实用主义运动
占据主导地位，为这种新精神打上了标识。实用主义运动拒绝接
受斯宾塞哲学冷冰冰的决定论，并建立了一种新的心理学——这
种新的心理学部分地使用了达尔文主义的材料，因而意义格外深
远。由于社会异议越发鼎沸，有意识的社会控制成为一个新的关
注点。受政治与工业活动场所发生的各种事件的激发，社会科学
重新评估了自身的目的和方法。早些时候关于达尔文主义的社会
含意的各种观念，正在发生深刻变化。

---

1. 参见 Robert H. Lowie, *The History of Ethnological Theory*, pp. 20 ff.。
2. *Democracy* (New York, 1925), p. 78.
3. *The Principles of Sociology*, II, 240–241. 强调冲突的一个有趣的旁枝是约翰·斯塔尔·帕特森（John Stahl Patterson）未具名出版的《自然与生活中的冲突》(*Conflict in Nature and Life*, New York, 1883)。
4. Emma Brace, *Charles Loring Brace*, p. 365.
5. "What Morality Have We Left?" *North American Review*, CXXXII (1881), 504.
6. 引自 Joseph Dorfman, *Thorstein Veblen and His America*, p. 46。
7. "The Prospect of a Moral Interregnum," *Atlantic Monthly*, XLIII (1879), 629–642, 尤见 636。

8. "Malthusianism, Darwinism and Pessimism," *North American Review*, CXXIX (1879), 447–472. 鲍恩并不质疑社会达尔文主义的前提假设，即上层阶级在某种程度上等同于适者。

9. M. A. Hardaker, "A Study in Sociology," *Atlantic Monthly*, L (1882), 214–220.

10. *A Traveler from Altruria* (New York, 1894), pp. 12–13.

11. Titus M. Coan, "Zealot and Student," *Galaxy*, XX (1875), 177, 183; G. C. Eggleston, "Is the World Overcrowded?" *Appleton's Journal*, XIV (1875), 530–533; N. S. Shaler, "The Uses of Numbers in Society," *Atlantic Monthly*, XLIV (1879), 321–333.

12. *The Descent of Man* (London, 1874), pp. 151–152.

13. *Ibid.*, pp. 706–707. 参见 Geoffrey West, *Charles Darwin* (New Haven, 1938), pp. 327–328。

14. *The Descent of Man*, chaps. iv, v. 关于达尔文对互助和道德法则在人类进步中的作用的看法，有一项非常不错的研究，见 George Nasmyth, *Social Progress and the Darwinian Theory*, chap. ix。

15. *Mutual Aid* (New York), chap. i.

16. W. Bagehot, *Physics and Politics*, *passim*, 尤见 pp. 24, 36–37, 40–43, 64。

17. *The Meaning of Infancy* (1883); *Outlines of Cosmic Philosophy* (13th ed., 1892), II, 342ff. 从费斯克大受欢迎与雅各布·古尔德·舒尔曼（Jacob Gould Schurman）的小书《达尔文主义的伦理意义》（*The Ethical Import of Darwinism*）门庭冷落之间的比较，可以看出学说之风正朝着进化论者的方向稳步吹去。舒尔曼是康奈尔大学赛奇哲学教授（Sage Professor of Philosophy），他试图证明达尔文主义在逻辑上并没有破坏传统的行为准则，因为这些行为准则不仅仅根植于自然进化。舒尔曼试图把达尔文置于他的历史背景中，指出达尔文的理论不仅同马尔萨斯的学说在逻辑上存在着密切联系，同功利主义的信条也是如此。舒尔曼基于某些有趣的文本证据，认为达尔文的自然选择理论整个都是建立在功利主义的先入之见的基础上，此即**有用者生存**，亦即达尔文所称的有机体中"有用的"变异。舒尔曼反对伦理学中的进化论倾向，即认为，由于自然选择预设了一种功用，所以道德就是一种功利。他的结论是，道德只有建立在直觉主义的基础上才牢固。*The Ethical Import of Darwinism*, pp. 116 ff., 141–160, *passim*. 詹姆斯·汤普森·比克斯比（James Thompson Bixby）从理想主义角度对斯宾塞的伦理学提出了非难，见 *The Ethics of Evolution* (New York, 1891)。C. M. 威廉姆斯（C. M. Williams）对相关文献进行了全面回顾，*A Review of the Systems of Ethics Founded on the Theory of Evolution* (New York, 1893)。

18. *Evolution and Ethics and Other Essays* (1920), pp. 36–37.

19. *Evolution and Ethics and Other Essays*, pp. 44–45. 主打文章在 pp. 46–116; 论文集"导论"部分详细阐明了该文的观点，具体见 pp. 1–45。

20. *The Ascent of Man*, p. 36.

21. *Ibid.*, p. 211.

22. *Mutual Aid*, pp. 74–75.

23. 参见 Benjamin Kidd, *Social Evolution*, pp. 72–73。

24. *Ibid.*, pp. 36–37.

25. *Ibid.*, p. 68.

26. *Ibid.*, chap. iv.

27. *Ibid.*, chap. viii.

28. Albion W. Small, 收录于 Stern, ed., *op. cit.*, XII, 170。

29. "Mr. Kidd's Social Evolution," *American Journal of Sociology*, I (1895), 311–312.

30. "Kidd's Social Evolution," *North American Review*, CLXI (1895), 94–109.

31. *Aristocracy and Evolution* (London, 1898), *passim.*

32. 德拉蒙德和克鲁泡特金彼此都知道他们的观点一致程度。德拉蒙德说他从费斯克和克鲁泡特金那里受益良多 (*Ascent of Man*, pp.239–240, 282–283)；克鲁泡特金则回以致意，并提到了吉丁斯的"同类意识"原则 (*Mutual Aid*, p. xviii)。

第六章　异议者

我们可以远远越出斯宾塞先生的边界，同时又远离社会主义。

——华盛顿·格拉登

真诚坦率的改革者不再认为民族的"应许"注定会自动实现。改革者们……宣称，他们坚信国家的未来无可怀疑，光明美好。但他们决不相信，也绝不能相信，这个未来会管好自己。作为改革者，他们一定会断言，国家机构的当务之急是提供大量医疗服务。他们中许多人预计，即使在医生停止了每日出诊后，患者仍然需要公共卫生专家的指导。

——赫伯特·克罗利

一

整个19世纪70年代、80年代和90年代，美国都在混乱和不满的长期困扰中无法自拔，针对自由竞争秩序百利千益的各种说法，掀起了一股异议浪潮。在这几十年的最先一段时间和最后一段时间里，两次经济恐慌以及随之而来的漫长而令人倍受煎熬的萧条，折磨着这个国家的经济生活。在这期间，几乎不存在一个不间断的繁荣时期，并发生了规模空前的劳工暴动和层出不穷的暴力事件。劳工骑士团（the Knights of Labor）的壮大，和以争取八小时工作制运动与干草市场事件（the Haymarket affair）为高潮的 80 年代的罢工，让劳资冲突成为公众关注的中心。在 90 年代的大萧条时期，农业方面的抗议活动加上劳工骚乱，造成了 1896 年的全国政治动荡。

除直接的劳工队伍外，在城市社区里也弥漫着改革情绪，其中一个清晰的源头是社会福音运动。如今许多新教牧师纷纷批判工业主义，就像他们的前辈当年批判奴隶制一样，他们的抗议给内战后时期的异议增添了浓厚的基督教色彩。

106 　城市里的神职人员对工业的弊端有着直接的经验观察。他们看到了工人的生活条件，看到了他们居住的贫民窟、他们那点可怜的工资、他们的失业、他们妻女的强迫劳动。由于教会与工人阶级之间没有直接接触，许多牧师对此甚是费神，并意识到在这样一个令人窒息、泯灭人性的环境中，去谈什么道德改革和基督徒行为是不现实的。他们不仅被工业界发生的景象给震惊了，而且对此感到惶恐不安。尽管他们同情工会，特别是其作为防御性组织的一面，但他们对工业领域可能发生令人不快的暴力甚是忧虑。他们当时正在了解欧洲社会主义的学说和方法，并且从一开始就至少是害怕它们在美国传播。因此，他们力图在竞争秩序的刺目的个人主义和可能的社会主义危险之间，寻找妥协方案。虽然国家和国家政治生活中的突出问题是与农业问题相关的各种不满，但神职人员几乎把他们的注意力全都集中在劳工问题上。在那里，威胁与希望并存。[1]

大多数社会福音派领袖就是在这种城市环境中开展工作

的。这其中最著名、最活跃的，是能说会写的华盛顿·格拉登（Washington Gladden，1836—1918）。格拉登在几个城市担任讲道员，有一段时间还是《独立》周刊编辑部的一名作家。与格拉登同在一个时代，和他一样主张温和改良主义的还有：莱曼·阿博特（Lyman Abbott），当时最有影响的神职人员之一；A. J. F. 贝伦茨（A. J. F. Behrends），一位会去预测各种更容易被人们接受的社会主义性质的建议，希望借此说服基督徒早作准备预先阻止社会主义威胁的牧师；以及在哈佛大学教授基督教伦理学课程的弗朗西斯·格林伍德·皮博迪（Francis Greenwood Peabody）。除上述几人之外，其他社会福音鼓吹者更接近社会主义。波士顿的威廉·德怀特·波特·布利斯（William Dwight Porter Bliss，1856—1926）组织了一个新教圣公会（Protestant Episcopal）改革团体——教会劳工权益促进协会（Church Association for the Advancement of the Interests of Labor），并发行了一份激进的出版物《拂晓》（*Dawn*），支持各式各样的左翼运动。乔治·赫伦（George Herron，1862—1925），著名演说家，爱荷华学院应用基督教（Applied Christianity）教授，1889 年加入社会党（Socialist Party），是社会福音运动的卓越宣传家。沃尔特·劳森布什（Walter Rauschenbusch，1861—1918），另一位信奉社会主义的社会福音运动人士，通过自己的著作对进步主义时代的基督教社会思想产生了深远影响。

这场运动中，最成功的文字作品出自中西部人士之手。乔赛亚·斯特朗（Josiah Strong）关于国家问题的论述《我们国家》（*Our Country*），名列 19 世纪 80 年代畅销书榜单。来自堪萨斯州的查尔斯·M. 谢尔登（Charles M. Sheldon）牧师，以粗糙的小

107

说形式写了一本宗教小册子《追随他的脚步》(*In His Steps*)，描述了一个小镇的教堂会众按照耶稣的戒律来养成自己行为模式的社会经历。该书自 1896 年问世至 1925 年，英文版销量就高达约 2300 万册。[2]

受亨利·乔治和爱德华·贝拉米激发而兴起的诸种运动，与社会福音运动是一个整体。亨利·乔治和爱德华·贝拉米两位都出身虔诚的基督教家庭，因而都具有极其浓厚的宗教气息，他们的著作满是社会福音文学的读者们再也熟悉不过的道德申辩。社会福音跟乔治和贝拉米的追随者有着共同的见解，这一点从许多心系社会的牧师对国家主义运动和单一税运动忠贞不渝的支持即可看出。此外，社会福音又同那些开始批评个人主义的学院派经济学家站在一起。诸如约翰·R. 康芒斯（John R. Commons）、爱德华·贝米斯（Edward Bemis）和理查德·T. 伊利这些进步经济学家，在教会人士和其他职业经济学家之间，架起了一座桥梁。一度有 60 多位神职人员出现在美国经济学会成员的名单上。[3]

社会福音运动兴起之时，正值进步的神职人员皈依进化论的时期，而且由于在社会观上持自由取向的牧师在神学观上也几乎总是持自由态度，故而这场运动的社会理论深受自然主义对社会思想的影响。思想的日益世俗化，加速了神职人员将自身的关注从神学抽象转向社会问题的趋势。神学的自由化打破了宗教的狭隘性。进化论的视角在时间上既打开了对发展的不断展望，也打开了对发展的连绵追忆，这一点也启发了社会福音领袖。进化论教条强化了他们的这一信仰：人世必然向着更好的秩序——上帝的王国——迈进。沃尔特·劳森布什写道：

把进化论的各种理论翻转为宗教信仰，你就有了关于上帝的王国的教义。同科学进化思想的这种结合，让王国理想摆脱了灾难性的场景和魔鬼信仰的背景，并由此也使其适应了现代世界的风气。[4]

斯宾塞把社会解释为有机体，也启发了进步的神职人员，尽管他们通常把它用在斯宾塞肯定会坚决反对的用途上。对他们来说，社会有机体概念意味着此前单个个体的得救已经没有了意义，未来人们将跟着华盛顿·格拉登去聊"社会的得救"。这也意味着不同阶级在利益上的和谐一致，而这种利益上的和谐一致则构成了他们坚决反对阶级冲突、强烈呼吁扩大国家干预的基础架构。[5]莱曼·阿博特则认为社会有机体观念为缓慢、渐进的改良提供了论据。[6]有些社会福音作家不再受到人性完全堕落的神学观念的影响，也接受了应该通过改变个体的品质使社会秩序得以改观的看法，他们的这一观念接近于斯宾塞和其他保守派人士。

社会福音的先驱们在一个关键的地方没有依照进化论流行的社会用途行事：他们厌恶、害怕自由竞争秩序及其一切产物。无论个人主义对他们的影响多么深远，无论他们对社会主义有多么畏怯，他们总体上都一致认为，有必要调整竞争的自由运行机制，有必要摒弃曼彻斯特学派的经济学和斯宾塞学派的社会宿命论。A. J. F. 贝伦茨牧师写道："基督教不能承认'自由放任'哲学的恰当性，不能承认完美和永久的社会状态乃是自然法和无限制竞争的产物。"[7]他引用社会主义诠释者、比利时人埃米尔·德·拉维勒耶（Emile de Laveleye）的话说，达尔文的追随者和自然法传统的政治经济学的倡导者"是基督教和社会主义真正的、同时也仅仅只是逻辑上的敌人"。贝伦茨接着说：

> 我们的观点是，达尔文主义作为一种关于无意识的，也无需负任何责任的存在的哲学，我们不予反对。它在纯生物科学中可能是正确的；但是理性和良知才能、自觉和自决力量，让人超越了动物和植物而成其为人，并由此赋予了人以调整和控制自然选择法则的能力，赋予了人以缓和生存斗争激烈程度的能力。……
>
> 现在，穷苦人民和受压迫者应该明白，他们要获得解救，救星永远不会来自同海克尔和达尔文学派结盟的政治经济学。它不知道仁慈这项义务，它只承认适者生存这项权利。[8]

华盛顿·格拉登也有同样的想法，他经常公开反对斯宾塞和一切美化物竞天择的人。格拉登警告说，弱小阶级将会联合起来，向一个使他们受到毁灭威胁的竞争制度发起进攻，资本与劳工的超大敌对组合，是把冲突法则作为工业社会的规范加以接受的自然结果。[9]他敦促雇主和雇员之间建立"工业伙伴关系"，以免灾难来临。假若用具有约束力的自然法来管理经济行为，则敦促雇主听从其基督徒道德心的劝导，对工人更加慷慨一些，就只能是徒费口舌。[10]他祈望工会成长壮大以制衡大型工业联合，期望仲裁将取代争斗作为解决双方之间问题的手段。适者生存这种竞争原则，是植物、野兽和畜生一般的人的法则，但它不是文明社会的最高法则。友善、互助这种高级原则已经开始在社会秩序中发挥作用，随着种族的进步，生存斗争不复存在。[11]

　　乔治·赫伦对将自利和倾轧视为社会组织基础的观念发起了更加激昂猛烈的抨击，公开嘲笑萨姆纳和斯宾塞诉诸自利。[12] 在他看来，那种认为竞争是生命和发展的法则这样平淡无奇的看法，是"社会科学和经济科学的致命错误"。赫伦宣称，该隐一直以来就是"竞争理论的创造者"。[13]

　　在这些领导人的心目中，用来抗衡竞争原则的最常用的法宝，是基督教伦理原则和有关基督徒道德心的格言。正如赫伦所言，"'登山宝训'就是关于社会的科学"。[14] 不过，他们也欢迎像费斯克和德拉蒙德这样的人努力在自然进化过程中寻找依据，来证明他们的信仰，即，限制竞争是人类生活的一条规则。[15]

　　随着运动的发展，社会福音越来越热衷于市政社会主义或者说对基础工业的公共管制，这一点在许多一贯反对社会主义的社会福音人士的著作中都可以看出。对于美国思想中日益增长的团结主义趋势，社会福音功不可没，聆听其演讲的盈千累万，阅读其著作的比比皆是，加入其组织或参加其郑重其事的会议的更是不计其数。作为一种经常被美国社会文献史学家忽略和低估的批评思潮，社会福音为好几个宗教团体提供了持久的改革方向，并为日后所有具有社会关怀的新教运动铺平了道路。最重要的是，它为进步主义时代破了土，奠了基。

二

　　城市不满情绪的两位最杰出的代言人亨利·乔治和爱德

华·贝拉米认为，必须对进化社会学的保守论点予以驳斥。亨利·乔治与其他持不同意见的理论家不同，他认可竞争是经济生活的必要手段。[16]然而，像大多数持不同看法的人一样，他也发现自己不得不同进化社会学的宿命论进行斗争。乔治觉得，如果要让社会接受他的单一税主张，将其作为通往进步、富裕新世界的芝麻开门，必须首先驳倒马尔萨斯主义对苦难的解释和斯宾塞主义对快速发展的反对。乔治认为，许多经济思想家仍然处在马尔萨斯的牢牢控制之下。因此，其巨著《进步与贫困》第二编，专门针对马尔萨斯展开了驳论。乔治指出，匮乏与最发达的生产力共存，证明马尔萨斯主义所论的人口对生存的压力至今还未开始发生作用。

他最后作出如下结论：

> 当前的理论将匮乏和苦难归咎为人口过剩，我敢说，社会的不公而非大自然的吝啬，才是导致匮乏和苦难的原因。我敢说，因人口的增长而必然出现的那张新的嘴巴，并不比以前的嘴巴需要更多的粮食；而按照事物的自然规律，他们长出来的双手却能比以前人们的双手生产出更多的东西。[17]

在《进步与贫困》的最后一部分，乔治直面当时盛行的进化保守主义。他写道，达尔文的生存斗争理论所推行的进步学说，其实际结果"是一种抱希望的宿命论，目前的文字作品中到处都是这种宿命论玩意"。

> 照这种看法，进步是各种力量为了人类的提升而缓慢、

稳步、无休无止地发生令人不快的作用的结果。战争、奴隶制、暴政、迷信、饥荒和瘟疫，还有现代文明中愈益恶化的匮乏和苦难，是进步的动因，它们通过消灭衰弱类型和逼使高级类型竭尽全力这种方式驱迫人类前进；通过世袭获得的传承是一种力量，进步就系于其上，以往的进步也由此成为新的进步的立足点。作为个体的人是各种变化的结果，这些变化印压在世世代代的个体身上，并通过他们永远保持下去；而社会组织则从组成它的个人那儿获得它的形式。

赫伯特·斯宾塞在《社会学研究》中说，这种有关社会的理论"在某种意义上是激进的，其激进超出了当前激进主义的所有想象"，因为它期盼着人性本身发生变化；乔治说，但它也是保守的，其保守超过了当前保守主义所构想的任何理论，因为"它认为除了人们的本性发生的缓慢变化而外，没有任何变化是有益的"。这一代表了人类文明的主流观点的理论，[18] 既无法解释为何有些民族没能取得进步（这是白芝浩试图解决的一个问题）；也无法解释，为何有些民族在达到一定的文明程度之后，不能维持其文明水平。历史表明，文明是以波浪般的节奏起伏兴衰的。这种情况也有可能存在，即每个民族或种族的生命中都储备有供它消耗的能量，一旦能量耗散殆尽，该民族就会衰退。但乔治认为他有更好的解释："导致进步最终停止的障碍，是由进步的过程引起的；摧毁所有先前文明的，一直以来都是文明本身的进步所产生的环境。"[19] 社会进步的最重要条件是联合与平等，而社会现在则面临着自己孕育出来的分裂与不平等的威胁。破坏现存秩序的种子可以在它自己当中的贫困里找到；在它那肮脏的城市里，已经孕育了可能会压倒它的野蛮人群。文明要么为一次新的飞跃作好准备，要么就跌入一种新的野蛮状态。[20]

在写《进步与贫困》时，乔治熟悉斯宾塞在《社会静力学》中所表达的反对土地私有的论点，他满怀希望地期待着也许能借助这位伟大哲学家的权威，来为自己的运动压阵。斯宾塞对寄给他的《进步与贫困》一书只字不提，这也许已是斯宾塞将令乔治大失所望的先兆。1882年，乔治在不列颠群岛旅行期间，在 H. M. 海因德曼（H. M. Hyndman）家里遇到了斯宾塞，他们之间的交谈刚开始，话题便转向了此前博得乔治同情的爱尔兰土地同盟（Irish Land League）的骚乱。斯宾塞开口就对乔治说，那些被捕入狱的土地同盟煽动者罪有应得，乔治对这位哲学家的看法一下子完全改变了。十年后，斯宾塞点头通过的删节版修订本《社会静力学》出版发行，删除了对土地所有权的攻击。乔治以《茫然的哲学家》（A Perplexed Philosopher）为题发表了对斯宾塞的长篇抨击，以讨公道。虽然该卷著作主要是针对斯宾塞撤回原先立场的所谓可耻动机而写的一篇评论，但乔治也抨击了在《人对国家》中表现出来的斯宾塞政治哲学的那份冷漠无情。他声称，在这些文章中，"斯宾塞先生就像一位坚决要求每个人都应该自己游过河的人，无视这样一个事实：有些人被人为地绑上了软木，而另一些人则被人为地捆上了铅块"。[21]

在1888年贝拉米的《回顾》（Looking Backward）出版后兴起的国家主义运动，其集中火力对准的不是土地问题，而是竞争性制度的基本原则和私有财产制度本身。当《回顾》的主人公朱利安·韦斯特在2000年一觉醒来，发现自己生活在贝拉米的机械式的乌托邦中时，他有这么一个第一反应："人性本身一定发生了很大变化。"对此，东道主李特博士回答道："一点也没有，只是人类的生活状况发生了变化，人类的行为动机也随之发生了变化而已。"[22] 随着合作秩序不断展现出各种奇迹，朱利安·韦斯特清楚地认识到，这种状况的核心变化是废除了冲突。在谈到19 世纪的人们时，李特博士抱怨说，"自私是他们唯一的科学"，"在工业生产中，自私就等于自杀。竞争是自私的本能，是能量耗散的另一种说法，而联合则是高效生产的秘诀"。[23]

贝拉米的国家主义运动（Nationalist movement）"原则宣言"（其名称来源于他提出的工业国有化［nationalize industry］）开头如下：

> "人类手足原则"是支配世界进步的永恒真理之一，它把人性与兽性区分开来。
>
> 竞争原则仅是谁最强谁最狡猾谁就活下去这一兽性法则的应用。
>
> 因此，只要竞争继续成为我们工业体系中的主导因素，个人就无法达到最高成就，人类最崇高的目标就不能实现。[24]

在对波士顿听众的一次演讲中，贝拉米宣称，"当今任何形式的暴行，最后的托词往往是适者生存；而推出这一托词来维护现存制度，也就是所有暴行的总和，真是太恰当不过"。他接着说，如果最富有的人实际上真的是最优秀的，那就不会有什么社会问题，人们也会心甘情愿地忍受条件方面的各种悬殊差异；但是竞争性制度显然导致的是不适者生存，这并不是说富人比穷人坏，而是说这种制度会去助长所有阶级的品质中最坏的那部分。[25]

114

类似的对竞争或个人主义的攻击，在国家主义文献中甚是常见。[26]当莱斯特·沃德发表《社会经济学的心理学基础》（"The Psychological Basis of Social Economics"）一文——文中阐述了动物经济学和人类经济学的区别——时，贝拉米给他写了一封热情洋溢的信，对其深表赞同，并建议设法让这篇文章广为流传。随后，他在他的第二本国家主义杂志《新国家》（*New Nation*）上刊载了该文的大部分内容。"它值得好好研读，"贝拉米建议他的读者，"可以为回应反对国家主义的'适者生存'论调提供最佳武器。"[27]

美国社会主义作家坚持不懈地试图证明，进化生物学为竞争性个人主义提供不了正当性。劳伦斯·格隆朗德（Laurence Gronlund）曾一度与国家主义运动关系密切，后来成为社会劳工党（Socialist Labor Party）的一名官员，他煞费苦心地把合作性联合体中将会出现的健康的"竞赛"同资本主义的不健康的竞争区分开来。在他的著作《合作联合体》（*The Cooperative Commonwealth*，1884）中，格隆朗德借力打力，用斯宾塞的社会有机体理念来驳斥斯宾塞的个人主义。他论证道，社会生活的有机特性要求日益集中化，要求不断加强管理。[28]格隆朗德的作品现在已经几乎被人们遗忘在了某个角落，当年可是被对社会主义感兴趣的知识分子广为传阅，他们似乎在他偶尔的宗教式措辞、温和的语气和理论权威的气场中感到了欣慰。社会福音的先知们也从他那里借鉴甚多。格隆朗德在贝拉米的《国家主义者》（*Nationalist*）上以删节版形式发表的著作《我们的命运》（*Our Destiny*，1890），对斯宾塞及其追随者所构想的竞争伦理发起了抨击。格隆朗德用同沃德别无二致的语言——他读过沃德的《动态社会学》——写下了他的坚持意见。自觉的进化将与过去未经修正的自然进化迥然不同，人类的干预必须在发展中发挥越来越重要的作用。格隆朗德也读过马克思的著作，他断言，托拉斯的兴起正在为社会主义铺平道路，工业的不断"托拉斯化"证明了联合比竞争更优越。虽然格隆朗德一直批评斯宾塞社会理论中"宿命论"的一面，但他极力说服读者相信，结合是社会进化接下来"不可避免的"一步，他们只能在垄断资本主义和集体化社会秩序之间作出抉择。[29]

三

20 世纪初期正统的马克思主义社会主义者在达尔文主义的环境中驾轻就熟。卡尔·马克思（Karl Marx）本人信奉宇宙的"辩证"法则，一直都是个一元论者，在对一元论的坚持上同孔德或斯宾塞没有分别。1860 年读到《物种起源》时，他告诉弗里德里希·恩格斯（Friedrich Engels），后来又对费迪南德·拉萨尔（Ferdinand Lassalle）说："达尔文的著作非常重要，我可以用来作为研究历史上阶级斗争的自然科学依据。"[30] 在德国社会主义书店的书架上，达尔文和马克思的著作并排立列。美国的社会主义知识分子很快就接受了科学知识领域的最新成果，芝加哥克尔（Kerr）出版社源源不断地出版的绿色封面的小册子上，经常会意地点缀着来自达尔文、赫胥黎、斯宾塞和海克尔的引文。阿瑟·M. 刘易斯（Arthur M. Lewis）在加里克剧院（Garrick Theater）所开设的关于科学与革命关系的讲座备受欢迎，每次

116 都座无虚席；以《社会进化与生物进化》(*Evolution, Social and Organic*，1908) 为题结集出版的讲义，出了三个版本，而且在所有美国本土社会主义出版物中，其预售额也是最高的。[31] 社会主义知识分子对这个问题的关注，则反映在《国际社会主义者评论》(*International Socialist Review*) 早期出版的卷册当中。其刊出的内容表明，社会主义者认为"科学的"个人主义是当下人们极为关注的一种重大学说，对其加以驳斥很有价值。其中有一位学者将自然选择称为"个人主义要塞仅存的最后一座堡垒"。[32]

正如马克思在生存斗争中发现了阶级斗争的"基础"一样，美国社会主义者居然在斯宾塞的著作中也发现了对他们的事业有所帮助和支持的内容。他们赞同社会有机体的概念，并像格隆朗德一样，也把它拿过来为自己所用：他们称赞斯宾塞对伟人史观的抨击，赞同他的不可知论，感激他帮助说服了这个世界，使人们相信社会与其他有机生命一样处在不断变化之中。[33] 他们自然而然地认为他的个人主义同他的科学教诲的主体部分不相一致；他们试图在进化论的斯宾塞和个人主义的斯宾塞之间钉入一根深深的楔子，前者是构想出社会有机体的斯宾塞，后者则是构思了《人对国家》的斯宾塞。[34]

对于生物学理论中的后达尔文主义趋势，社会主义者发出了热情的欢呼，认为这有力地证明了他们的方法是有效的。沃德和斯宾塞各自指望把教育和渐进的性状发展作为社会改良的中介，拉马克主义的用进式遗传理论（use-inheritance）被社会抛弃，令两人灰心失望；但希望重塑经济环境的社会主义者，却发现魏斯曼的理论更合时宜。刘易斯写道：

如果贫民窟里的居民所遭受的恶劣环境给自己带来的可怕后果，果真通过遗传传给了他们的子女，直至几代人之后这些后果成为固定的性状，社会主义者期望的新生社会将更加难以实现。在那种情况下，这些不幸的人几代下来都将会继续以同样的方式行动，无论他们的周遭环境已被社会的协同行动改变成何种模样。不管怎么说，魏斯曼已经为我们做了很多很多，他已经用科学摧毁了那个谎言。[35]

更合他们心意的是雨果·德弗里斯（Hugo deVries）的突变论（*Mutationstheorie*）。德弗里斯是一位荷兰生物学家，他指出了"运动"或者说突变——即，个体生物中出现突然而剧烈的变异——在个体生物适应过程中的作用，解决了自然选择理论中的一大难题。德弗里斯的理论给生物学家带来了新看法，原来进化过程是剧烈的、突然的；这与达尔文的进化论中缓慢的、连续的、微小的变化形成了强烈对比。在社会理论领域，达尔文的看法支撑了"渐进的必然性"论点，这在斯宾塞和萨姆纳的保守主义中极为突出。"半个世纪以来，"刘易斯解释说，"这种缓慢进化论的论点作为对抗社会主义的手段发挥了巨大影响，现在的统治阶级希望永远保留住它。"然而，突变理论清楚地表明，大自然的条理是，突然而"革命性的"短时爆发同渐进的进化时段交替出现。这在社会上等同于马克思主义者提出的社会经济基础突发而剧烈的重建。[36]刘易斯还充分利用了克鲁泡特金的《互助论》和莱斯特·沃德的著作。[37]

社会主义者善于抓住对19世纪"进化"社会学的权威性的批评意见并能够熟练地加以综合，不过，他们自己几乎没有什么

新的或原创性的东西值得一说。社会主义的批评意见听起来可能
一贯都是正确的，但它们都是从 19 世纪马克思和斯宾塞均为之
寝食不安的同一个一元论模子里倒出来的模式化观念。只有当生
物学看上去符合他们对社会的先入之见时，他们才准备在生物学
的基础上建立起一门社会学。他们乐于用生存斗争来验证阶级斗
争，而不是个人主义竞争。他们反对作为保守理论基础的达尔文
主义，但都认为，以生物学为中心的社会理论观，如果能够同自
身的体系相结合，就没有什么问题。这方面最无偏见的社会主义
著作，是威廉·英格利希·沃林（William English Walling）1913
年出版的《社会主义面面观》(*The Larger Aspects of Socialism*)。

118 沃林和他的同志们一道，拒绝接受基于生物社会学推测得出的保
守结论，但他的论证形式与众不同：他信赖詹姆斯和杜威的以人
类为中心的人道主义，试图把社会主义哲学和实用主义哲学融合
起来。他的目标是确立一种新的以实验为基础的研究途径，来推
翻 19 世纪自然哲学家的绝对主义以及从他们的一元论假设中衍
生出来的所有论点。

　　其他社会主义者只是认为，当下把生物学应用到社会学的各
种保守的做法拙劣不当；沃林则以一种更加彻底的、横扫一切的
方式，对把社会理论建立在生物学基础上的普遍趋势发起了进
攻。他不仅反对斯宾塞的"乐观宿命论"和从自然选择角度来为
竞争主张进行的论证，而且拒绝接受社会有机体类比。他认为，
这种做法鼓励人们以牺牲个人为代价去强调种族或国家，与真正
的社会主义的人道主义目标不相一致。相反，他坚决主张把社会
进化的各过程看作彼此之间存在**质的不同**，坚决主张把重点放在
由人的创造性的能动作用所带来的环境变化上，而不是放在对环

境——环境固定不变，具有决定性作用——的被动适应过程上。他最后总结说：

> 我们的主要兴趣不在自然界的"物种起源"，而是人类手下物种的命运；不在大自然的"创造性进化"，而是人类更具无限创造性的进化。我们关心的事务不在生命的进化及其对自然环境的适应，而是人的进化以及生命对自身目的的适应。甚至，我们对我们周围生命的把控，也没有对自己生命的把控来得重要；我们对自己生理进化的把控，也没有对自己心理进化和社会进步的把控来得重要。[38]

四

当然，改革派从来没有心满意得地看到他们的计划付诸实施，但他们对不加限制的个人主义的知识前提发起挑战的努力，的确取得了一定的成功。如果说并没有乌托邦正在酝酿形成的话，至少存在一个偏离自由竞争秩序的转向。斯宾塞—萨姆纳意识形态的物质基础正在发生转变，社会争论的战线也在向前推进。这倒并不是说赞成个人主义的那些老论点已经得到了令人们普遍满意的解答。相反，是一股比社会理论家的任何精到之处都要更加深刻的民情浪潮将它们一扫而光。随着新的参赛者登场亮相，辩论的焦点也发生了变化。

平民主义者、基督教布赖恩派（Bryanites）、黑幕揭发者（muckrakers）、进步主义人士、"新自由"追随者、那些大大超出社会主义影响的人和运动、单一税鼓吹者以及乐善好施的传教士，都投身于改革事业。19世纪相对不受约束的资本主义开始转变为20世纪的福利资本主义，中产阶级的挫折与失落和穷苦人家度日如年的艰难困境，在不断加速这种变化。[39]人们察觉到一种不同的秩序正在缓缓出现。虽然他们几乎无法形容它、描述它，但他们用各种各样的口号和称谓说出了这种秩序：他们谈起了"新国家主义"（New Nationalism）、"公平交易"（Square Deal）、"新自由"（New Freedom）、"新竞争"（New Competition）、"新民主"（New Democracy），以及，迟早终有一天——"新政"（New Deal）。

以前的改革和抗议运动一直都只限于工人和农民杂乱无章、缺乏通盘考虑的抗争，现在中产阶级也被拽入了这场斗争。中产阶级市民作为生产者和消费者，开始感觉到了垄断的增长，也开始担心自己会在资本的大联合和劳工的大联合之间被碾得粉碎。由于中产阶级对维持自己的地位和生活水平惴惴不安，伟大的资本主义企业家的形象，此前还闪耀着英雄般的熠熠光辉，现在已经黯然失色。人们谴责他剥削劳动者、敲诈消费者，抨击他是不诚实的竞争者，揭露他是政治生活的蛀虫。在一个到处讲集体观念的社会里，传统上对个人壮举勋绩的强调已经失去了许多吸引力。抵挡来自左翼的批评、捍卫竞争这个老问题现在已经不那么重要了，如今人们面临着一种更加迫在眉睫的威胁，那就是竞争生下的后代对竞争本身构成的威胁——"大企业的诅咒"（the curse of bigness）。亨利·德马雷斯特·劳埃德（Henry Demarest Lloyd）在"新抗议"的第一份重要文献中控诉，"我们的工业"

　　……是一场人人皆为自己的斗争。我们给予适者的奖赏就是由他们来垄断生活必需品的供应，我们让这些掌握生死大权的胜者，用从我们这里攫取的"私利"，来支配我们、操纵我们。……商业的黄金法则是，"我们谁也没有希望，但弱者必须先滚"。在人类交往的其他领域，没有哪一个领域容许这样的行动规则。倘若有人把这种生意场上确实信奉和运用的"适者生存"理论，用于他的家庭或是用在他的公民身份上，那他就是一个怪物，而且会被迅速消灭。[40]

　　最不可信的，是作为一种政策的自由放任。虽然那种老式的、简单的竞争已从完美的巅峰状态滑落，但很少有人完全不再相信它。事实上，中产阶级奋起反抗的一个主要目的，就是尽可能地恢复竞争性商业的原始状态。但是，正如莱斯特·沃德老早以前就已经预测到的那样，[41] 很明显，即使要保留竞争的所谓好处，也需要某种形式的政府管控来限制垄断。伍德罗·威尔逊在附和那个小个子的控诉时，称：

　　美国的工业并不是畅通自由的，虽然它曾经畅通自由过。……只有一点资本金的人，进入这个领域越来越困难，越来越不可能同大佬竞争。为什么会成这个样子？因为这个国家的法律并不阻止强者去压碎弱者。[42]

　　这样，小企业主及其支持者试图去改变法律，纷纷支持1904年至1914年间旨在要么进一步强化《谢尔曼法》(Sherman Act)、要么限制联合进程的各种议案。沃尔特·维尔（Walter Weyl）解释了这种个人主义视角的变化：

> 矮小的个人主义者认识到了自己的无能，意识到自己甚
> 至连用来反对他老大哥的道德判断的基础都没有，于是开始
> 变换角度和方式。他不再指望通过自己个人的努力来纠正所
> 有事情。他转向了求助于法律、政府和国家。[43]

121　　　　不管是信守威尔逊—布兰代斯—拉福莱特（Wilson-Brandeis-
LaFollette）视域，认为竞争天然就令人向往的人，还是坚持罗斯
福—克罗利—范·希斯（Roosevelt-Croly-Van Hise）命题，主张
集中不可避免的人，都接受了国家干预的必要性。正如布兰代斯
1912 年系统阐述政府问题时所言：

> ……为了保护竞争权，就必须限制竞争权。因为过度竞
> 争导致垄断，正如过度自由导致专制一样。……
> 因此，问题只在于：接受有规制的竞争还是接受有约束
> 的垄断。[44]

在热衷于通过立法来改变商业结构的各种努力不断增加的情
况下，缓解工人阶级状况的法律也由此不断涌现。知识分子、人
道主义者和社会工作者都站在劳工一边，并得到了中产阶级的
支持——中产阶级可不希望看到工业压迫最终导致左翼集体主
义。越来越多的州议会通过了限制使用童工和女工的法律、给予
工人赔偿补偿的法律以及类似的改革措施法案。[45] 知识分子对工
会活动的同情越来越强烈。一丝不苟的奥利弗·温德尔·霍姆斯

（Oliver Wendell Holmes）在马萨诸塞州任职后期作的一项判决，宣布罢工是"在普遍的生存斗争中使用的合法手段"，一举扭转了同进化论者论战的形势。虽然他坚信劳工组织是以牺牲无组织的工人为代价来获得经济利益，但他认为，没有根据可以宣布这种活动不合法。各阶级和人民大众都必须经由这种普遍斗争的公断，接受公正的裁决。[46]

在所有改革者的构想中，政府都是新的重建不可或缺的工具。《美国生活的希望》（*The Promise of American Life*，1909）是反映赫伯特·克罗利（Herbert Croly）进步主义思考的主要著作。在该书中，克罗利强烈呼吁放弃传统美国的"乐观主义、宿命论和保守主义的混合思想"，转而支持一种更积极的努力，以实现国家的希望。他敦促美国人，学会从目的而非命运的角度来思考问题，敦促他们不要害怕政府集权，要学会通过国家政策来实现自己的目标。他的同事沃尔特·李普曼（Walter Lippmann）也唱响了这种崭新的国家资本主义的积极基调： *122*

> 我们不能再把生活当成是滴流到我们身上的某种东西了。我们必须小心翼翼地对待它，设计它的社会组织，改良它的工具，制订它的方法，教导它，掌控它。我们利用一切手段把目的和意图投入一直由习惯支配的地方。我们打破常规，作出决定，选定目标，挑选手段。[47]

沃德期待而萨姆纳坚决反对的管理型社会正在成为现实。难怪斯宾塞在垂暮之年心情沮丧。对他来说，没有活到见证国家干预的充分发展，也算是一件好事。尽管其间中断了二十年，但社会凝聚的趋势仍在不断增强。[48] 为斯宾塞喝彩的那代人的子辈们，见证了一个强大的国家机器的建立，其强大程度足以同维多利亚时代个人主义者最可怕的噩梦中出现的国家机器相提并论。[49] 无论这台机器对人的潜能是好是坏，关于一个具有凝聚力的中央集权社会的理想日益压倒了个人主义全盛时期的理想。虽然个人主义并没有消失，但它已日益处于守势。正如一位新政领袖在斯宾塞去世三十年后所言：

> 新时代的宗教基调、经济基调、科学基调必须是这样一种压倒性的认识，即人类拥有强大的心理力量和精神力量及对自然的控制能力，为生存而斗争的学说毫无疑问已经过时，并被比它高级的合作法则所取代。[50]

---

1. 本章着重强调城市里的运动和思想家，并不是想要贬低农民抗议活动对美国激进主义的重要性。不过，有组织的草根运动对任何类似系统性社会理论的东西都不太有兴趣。
2. 关于社会福音运动的历史和思想观念，作者从查尔斯·霍华德·霍普金斯《美国新教社会福音的兴起，1865—1915》一书中受益尤深。Charles Howard Hopkins, *The Rise of the Social Gospel in American Protestantism, 1865–1915.* 另请参见 James Dombrowski, *The Early Days of Christian Socialism in America,* 该书包含有对社会福音思想的分析（第一章）。同时代内容充实、富有教益的讨论，见 Nicholas Paine Gilman, *Socialism and the American Spirit* (London, 1893)。
3. *Rauschenbusch, Christianizing the Social Order*, p. 9.
4. *Ibid.*, p. 90.
5. 参见 George Herron, *Between Caesar and Jesus* (New York, 1899), p. 45 ff.。
6. *Christianity and Social Problems* (Boston, 1896), p. 133.
7. Behrends, *Socialism and Christianity*, p. 6. 另请参见 Lyman Abbott, *op. cit.*, p. 120; Gladden, *Social Facts and Forces* (New York, 1897), p. 2; *Tools and the Man* (Boston, 1893), p. 3; Josiah Strong, *The Next Great Awakening* (New York, 1902), pp. 171–172.

8. Behrends, *op. cit.*, pp. 64–66.

9. *Applied Christianity*, pp. 104–105; 试比较 pp. 111–112, 130。格拉登所相信的那一套基督教道德体系的全部目标，就是抵消适者生存所造成的伤害。Gladden, *Tools and the Man*, pp. 275–278.

10. *Ibid.*, p. 36.

11. *Ibid.*, p. 176; 试比较 pp. 270, 287–288。另请参见 *Ruling Ideas of the Present Age* (Boston, 1895), pp. 63 ff., 73–74, 107; *Social Facts and Forces*, pp. 93, 220; *Recollections* (Boston, 1909), p. 419。

12. *The Christian Society* (New York, 1894), pp. 103, 108–109.

13. *The Christian State* (New York, 1895), p. 88; *The New Redemption* (New York, 1893), pp. 16–17. 劳森布什对竞争的态度，参见 *Christianity and the Social Crisis*, pp. 308 ff., 及 *Christianizing the Social Order, passim*。

14. *The New Redemption*, p. 30.

15. 参见 Gladden, *Ruling Ideas of the Present Age*, p. 107; *Tools and the Man*, p. 176; Herron, *The Christian State*, p. 88; Josiah Strong, *op. cit.*, pp. 171–172。

16. 参见 *The Science of Political Economy* (New York, 1897), pp. 402–403。

17. *Progress and Poverty* (New York, 1879), p. 104.

18. *Progress and Poverty*, pp. 342–343.

19. *Ibid.*, pp. 344–349.

20. *Ibid.*, pp. 349–390.

21. *A Perplexed Philosopher*, p.87. 参见 Henry George, Jr., *The Life of Henry George*, pp. 369–370, 420, 568 ff.。

22. *Looking Backward* (1889), pp. 60–61.

23. *Ibid.*, p. 244. 贝拉米在他的《平等》(*Equality*) 一书中对 19 世纪的资本主义作了更加详细的分析。

24. *Nationalist*, I (1889), inside cover page.

25. *Edward Bellamy Speaks Again!* pp. 34–35.

26. 参见 *Nationalist*, I (1889), 55–57; II (1890), 61–63, 135–138, 155–162。

27. Ward, *Glimpses*, IV, 346. 参见 the letter from M. A. Clancy, secretary of the Nationalist Club of Washington, to Ward, February, 23, 1889, Ward MSS, Autograph Letters, III, 18。

28. *The Coöperative Commonwealth*, pp. 40, 77–83, 88.

29. *Our Destiny*, pp. 13–14, 18–22, 36–37, 73, 86–95, 113–114; 试比较 *The Coöperative Commonwealth*, pp. 171–172, 179, 220。在随后的一本著作中，格隆朗德回顾了布赖恩竞选的错误，并再次呼吁接受托拉斯并将托拉斯集体化。*The New Economy, passim.*

30. *The Correspondence of Marx and Engels* (New York, 1935), pp. 125–126.

31. 参见刘易斯的 *Ten Blind Leaders of the Blind* (Chicago, 1909) 一书前言，p. 3。

32. Raphael Buck, "Natural Selection under Socialism," *International Socialist Review*, II

(1902), 790. 另请参见 Robert Rives La Monte, "Science and Socialism," *ibid.*, I (1900), 160–173; Herman Whitaker, "Weismannism and Its Relation to Socialism," *ibid.*, I (1901), 513–523; J. W. Sumners, "Socialism and Science," *ibid.*, II (1902), 740–748; A. M. Simons, "Kropotkin's 'Mutual Aid,'" *ibid.*, III (1903), 344–349。

33. Robert Rives La Monte, *Socialism, Positive and Negative* (Chicago, 1902), pp.18–19; A. M. Lewis, *An Introduction to Sociology*, pp. 173–187.

34.. 参见 A. M. Lewis, *Evolution, Social and Organic*, chaps. vii 和 ix。美国国内和欧洲的社会主义知识分子大量借鉴了恩里科·菲利的《社会主义与现代科学》（*Socialism and Modern Science*）。另请参见 Ernest Untermann, *Science and Revolution* (Chicago, 1905), chap. xv。试比较 A. M. Lewis, *op. cit.*, chap. vii, "A Reply to Haeckel," 另请参见 Anton Pannekoek, *Marxism and Darwinism* (Chicago, 1912)。

35. Lewis, *op. cit.*, pp. 60–80, 尤见 p.78。另请参见 Herman Whitaker, *op. cit*。

36. Lewis, *op. cit.*, pp. 81–96, 尤见 pp. 93–95; W. J. Ghent, *Socialism and Success* (New York, 1910), pp. 47–49。

37. Lewis, *op. cit.*, pp. 97–114, 168–182. 试比较 *An Introduction to Sociology*, *passim*。

38. *The Larger Aspects of Socialism*, p. 86. 沃林在这些问题上的全部论点，参见 chaps. i–iv。

39. 对这种变化最敏锐的早期判断是根特的《我们乐善好施的封建主义》, W. J. Ghent, *Our Benevolent Feudalism*。

40. *Wealth Against Commonwealth*, pp. 494–495.

41. 参见前文，第四章注释 17。

42. *The New Freedom* (New York, 1914), p. 15.

43. *The New Democracy*, pp. 49–50.

44. "Shall We Abandon the Policy of Competition?" 重印收录于 *The Curse of Bigness*, p. 104。

45. 著名社会活动家夏洛特·帕金斯·吉尔曼（Charlotte Perkins Gilman）从人道主义出发，表达了对从科学角度为消灭不适者辩护的不满：

> 科学于是带着庄严的神气出场，向我们展示社会法则，
> 用纯粹的自然原因解释穷人如何在这。
> 无论寒门还是贵胄，都须竞争和奋斗；
> 差的死去好的活着，自然就是理由。
>
> 吞下这整片安慰剂，不假思索就会预设
> 倘若我们心肠够硬，穷骨头很快就会死绝。
> 但是啊，我们徒劳地把他们挤压，把他们挤到剩下的空间连灯都会灭——
> 到头来发现，所有置人于死地的工作，却没能把他们赶尽杀绝！
>
> 我们越是斗争，他们就越能生存：子孙似雨后春笋，人口与日俱增！

死去的穷人啊，盈千累万；活着的穷人只多不少，有似劳苦的蜜蜂！

每当我外出散步，就看到那么多人捉襟见肘，

又还有多少人呆在屋里，四壁家徒！噢，主啊！这种事还须多久，多久！

In This Our World (Boston, 1893), pp. 201–202.

46. 参见不同意见，Plants V. Woods, 176 Mass. 492 (1900)，引自 *Representative Opinions of Mr. Justice Holmes* (New York, 1931), p. 316。

47. *Drift and Mastery*, p. 267; 试比较 Wilson, *op. cit.*, p. 20。

48. 威尔逊援引社会有机体来证明国家根据宪法进行干预的正当性，就很能说明问题。他声称，"在一个'发展''进化'成为科学词汇的时代"，"进步主义者所要求或渴望的……是可以依据达尔文主义原则来解释宪法。他们的全部要求只是承认这样一个事实：国家不是一台机器，是有生命的"。Wilson, *op. cit.*, pp. 44–48. 威尔逊的著作《国家论》深受达尔文主义诸概念影响，Wilson, *The State* (Boston, 1889)。

49. 对 20 世纪 30 年代国家机器之强大的生动呈现，参见 Louis M. Hacker, *American Problems of Today* (New York, 1938), pp. 276–281。

50. 引自 Ralph H. Gabriel, *The Course of American Democratic Thought*, p. 306，转引自 Henry Wallace, *Statesmanship and Religion* (1934)。

第七章 实用主义潮流

除了作为对其世界观的一种应用外，即便任何意义上的"实用主义"湮没已久（这其实也不是什么让人不开心的事），开放的宇宙——不确定性、选择、假设、新奇性和可能性均被引入其中——这一基本理念仍将继续同詹姆斯的名字联系在一起。将他置于其历史背景中加以研究得越多，这一理念的独创性和大胆性就会显露得越多。……在一个以获取为职业，以安全为关切，以既定经济制度异常"自然"、因而原则上不可改变为信条的时代，这种理念同时代精神之间的距离，有如截然相反的两极。

——约翰·杜威

在我看来，还没有人像你这般成功跳入你现在的视野中心……我敢肯定，这就是未来的哲学。

——威廉·詹姆斯致约翰·杜威

一

正如斯宾塞的哲学在企业为王的时代居于至高无上的地位，实用主义在 1900 年之后的二十年里，迅速成为美国的主导哲学，散发出进步主义时代的精神。斯宾塞的世界观同指望将自动进步和自由放任作为解救自己的途径的这样一个时代意气相投；实用主义则在人们考虑由国家来控制和调节时被吸收进国民文化之中。斯宾塞主义是必然性哲学，实用主义则成为可能性哲学。

实用主义同斯宾塞进化论在逻辑和历史上的对立，主要集中在如何看待有机体同环境之间的关系上。斯宾塞一直甘于把环境当作一种固定的常态，对一个不曾对现存秩序感到忿忿不平的人来说，这是一个非常合适的立场和观点。实用主义则对有机体的活动抱持一种更为积极的看法，将环境看成某种可以巧妙地加以处理的东西。人们正是经由实用主义者关于环境的思想理论，来驳击旧有的世界观。

实用主义不仅产生自对斯宾塞进化论的批判，也产生自对其他许多思想潮流的批判。从根本上说，它决计不是一种社会哲学（当然，这是指它在发端阶段）。这么说当然不免过于简单化。为谨慎起见，我们来简要看看两位实用主义领袖同斯宾塞主义之间的关系，以及实用主义占据支配地位的日子里，他们同受到猛烈挑战的一般社会观念之间的关系。这对本项研究的主要目的将有所裨益。

斯宾塞主义哲学学说刚刚在美国流行起来时，其他潮流也在开始涌动。在《综合哲学》大功告成之前，一场黑格尔主义运动正在进行中，实用主义也正处于形成阶段，进展非常顺利。1867年，威廉·T. 哈里斯（William T. Harris）没能说服《北美评论》的编辑发表一篇批评斯宾塞的文章，于是创办了自己的《思辨哲学杂志》(*Journal of Speculative Philosophy*)。哈里斯的黑格尔唯心主义和圣路易斯学派以惊人的速度成长壮大，并很快成为斯宾

124

塞主义和旧的苏格兰哲学积极活跃的竞争对手。尽管黑格尔主义和斯宾塞主义在哲学理论上有着天壤之别，但它们在美国通常都被解释为社会保守主义。[1] 实用主义的情况不能一概而论，它在社会思想的潜在性方面显示出了更大的弹性。

尽管深受达尔文主义的影响，但实用主义者很快便与当时盛行的进化思想决裂。那时，进化论由于同斯宾塞之间画上了等号，已经被吹捧成一种宇宙学。实用主义者把哲学研究从建立完善的形而上学体系转向对知识之使用的实验研究。实用主义强调把观念当成有机体的工具加以研究，从这一方面来说，它是进化生物学在人类观念上的应用。实用主义传统运用的主要是达尔文的基本概念——有机体、环境、适应，说的是自然主义的那一套语言，但它聚焦的思想和实践问题与斯宾塞主义很是不同。斯宾塞把进化颂扬为一个不受个人影响的客观进程，颂扬为境况和环境的万能，颂扬为人类没有能耐加快或阻止事件的进程，颂扬为一种事先注定的、同宇宙进程相一致的、朝向一个遥远但安适自在的极乐世界的社会的成长与发展。他把生命与心灵整个儿定义为内部对外部关系的对应，这样也就把生命与心灵描绘成基本上被动的角色。与这种路径相对应的社会理论，便是他的渐进宿命论。[2] 实用主义者最初着手探讨观念的作用时浸润着个人主义气质，对其隐秘的社会影响没有表现出任何特殊的兴趣，但最后还是顺乎自然地转向了以杜威的工具主义的形式呈现出来的社会化的哲学理论。实用主义的发展和传播打破了斯宾塞对进化论的垄断，并向世人表明，达尔文主义在思想上的应用，情形比斯宾塞的追随者所认为的要更加复杂。实用主义者对社会思想的一般底色所作的最重要的贡献，是鼓励人们相信观念的效用和新事物出现的可能——这是任何哲学上始终如一的社会改革理论所必需采取的立场。正如斯宾塞主张决定论和环境对人的控制一样，实用主义者拥护自由，主张人对环境的控制。

要寻找实用主义的起源及其对老的进化主义的批判，必须将目光转向詹姆斯和杜威之前的昌西·赖特和查尔斯·皮尔士。虽然赖特和皮尔士本质上属于技术哲学家，但他们也是既定社会思想的批评者，其中也包括对一整套的斯宾塞思想理论的批评。詹姆斯正是把他们的实验批判拓展为一种人道主义哲学，而杜威则将一种与之相关的哲学观发展成为了一种社会理论和社会影响。

昌西·赖特（1830—1875）是形而上学俱乐部（Metaphysical Club）的学术领袖，该俱乐部由皮尔士于 19 世纪 60 年代创立，参加者有詹姆斯、费斯克、小霍姆斯和其他一些坎布里奇知识分子。赖特最好的哲学著作显然就是在这样的聚会上在交流碰撞中问世的，但他作为《北美评论》和《国家》的评论员，也有机会接触公众。詹姆斯和皮尔士都受到了他脚踏实地的、经验主义的思维方式的鼓舞。[3]

赖特可能是第一个从自然主义的角度对斯宾塞进行彻底批判的美国思想家。赖特精心研读过约翰·斯图尔特·密尔的作品，反对当时流行的把斯宾塞归为实证主义者的倾向。他声讨斯宾塞，说他是一个装模作样地探究终极真理的二流形而上学者，并指责他误导人们把精力投入无用的抽象。赖特在文章中宣称：

> 抽象原理的发展是否合理，只有一条验证标准，那就是它在扩大我们对自然的具体认识方面的效用。数学力学和微积分赖以创立的思想、自然史的形态学思想以及化学理论，

126

就是这样有效用的思想。去做真理的发现者，不要只是去概括真理。[4]

作为斯宾塞关于科学知识的看法之不可改变性的替代方案，赖特坚信宇宙中出现新事物的概率，这种信念基于对科学定律的归纳性质的严格解释。[5]"意外"或新事物完全有可能出现，这些事物是我们无法从对其前事前情的了解中预测到的，例如，自我意识的进化，或是把声音应用于社会交流，就是如此。

查尔斯·皮尔士（1839—1914）比詹姆斯和赖特更倾向于建立体系，但他的研究取向也是科学的。查尔斯·皮尔士是哈佛大学著名数学家本杰明·皮尔士的儿子，他凭自己的能力，成为了一位杰出的数学家、天文学家与测地专家。皮尔士感兴趣的主要领域是逻辑理论，尤其是归纳推理问题。他把科学定律看作是对概率的叙述，而不是对不变关系的说明。在特定情况下，事实一定会"显示出对规律的不规则偏离"。[6]皮尔士力辩，进化论者要做到一以贯之，必须把自然规律看作是进化的结果，因此自然规律是有限的而不是绝对的。他最后得出结论说，"自然界中"存在"不确定性、自生性或绝对的偶然性因素"。[7]因此，他不赞同斯宾塞从一条机械原理（力的恒久性）出发来推导出进化论，而不是从进化论角度来解释各种机械原理的出现。他还指出，既然能量守恒定律等同于这样一个命题，即由机械定律所支配的所有活动都能被逆转回去的话，那么持续的增长便无法用这些定律来加以解释。[8]皮尔士对斯宾塞的严厉批评首先使詹姆斯从《综合哲学》的观点转向了一种更具有实验性的方法，皮尔士1878年发表在《大众科学月刊》上的划时代论文《如何使我们的观念清

楚明白》("How to Make Our Ideas Clear")，第一次详细阐述了把
握各种观念的含义的实际准则，詹姆斯后来将这一准则扩展为实
用主义真理理论。[9]

二

　　威廉·詹姆斯是美国 19 世纪六七十年代出现的科学教育
的第一个最大受益者。在哈佛大学劳伦斯理学院（Lawrence
Scientific School）学习期间，詹姆斯受教于艾略特、怀曼和阿加
西兹，因而在对科学方法的理解方面不同于大部分同代人。此
外，詹姆斯还有一个与众不同的地方，他身上带有比较浓厚的玄
秘性，也即一种十分敏锐的道德和审美的感受力。这种情况可以
部分地追溯到他父亲老亨利·詹姆斯的影响。老亨利·詹姆斯
是基督新教斯维登堡派教徒（Swedenborgian），[10] 其个人因素，
包括其情感和气质，在詹姆斯的思想形成过程中显得异常突出。
1869 年到 1870 年，詹姆斯患上了极为严重的心理抑郁，差点丧
失了活下去的意愿；最终他用一种高度思想化的解决办法，从抑
郁中走了出来。这种办法就是对自由意志满怀激情的信念。[11] 对
"我就是在其教导下长大的一元论迷信"[12] 的反抗——这是他思
想的主旨——带着他进入了反抗所有对机会或者选择均置之不理
的那些 "大块宇宙" 哲学的斗争（所有这些哲学体系都已完备并
付诸实践）。他对主流哲学斯宾塞主义和黑格尔主义的反抗，主
要针对墨守成规的哲学体系在伦理和美学上的苍白无力。[13] 这就
是他所宣扬的多元主义的起源。他写道："让我们所过的生活变

得真实而诚挚，这确实是哲学的一种价值。""多元主义祛除了绝
对，也就祛除了使我们自由自在地身处其中的最美生活无法实现
的巨大因素，从而将现实世界的本性从它基本上所处在的异质状
态中拯救出来。"[14]

　　人们通常将詹姆斯的思想看作是其对他的哈佛同事乔赛
亚·罗伊斯（Josiah Royce）所阐述的绝对唯心主义作出的一种
回应，在他晚年的著作中，这一点特别明显。但从他的作品中可
以看到，其思考的基本趋向，早在他认识罗伊斯之前，在圣路易
斯的黑格尔学派开始传播他们的学说之时，就已经确立。詹姆
斯最初的倾向在很大程度上也是对赫伯特·斯宾塞的影响作出
的一种反应。斯宾塞的哲学赢得普遍关注的那几年，正值詹姆
斯的思想形成期。19 世纪 60 年代初，他读了《第一原理》(First
Principles)，并很快皈依了斯宾塞主义。他痴迷于看来已经由斯
宾塞完成了的智力革命，以至于当查尔斯·皮尔士当着他的面攻
击这位大师时，他感到自己 "在精神上受到了伤害"。[15] 然而，
詹姆斯接受了皮尔士的观点，自己很快也开始批评斯宾塞，到 19
世纪 70 年代中期，他对斯宾塞沉闷乏味的体系已是彻底地不屑
一顾。尽管他在哈佛给学生上课时用的是《心理学原理》，但他
力劝学生去给斯宾塞的推理挑刺，在他将近三十年的时间里所开
设的课程中，那位英国佬都做了一个受气包。[16] 虽然詹姆斯认为
《第一原理》满是逻辑上的各种混乱，但他在情绪上对斯宾塞反
应最强烈的，是斯宾塞的思想 "整个叙述全都这么缺乏亲和、幽
默、优美和诗意；全都这么直白，这么呆板，这么单调"。[17] 詹
姆斯被斯宾塞 "极其单调的品位" 弄得直摇头，"人们在他的心
灵中找不到奇妙朦胧的地方，也寻不到心不在焉和消极被动的能

力。其所有部分都充斥着一模一样的正午烈焰，就像一个干燥的沙漠，每一粒沙子都一粒一粒地杵在那儿，而且没有一点儿神秘或是影子"。[18] 在其著作《实用主义》(Pragmatism) 中，詹姆斯特地停下来非议斯宾塞"说话干巴巴的教师脾气……喜欢在辩论中使用肤浅的理由，甚至在机械原理方面也缺乏教养。总的来说，其所有的基本观念都是含糊不清的，他的整个体系就像是钉在一起的干硬的松木板那么呆板"。[19] 詹姆斯在他买的《第一原理》一书的页边空白处时不时写着这样的评语："荒谬""愚蠢透顶""诅咒他的形而上学"以及"该死的经院哲学的吹毛求疵"，等等。他嘲弄斯宾塞基本原理的空洞，称斯宾塞对力的恒久性的使用是"含糊的化身"，并为斯宾塞的运动节奏原理举了一些可笑的例子，譬如上下楼梯、间歇性发烧、摇篮和摇椅，等等。他在讲座中这么仿拟斯宾塞对进化论的定义："进化是一种通过持续不断地固着在一起以及其他某些情况来实现的，从一种别扭的、不可言说的全然相同，到一种反正总体上可以言说的不全然相同的变化。"("Evolution is a change from a nohowish untalkaboutable all-alikeness to a somehowish and in general talkaboutable not-all-alikeness by continuous sticktogetherations and somethingelseifications.") [20]

很明显，詹姆斯之所以反对斯宾塞，部分是因为詹姆斯在寻找一种哲学，该哲学将会认可人类的积极努力对改善生活的作用。在《实用主义》中，詹姆斯反对斯宾塞的终极确定论哲学，因为"其最后的实际结果令人悲伤"。[21] 他在自己买的那本写满精到评注的《第一原理》最后一页写道："当所有的生活训练就是为了使我们为更高的目标而奋斗时，为什么反对这么一种哲学——接受这种哲学就是相信高级者必然失败——就应该是破例的或错误的呢？"[22] 詹姆斯的哲学探索，有一个征候，那就是对恶这个问题经常发生兴趣，这在他对罗伊斯的答复中表现得非常明显。他极力抵制所有否定恶的存在或淡化其现实后果的哲学，这些均可见于他对绝对主义一次又一次的抨击。他以赞许的口气引用无政府主义作家莫里森·I. 斯威夫特（Morrison I. Swift）对哲学家的控诉，控诉他们对社会弊病置若罔闻。[23] 他那篇论文《决定论的困境》（"The Dilemma of Determinism"）围绕的中心议题就是必须确认道德判断的有效性。可能性观念，对作为逻辑学家的皮尔士而言，只是引起了他的兴趣，但对作为伦理学家的詹姆斯来说，则意义重大。詹姆斯称，决定论坚持认为，未能实现的可能性根本就不是可能性，而只是幻觉；它断言，未来没有什么是模棱两可的，甚至人类的决断也不可能。但是，如果世上不存在可能这种东西，从务实的角度看，道德判断就毫无意义。

　　说一件事不好，如果这么说确实意味着什么的话，那意思就是说不应该出现这件事，在它所处的这个位置上的应该是别的事。决定论否认有任何别的事可以代替它，因而差不多也就把宇宙界定为这么样一个地方：在这里，应该出现的事不可能出现。——换句话说，它把宇宙定义为这么一个有机体，其肌体始终要受到一个医不好的脓疮、一种治不愈的毛病的折磨。[24]

　　决定论只与最可怕的悲观主义或一种浪漫的听天由命的心境相一致。但是，如果道德判断要有效的话，宇宙中就必须有最低限度的不确定性。这并不必定需要一个完全随机的世界才行，只需要一个世界存在偶然的选择即可。即使一个人有关宇宙宿命论的梦想像斯宾塞对和平千禧年终将来临的盼望那么乐观，保留选择的必要性仍然存在。即使如斯宾塞所言，任何偏好都不可能成功，除非它与和平、正义和怜悯的最终胜利相谐和，"我们仍然可以自由决定**何时**在公正、和平的基础上安稳下来"。在获得成功的偏好最终毫无悬念地揭晓之前，我们都可以自由地去追求我们自己的偏好。[25]

　　1878 年，《思辨哲学杂志》发表了詹姆斯的一篇文章，题为《评斯宾塞将心灵定义为对应》（"Remarks on Spencer's Definition of Mind as Correspondence"），明确预示了他日后的思想路线。该文还表明，就达尔文主义对心理学的影响而言，詹姆斯的理解比斯宾塞要能动得多。斯宾塞在用调整来定义心灵时，忽略了人们通常所认为的精神生命的大部分内容。斯宾塞将生命定义为调整内部以适应外部关系，并将心灵和认知也视为那种调整。按照詹姆斯的说法，他忘记了心灵中所有的非认知因素，忘记了所有的情绪和情感。他淡化甚至完全忽略了有机体中对整个认知过程至关重要的**利益**因素。他将智能性的心理反应定义为通过调整内部关系来适应环境以服务于生存，但认知情境中的关键因素，即对生存或福利的**渴望**，恰是他所遗漏的一个主观因素。内部同外部关系对应的观念，作为精神行为的标准，必须同某种主观性或目的论相关联，才具有意义。此外，心灵服务于生存这个看法，仅其本身并不能解释所有没有生存价值的高级文化活动。詹姆斯总结道，认知者

  ……不只是一面无根之萍般随处漂游的镜子，被动地反映他恰巧碰到并发现仅仅只是存在着的秩序。认知者是行动者，他一方面是真理的协同者，另一方面又协助其产生，是真理的记录者和表达者。心灵的兴趣、假设、推断，就其是人类行为的基础而言——这种行为在很大程度上改变了世界——在它们所宣扬的真理的**制成**过程中，起到了协助作用。换句话说，心灵自诞生之日起，就带有一种自生性，一种表决权。它参与到了游戏当中，而不是单纯的旁观者；它对**事物应当如何**的判断，它的理想，不能从思维主体身上剥离下来，仿佛它们是多余的赘疣，或至多意味着残余。[26]

  詹姆斯在 1890 年首次出版的《心理学原理》(*The Principles of Psychology*)中延续了这一思路。传统观点认为，心灵是一个不受干扰的认知器官。在该书中，詹姆斯彻底打破了这种看法，批评后达尔文主义心理学忽视了心灵的积极作用。[27]他埋怨说，我们已经习惯于说起话来就好像那具拥有大脑的纯粹的肉体有自己的利益，习惯于把身体的生存当作与任何处于指挥地位的智能都毫不相关的绝对目的。根据这种纯粹的物理学观点，有机体作出的各种反应不能被认定为有用或者有害。对于这些反应，我们所能说的只是，如果它们以某种方式发生，生存将是它们附带的意外结果：

  但是，一旦你把意识带入其中，生存就不再仅仅是一个假设。它不再是"**如果**生存要发生，大脑和其他器官就必须如此这般地工作"。它现在已经成为一项强制性的命令："生存**要**发生了，因此，器官必须这样来工作！"**真正的**目的第一次出现在世界的舞台上……就其自身来说，每一个实际存在的意识，似乎无论如何都是一个**为目的而战的斗士**，如果没有意识的存在，其中的许多目的，就完全不成其为目的。它的认知能力主要是服务于这些目的，分辨哪些事实能够增进这些目的，哪些则不能。[28]

承自皮尔士的实用主义学说或者说实用主义方法，是对这种检验知识的方法的一种设想。理论只是实验工具而不是答案，真理"发生在观念身上"，[29] 而且可以被认知者造出来，一个这样的世界，同詹姆斯选择相信的不完美的宇宙是一致的。

1880 年詹姆斯在《大西洋月刊》上发表了一篇题为《伟大人物、伟大思想及其环境》（"Great Men, Great Thoughts, and the Environment"）的文章，这是他在社会理论方面少有的几次冒险尝试之一。[30] 詹姆斯以斯宾塞和他的门徒为衬托，提出了这样一个问题：导致各种共同体一代代发生改变的原因是什么？和沃尔特·白芝浩一样（詹姆斯非常推崇他的《物理与政治》），詹姆斯坚信，这些变化是非同寻常的或者杰出的个人创新的结果，他们在社会变革中起着与达尔文进化论中的变异相同的作用。由于这些人适用于他们碰巧所在的环境，故而被社会选中并提到能发挥影响的位置上。斯宾塞主义者把社会变化归因于自然地理、环境、各种外部状况——简而言之，除了人类控制之外的一切。他们假定存在一个普遍的因果关系网，人类有限的智力就这么绝望地纠缠在这个网络之中。斯宾塞在他的《社会学研究》一书中把一切都归因于先前的各种条件，也即归因于一种过程。这个过程不断往后推，就变成了循环往复，在社会分析中毫无价值可言。就像对与"神本为大"（God is great）相关的一切问题所作的各种东方式回答一样，它给到我们的，只有环境万能。这种进化论哲学无法解释伟人改变了社会发展进程这一显而易见的事实。我们既不能用暧昧笼统的一组因素来预测伟人职业生涯的重要细节，也不能把伟人职业生涯的重要细节归因于这么一组暧昧笼统的因素——在斯宾塞主义哲学中，这组暧昧笼统的因素就是"环境"。并不存在各种社会压力汇集在一起，要求威廉·莎士比亚1564年出生在埃文河畔的斯特拉特福这样的情况。社会学所能预言的最多只是，**假如**在某些特定情况下出现了某种类型的伟人，他将以如此这般的方式影响社会；但他确实影响了社会，这一点是怎么也否定不了的。伟人自身就是他人环境的一部分。

斯宾塞不受个人影响的客观进程的历史观是东方宿命论的一种，"只是一种形而上学的教条，除此之外什么也不是。它是一种沉思方式，一种情感态度，而非一种思想体系"。它忽视了人类思维中自生的变异及其对社会的影响，是"一种绝对的时代错误，它想把我们拉回前达尔文时代的思想类型中去"。[31] 在这篇文章中，詹姆斯在赋予这些追求独立、奋斗的人物个人色彩时似乎有些过头。但从其思想的大背景来看，他主要关心的是，把自生性和不确定性从斯宾塞式社会进化的强制性因果关系网中解救出来。没有自生性，没有个体在一定程度上改变历史进程的某种可能性，就没有任何改善的机会，整个斗争故事以及与之相随的成功或是失败这两个选项，就被排除得干干净净了。正如詹姆斯在随后的文章中所声称的那样，"人类事务中存在一个不牢靠的地带，所有重大利益都在这里。其余都是死板的舞台机械装

置"。用一种普遍的因果关系方案来剥夺生命所拥有的重大利益， *134*
是一种无法容忍的思想，是"众多宿命论中最贻害无穷、最不道
德的一种"。[32]

与他的实用主义传统的继承人杜威不同，詹姆斯对系统性
的或集体性的社会改革只有一丁点儿微不足道的兴趣。他那种
根本上的个人主义，其表现之一，[33] 是下面这个事实：尽管他
不时地对时事产生兴趣，尽管他是反帝主义者，是德雷福斯的支
持者，是 1884 年总统大选中拒绝拥护布莱恩的共和党人中的一
员，但他对社会理论没有像这样一贯的兴趣。詹姆斯总是用个体
作说法来处理哲学问题。当他想说明邪恶问题时，选择的是一桩
极其残忍的谋杀，而不是战争或贫民窟。[34] 虽然他对温和的改革
也有一丝泛泛的兴趣，但他是在《国家》杂志呈现出来的自由主
义的烙印中长大的——他称自己接受的"全部政治教育"都来自
这本杂志。[35] 他认为戈德金是政治智慧的源泉，[36] 认为斯宾塞
的政治和伦理理论尽管"语气生硬呆板"，但远远胜过其人的抽
象哲学。[37] 他认为，斯宾塞试图既忠于《社会静力学》所体现的
英国古老的个人自由传统，又忠于普遍进化理论——在他的作品
中，个人利益常常被粗暴地加以否决，这么做是自相矛盾的。[38]
但詹姆斯从来就没能具备戈德金那种老派自由主义者身上更加一
贯的坚定精神。即使是在 1886 年的那些烈焰般的日子里，他也
没有对劳工运动感到吃惊。在写给弟弟的信中，詹姆斯说，劳工
问题"绝大部分还是处在演化的健康阶段，虽然代价有点大，但
这很正常，最后肯定会对所有人都有好处"——当然，芝加哥
的无政府主义骚乱除外，那是"许多病态的德国人和波兰人干
的事"。[39]

到他晚年，在美国社会批判之风刮了一段时间之后，詹姆斯确信集体主义已经兴起，并找到了一种将其同他那富有特色的对个人活动的强调相调和的方法。"一个创举接着一个创举，都是天才的神来之笔，"1908 年，在读完 G. 洛斯·迪金森（G. Lowes Dickinson）的《正义与自由》(*Justice and Liberty*) 后，他写信给亨利·詹姆斯，"七十五年前备受崇拜的竞争制度似乎正受伤而死。随后而来的会是更好的东西，但我从未如此清楚地看到，一个接一个的个人，其影响的积累在改变社会上盛行的理想方面所产生的缓慢的效果。"[40] 到 1910 年，他公开表示相信"和平主宰世界，某种社会主义平衡状态将逐渐来临"。[41] 然而，在十多年前的一次演讲中，他则是以一种更具詹姆斯特色的风格建议，评价集体主义对人类生活内在质量的意义要慎之又慎：

　　社会……无疑已经不得不趋向某种更新的、更好的平衡，财富的分配也无疑不得不慢慢发生变化；这些变化一直都在发生，而且会永无终止。但是，如果在我说了这么多之后，你们中任何人还指望这些将对我们子孙后代的生活**真正至关重要**，那你们就没有理解我整个演讲的意义。生活的实实在在的意义永远是同一件永恒的事情——结合，即：某种非习惯性理想（无论多么特别）同某种忠诚、勇敢和忍耐的结合，这种理想同某个男人或女人的痛苦的结合，而且无论生活怎样，也无论生活在什么地方，这种结合永远都有可能发生。[42]

三

　　"一个**真正的学派**，一种**真正的思想**。也是重要的思想！"[43]
这是威廉·詹姆斯对 20 世纪初聚集在芝加哥大学约翰·杜威周
围的一群哲学家和教育家的反应。杜威对詹姆斯的感激和詹姆斯
对杜威的认可，表明了实用主义学派本质上的连续性。杜威第
一次读到詹姆斯的《心理学原理》时，还处在乔治·西尔维斯
特·莫里斯（George Sylvester Morris）的黑格尔主义影响之下。
他在约翰·霍普金斯大学攻读研究生时，师从莫里斯，后又随莫
里斯在密歇根大学开始执教生涯。但詹姆斯的心理学改变了他的
整个思考走向，詹姆斯对精神生命的探索成了他哲学中至关重要
的一部分。[44] 杜威和詹姆斯一道鼓吹智力是改变世界的有效工具，
但他在哲学论证中表现出了对哲学的社会意义的极其强烈的意识
和哲学家紧迫的社会责任感。他把智力的创造性品质这种工具主
义观点同社会理论中的实验主义联系了起来，这与他 1882 年到
巴尔的摩开始研究生学习生涯时处处盛行的保守主义形成了鲜明
的对比。[45]

　　杜威对思维行动的解释不只是达尔文主义的简单延伸，但其
研究取向是生物学的。[46] 思维不是一系列插入自然场景中的先验
状态或先验行动。知识是自然的一部分，其目的不仅仅是消极被
动的调整，而是积极主动地去掌控环境，以提供各种令人满意的
"完美"事物。想法就是根植于有机体的自然冲动和自然反应之
中的行动计划。"旁观者知识论"（spectator theory of knowledge）
是前达尔文主义的。[47] "生物学角度的判断让我们坚信，无论心
灵在其他方面如何，它至少是依照生命过程的目的来控制环境的

136

一个器官。"[48]杜威把这种关于精神活动的看法同其对保守观念的普遍批评结合了起来。正如他在 1917 年所说：

> 在各个领域——教育、宗教、政治、工业和家庭生活，保守分子的最终避难所一直都是所谓固定的心灵结构的观念。只要心灵被当作一种先在的、现成的东西，制度和习俗就可以被看作是它的产物。[49]

与杜威对智力潜能的信念相联系的是，他坚持认为智力是在一系列客观存在的"不确定"的情况下发生作用的。正是由于各种情况的不确定性，由于自然界中的偶然性，识别力才因此获得其特殊意义。道德与政治、宗教与科学，"它们的根源和意义，在于自然界中不变的和多变的、稳定的和混乱的东西的统一"。没有这种统一，就没有"结果"之类的东西，无论是以人的各种圆满成功的形式存在的结果，还是以目的的形式存在的结果，都不可能存在。"世间只有一种块状宇宙，要么是事物完全终了而*137* 不容许有任何变化，要么就是一切事情的进展都是事先就预定了的。没有失败的风险也就没有什么成功之说，没有成功的希望，也就无所谓失败。"[50]杜威的这一观念虽然让人联想到詹姆斯，但可能更接近皮尔士和赖特的早期观点，因为他回避了詹姆斯关于意志自由的主张。[51]

1920 年，杜威在他的《哲学的改造》（*Reconstruction in Philosophy*）一书中提出一个强有力的观点，主张在哲学中要强调实践，并敦促哲学家们把注意力从没有实际价值的认识论和形而上学两个方面转向政治、教育和道德。这本书是他对思想和行动之间的割裂所作的深刻的历史分析的增补，也是他就这个主题所作的最值得注意的表态。然而，对社会的重视深深植根于杜威的职业生涯之中。十年前，他就曾预言哲学除发挥其他功能外，还将成为"一种道德和政治的诊断和预后"，而早在 1897 年他就阐述了自己关于知识问题的社会观。[52]

从早年熟悉孔德著作伊始，社会哲学就在杜威的视野中占据了突出位置。[53]1894 年，杜威发表了一篇关于沃德的《文明的心理因素》(*Psychic Factors of Civilization*) 和基德的《社会进化》(*Social Evolution*) 的评论，读者在这里便能够把他的思想同生物社会学的问题联系起来。杜威赞同沃德用精神活动理论来推翻社会学中的机械达尔文主义。但受詹姆斯心理学的启发，杜威批评了沃德对这一领域老派观点的忠诚，并指出沃德的心理学不足以作为他的社会理论的工具。沃德在关于心理活动的说法中（这是他整个社会学的至关重要之处），纠缠于过时的快乐—痛苦心理学，比洛克的感觉论高级不了多少。沃德试图从快乐和痛苦等被动的感觉状态中推导出行动。如果他的心理学建立在**冲动**（impulse）这一基本事实上，也即建立在有机体的积极动机之上，这种心理学的基础就会更扎实，"虽然这种事实需要给他的主要论点以坚固的支撑"。在他对沃德心理学的评论中，杜威也泛泛地重新论证了詹姆斯十六年前对斯宾塞提出的批评。杜威同意沃德对自由放任主义的批评，也同意"从理智、情感和冲动的意义这个角度来看，关于社会的生物学理论需要改造"。他与沃德的分歧，在手段，而不在目的。

杜威对基德的批评更带有根本性。虽然他承认把冲突从社会上消除殆尽是"一种无望的、自相矛盾的理想"，但他仍然相信，

138

对斗争加以指导从而杜绝浪费是可能的。他争辩说，基德坚信个体为了社会的进步持续不断地牺牲自己，这显示出目的和手段之间关系的混乱糟糕至极。在基德的方案中，个体为了将来世代的福祉没完没了地牺牲自己，但既然将来世代的个体也这样做，这个过程就永远也达不到任何令人类满意的圆满状态。人类一直都在为一个根据定义永远也达不到的目的牺牲自己。[54] 这就是进步哲学的反证（*reductio ad absurdum*）。

　　杜威对自由放任主义的怀疑是其实验主义合乎逻辑的结果。杜威极不同意斯宾塞所谓干预社会事务就妨碍了对社会事务的了解这种看法。他坚持认为，要真正理解事件，就必须直接参与到事件中去。[55] 没有一个普遍的命题可以用来确定国家的功能。它们的范围是由实验确定的。[56] 人们对作为实际政策的自由放任的普遍反应博得了杜威的同情和赞成，但他对人们缺乏一个条理清晰、逻辑连贯的替代理论和普遍倾向于秉持"不管怎样总归得做点什么"这样一个模糊的信念去做事深感遗憾。[57] 他强调教育在社会变革中的作用——这让人想起了莱斯特·沃德早前的建议，部分原因即在于他意识到需要有理论来作指导。[58]

　　杜威的伦理研究，是试图从道德和科学之间显然相互冲突的目标所造成的道德混乱中恢复秩序的一种努力。尤其重要的是，他的工具主义的开辟在相当大程度上来自这个问题的刺激。[59] 在一篇被收入《一元论者》（*The Monist,* 1898）的早期文章中，杜威拒绝接受赫胥黎所作的宇宙过程和伦理过程的区分，显露出了其黑格尔哲学背景的印记。杜威虽然对赫胥黎用二元论的方法来研究问题提出异议，但并不怀疑赫胥黎将伦理过程同园艺过程进行类比的有效性。"伦理的进程，就像园丁的活动，是一个不断斗

139

争的过程。我们绝不能任由事情自行发展。如果我们听之任之，结果就是倒退。"但是，按照我们对整个进化过程的看法，伦理过程和宇宙过程之间这种明显的对立意义何在？杜威就此争辩说，赫胥黎没有认识到，冲突并不是个人被迫同他所处的整个自然环境进行竞争，人类只是去改变与环境的另一部分相关的其中一部分。他不会与任何完全外在于他自己所处的整个环境的事物打交道。园丁可能会把外来的水果或蔬菜引入一个特定的地方，他兴许还会人工调节出他那块特定土壤原本不具备的光照条件和湿度条件，来帮助它们生长，"但这些光照和空气湿度状况，属于整个大自然的惯常范围"。

赫胥黎承认，就现有的各种状况而言，适者生存不同于伦理上的优者生存。但这些状况难道不应该被解释为整个一组相互关联的事物，其中还包括"业已存在的社会结构以及这个社会结构中所有的习惯、需求和观念"吗？根据这种解读，适者事实上就是优者；不适者实际上就等同于反社会的人，而不是身体上的虚弱者或经济上的依赖者。如果以整个环境来衡量，社会中的依附阶级可能相当"适合"。人类依赖期的延长（费斯克的婴儿理论），让我们有了远见、规划，以及社会团结的纽带；对病人的照顾教会了我们如何保持身体健康。在食肉动物中间适合的，在人类中间并不适合。人就生活在这样一个不断变化和进步的环境中，就其本人而言，成其为适者的，就是灵活性，就是随时准备适应今天和明天的状况。一旦环境的含义发生改变，生存斗争的含义也会随之改变。生物性自我伸张的激励，既具有负面的潜能，也具有积极的潜力。人类问题的本质是一种小心谨慎的深谋远虑，即保持过去的习俗同时重塑它们使其适应新环境的能力；

140

简言之，就是在习惯和目标之间保持平衡。"选择"一词不仅可以指以牺牲另一种生命形式或者说有机体为代价，来选择某种生命形式（也即某种有机体），还可以指一个有机体或一个社会选择各种行为与反应模式，只是因为它们比其他模式优越。社会有其自身的机制——舆论和教育，去选择它认为最合适的模式。如此伦理过程和宇宙过程就没有差异。问题一直都出在对生物功能的静态解释，以及将其生搬硬套地应用于人类环境之独特的、动态的状况。人们没有必要到大自然之外去为伦理进程寻找依据，只需要从全局角度来认识自然状况就可以了。[60]

1908 年，杜威和他的前同事詹姆斯·H. 塔夫茨（James H. Tufts）出版了一本伦理学教材，其内容完全不同于以往教材的抽象说教。伦理原则的论述被置于附属位置，用来配合对当时社会问题的讨论；诸如个人主义与社会主义、商业及其规则、劳动关系和家庭等问题则处于突出地位。在这部教材里，杜威专门写了一小节文字，对伦理学理论赤裸裸地吸收达尔文主义提出了尖锐批评，而且在竞争的"自然"层面采取的立场与克鲁泡特金并无二致。[61]

事实上，就其历史地位而言，对实用主义最恰当的理解，是将它看作一种日益成熟的社会批判的一部分。这与杜威本人对实用主义传统在美国文化中的位置的看法是一致的。不错，实用主义确实对詹姆斯所谓观念的"票面价值"（cash-value）感兴趣，但杜威一再否认它相当于美国商业主义的思想或是对商业文化贪婪精神的卑劣辩护。杜威提醒批评者，抗议美国过度崇拜"荣华富贵"的，正是詹姆斯。[62] 工具主义反对一切绝对主义的社会理性化，不管其是保守的还是激进的。从进步主义时代到新政时期，尽管其社会主题各不相同，但在工具主义的历史上，最重要的，是它同社会意识的联系，以及它对变化的那种敏感性。

杜威思想中始终存在的社会取向，与威廉·詹姆斯的个人主义形成了显著的对比，这说明一种甚为相似的哲学立场，具有因时而变的潜力。这种差异在一定程度上反映了两者不同的个人经历。詹姆斯来自一个富裕家庭，继承了大笔财产，这让他可以去哈佛读书，去各地旅行，去维持自己的社会地位，在走向成年的过程中做到笃定前行，而不必担心经济问题。杜威是佛蒙特州伯灵顿（Burlington，Vermont）一位小企业主的儿子，在很大程度上得靠自己去争取资源。但是，工具主义所获得的社会的着重关注却具有更大的意义。杜威出生于《物种起源》问世的同年，在詹姆斯去世后还活了两代人长大成人的时间，在这段时期，学术界人士的社会批评已受世人尊重。此外，进步主义时代的开始，恰逢杜威思想的成长和传播期——这一时期也是詹姆斯本人认为他看到竞争性制度正在"受伤而死"的时期，人们很容易把杜威对知识、实验、活动和控制的信念，等同为抽象哲学领域进步主义对民主和政治行动的信念。杜威呼吁用实验的方法来研究社会理论，这同克罗利呼吁同胞从目的而非命运的角度来思考问题，或是同李普曼主张"我们不能再把生活当成是滴流到我们身上的某种东西"，均相去不远。如果说杜威所相信的智识和教育在社会变革中的效验已被证实的话，他自己的哲学就不仅仅是对美国思想转变的被动反映。一位杰出的哲学家成天忙于第三党、改革组织和工会的活动，这一景象反映了自费斯克和尤曼斯为了吸引读者拼命渲染斯宾塞以来，美国知识界发生的某些变化。

142

1. 对哈里斯社会学说的叙述，参见 Merle Curti, *The Social Ideas of American Educators*, chap. ix。

2. 参见 John Dewey, *Experience and Nature* (Chicago 1926), pp. 282–283。

3. "毫无疑问，"莫里斯·R.科恩（Morris R. Cohen）写道，"皮尔士是在昌西·赖特的影响下构想出实用主义原则的。" Charles Peirce, *Chance, Love, and Logic*, pp. xviii–xix. 关于赖特，参见 Gail Kennedy, "The Pragmatic Naturalism of Chauncey Wright," *Columbia University Studies in the History of Ideas*, III (1935), 477–503; Ralph Barton Perry, *The Thought and Character of William James*, I, chap. xxxi; William James, "Chauncey Wright," 收录于 *Collected Essays and Review*, pp. 20–25; Sidney Ratner, "Evolution and the Rise of the Scientific Spirit in America," *Philosophy of Science*, III, 104–122。赖特最重要的论文已收入查尔斯·艾略特·诺顿所编的《哲学讨论》(*Philosophical Discussions*)。

4. *Philosophical Discussions*, p. 56.

5. 莫里斯·R.科恩在《剑桥美国文学史》中对赖特的观点作了最清晰的阐释。Morris R. Cohen, *The Cambridge History of American Literature* (New York, 1917–1723), III, 236.

6. Peirce, *op. cit.*, p. 190.

7. *Ibid.*, p. 162.

8. *Ibid.*, pp. 162–163; *Collected Papers* (Cambridge, 1931–1935), VI, 51–52.

9. *Chance, Love, and Logic*, p. 45. 皮尔士在他的文章中并没有把实用主义检验作为观念的一项真理标准，而只是将其作为检验观念清晰度的标准之一。关于皮尔士和詹姆斯两位的实用主义之间的区别，参见约翰·杜威的文章，*ibid.*, pp. 301–308，以及 Justus Buchler, *Charles Peirce's Empiricism* (New York, 1939), pp. 166–174。
   皮尔士反对他所认为的达尔文主义的伦理意义，这一点值得注意。他在1893年声称，《物种起源》"只是把关于进步的政治经济学观念扩展到了整个动物和植物生命领域。……在动物中间，纯粹机械的个人主义是一种向善的强大力量，这种力量因动物冷酷无情的贪婪得到了进一步加强。正如达尔文在他的扉页上写的那样，这是生存斗争。他还应该在他的座右铭中加上这么一句：人不为己，天诛地灭。耶稣在山顶讲道时，表达的可是不同的观点"。Peirce, *Chance, Love, and Logic*, p. 275.

10. 参见 Perry, *op. cit.*, I, *passim*. C. Hartley Grattan, *The Three Jameses, A Family of Minds*。

11. Perry, *op. cit.*, I, 320–323. 有关法国思想家查尔斯·雷诺维耶（Charles Renouvier）对这一时期詹姆斯的影响，参见 Perry, 以及 *The Will to Believe*, p. 143; *Some Problems of Philosophy* (New York, 1911), pp. 163–165。

12. *Some Problems of Philosophy*, p.165n.

13. 参见 John Dewey, "William James," 收录于 *Characters and Events*, I, 114–115; Theodore Flournoy, *The Philosophy of William James* (New York, 1917), pp.34–35, 112, 144–145。

14. *A Pluralistic Universe* (London, 1909), pp. 49–50; 试比较 *Some Problems of Philosophy*, pp. 142–143。

15. *Memories and Studies*, pp. 127–128.

16. Perry, *op. cit.*, I, 482.

17. "Herbert Spencer," *Nation*, LXXVII (1903), 460.

18. *Memories and Studies*, p. 112.

19. *Pragmatism*, p. 39.

20. Perry, *op. cit.*, I, 482–483. 人们一直将这一滑稽、夸张的模仿算在詹姆斯头上，但这最早是由英国数学家托马斯·柯克曼在他的《没有假设的哲学》一书中编出来的。Thomas Kirkman, *Philosophy without Assumptions* (London, 1876), p. 292. 参见斯宾塞《第一原理》美国版第四版附录，尤其是第 577–583 页。

21. *Pragmatism*, pp. 105–106.

22. Perry, *op. cit.*, I, 486–487.

23. *Pragmatism*, pp. 23–33.

24. *The Will to Believe*, pp. 161–166.

25. *Collected Essays and Reviews*, pp. 148–149. 可比较杜威在《达尔文对哲学的影响》中的论述。John Dewey, *The Influence of Darwin on Philosophy*, pp. 16–17.

26. *Collected Essays and Reviews*, p. 67.

27. 例如，参见 chap. xi, on "Attention"。

28. *Principles of Psychology*, I, 140–141.

29. *Pragmatism*, p. 201.

30. *Atlantic Monthly*, XLVI (1880), 441–459; 重印本收录于 *The Will to Believe*, pp. 216–254。另请参见姊妹篇 "The Importance of Individuals," *Open Court*, IV(1890), 2437–2440, 重印本收录于 *The Will to Believe*, pp. 255–262, 以及约翰·费斯克和格兰特·艾伦对詹姆斯的答复，载 *Atlantic Monthly*, XLVII (1881), 75–84, 371–381。

31. *The Will to Believe*, pp. 253–254.

32. *Ibid.*, pp. 257–258, 262. 试比较约翰·杜威的这句话："如果存在要么是完全必然的，要么是完全偶然的，生活中就既不会有喜剧也不会有悲剧，也无需生存意志。" *The Quest for Certainty*, p. 244.

33. 柯蒂在《美国教育家的社会观》中强调了詹姆斯的个人主义，Curti, *The Social Ideas of American Educators*, chap. xiii. 有关詹姆斯对社会的一般看法及其对改革的兴趣，参见 Perry, *op. cit.*, vol. II, chaps. lxvii, lxviii。

34. *The Will to Believe*, pp. 160–161.

35. *The Letters of William James*, I, 284.

36. *Loc. cit.*

37. *Memories and Studies*, pp. 140–141.

38. "Herbert Spencer," *Nation*, LXXVII (1903), 461.

39. *The Letters of William James*, I, 252.

40. *Ibid.*, II, 318. 詹姆斯似乎也受到了 H. G. 威尔斯（H. G. Wells）作品的影响。

41. "The Moral Equivalent of War," in *Memories and Studies*, p. 286.

42. *Talks to Teachers on Psychology: and to students on Some of Life's Ideals* (New York, 1925), pp. 289–299.

43. *The Letters of William James*, II, 201.

44. 参见 John Dewey, "From Absolutism to Experimentalism," 收录于 George P. Adams and William P. Montague, eds., *Contemporary American Philosophy* (New York, 1930), pp. 23–24; 另请参见简·杜威编辑的一章传记，收录于 Paul A. Schilpp, ed., *The Philosophy of John Dewey*, pp. 3–45。

45. 杜威作品的范围之广、种类之多，以及其思想的语境性质，让任何描绘他对此处所记观念之影响的尝试都必然只能是一鳞半爪，支离破碎。

46. 关于杜威知识研究路径中的达尔文主义因素及其在解释他的知识理论中的局限性，参见 W. T. Feldman, *The Philosophy of John Dewey* (Baltimore, 1934), chaps. iv, vii。

47. *Reconstruction in Philosophy*, pp. 84–86; *Essays in Experimental Logic* (Chicago, 1916), pp. 331–332.

48. "The Interpretation of Savage Mind," *Psychological Review*, IX (1902), 219.

49. "The Need for Social Psychology," *ibid.*, XXIV (1917), 273.

50. *The Quest for Certainty*, p. 244 及 chap. ix. *Experience and Nature*, 尤见 pp. 62–77; *Human Nature and Conduct*, pp. 308–311。

51. 有关决定论和伦理学的一份早期声明，参见 *The Study of Ethics* (Ann Arbor, 1894), pp. 132–138。

52. *Reconstruction in Philosophy, passim*, 尤见 pp. 125–126; *The Influence of Darwin on Philosophy and Other Essays*, pp. 17, 271–304, 尤见 pp. 273–274。

53. Adams and Montague eds., *op. cit.*, p. 20 参见杜威的文章 "The Ethics of Democracy," University of Michigan *Philosophical Papers*, Second Series (1888)。

54. "Social Psychology," *Psychological Review*, I (1894), 400–409.

55. *The Quest for Certainty*, pp. 211–212. 关于杜威对斯宾塞个人主义的历史分析，参见 *Characters and Events*, I, 52 ff.。

56. *The Public and Its Problems*, pp. 73–74.

57. *Characters and Events*, II, 728–729.

58. 杜威 1897 年说，他坚信"教育是社会进步和变革的根本手段"，"每位教师……都是社会的公仆，专门从事维持正常的社会秩序并谋求正确的社会生长的事业"。"My Pedagogic Creed," *Teachers' Manuals*, No. 25 (New York, 1897), pp. 16, 18. 在《民主与教育》一书中，他认为教育是一种选择性的环境，并论证了其作为一种社会变革手段的各种可能性。尤见 *Democracy and Education*, chap. ii。试比较 Curti, *op. cit.*, chap. xv; Sidney Hook, *John Dewey, An Intellectual Portrait* (New York, 1939), chap. ix。

59. Adams and Montague, eds., *op. cit.*, p. 23.

60. "Evolution and Ethics," *Monist*, VIII (1898), 321–341. 杜威的文章《应用于道德的进化论方法》，"The Evolutionary Method as Applied to Morality," *Philosophical Review*, XI (1902), 109–124, 353–371, 详解了其关于发生学方法对伦理学的意义的看法。

61. Dewey and Tufts, *Ethics*, pp. 368–375.

62. 参见 *Characters and Event*, I, 121–122; II, 435–442, 542–547; "The Development of American Pragmatism," *Studies in the History of Ideas*, Department of Philosophy, Columbia University, II (1925), 374。

第八章 社会理论中的各种趋势，1890—1915

除了可能向一种以效仿观念和身份观念为鲜明特征的文化状况复归外，从逻辑上讲，体现在基督教兄弟情谊原则中的古老的、在种族问题上的偏好，我们应该继续加以肯定，而放弃竞争性商业的金钱道德。

——托斯丹·凡勃伦

人生百态，生存斗争不过是其中倏然而逝的体验之一，此刻在许多人看来，它却是宇宙中居于支配地位的事实。究其缘由，主要是大量有趣的解释，让其吸引了人们的注意。在这一紧要之处，既然汇聚了大量前人，也就肯定会有诸多来者。

——查尔斯·霍顿·库利

一

进化论对心理学、民族学、社会学和伦理学产生了深远影响，但却未能促使经济学发生类似转变。在众多可以看成是经济学家的人物中，只有威廉·格雷厄姆·萨姆纳一个人曾试图将进化论融入传统的政治经济学概念。当他在 19 世纪 70 年代和 80 年代陆续提出自己社会哲学的基本原理时，其他大多数经济学家的思考要传统得多。

大家一致认可，政治经济学之所以缺乏灵活性，其最合理的解释是，它的那些代言人确信，他们的科学从生物学中几乎学不到什么。政治经济学的公认功能，就如美国大学里教的和舆论场合中宣传的那样，是辩护。它一直以来就是对竞争性的财产制度和个体企业制度下的经济过程的一种理想化解释；越出固有模式轨道的尝试，由于违背了自然法，一直都受到阻拦。正如弗朗西斯·阿马萨·沃克（Francis Amasa Walker）谈到美国经济学会成立之前那段时期的自由放任原则时所言，"在（美国）这里，它不仅仅是用来检验经济学的正统性，更是用来确定一个人究竟是不是经济学家"。[1]

萨姆纳所宣扬的社会达尔文主义同正统经济学家所设想的自己这门科学的功能明显十分般配，而他们竟然普遍未能接受，个中缘由，同进化论与宗教信仰之间的关系尚未得到解决是有一点关联，但这更多只是一种巧合。更重要的原因是，古典经济学已经有了自己的社会选择学说。既然是古典经济学传统的一处伟大部分领着斯宾塞、达尔文和华莱士迈向了他们的进化理论，经济学家也许便有几分理由声称，生物学只是把他们早已掌握的一个真理普遍化了而已。

自然选择模式和古典经济学模式极其相似，[2]这说明达尔文主义只是增添了传统经济理论的词汇，而没有增加实质性的内容。两者都假定，动物从根本上是以自我为本位的，按照古典经济学模式，动物追求的是快乐；按照达尔文的模式，动物追求的是生存。两者都假定，将享乐冲动或生存冲动付诸行动时，竞争是常态。在两者那里，存活下来的或兴旺发达的都是"适者"（通常都是用这个词的褒义含义）：要么是最令人满意地适应了环境的有机体；要么是最有效率、最节约的生产者，最节俭、最克己自制的工作者。这里应该补一句，经济学更适合用来对现状进行宽和的解释，因为它把当下的环境视为天然的论据并理所当然地加以认可；达尔文的那些一丝不苟而又洞察敏锐的追随者则看到，"适者"可能被理解为适合低劣的、有辱人格的环境。凡勃伦（写于 1900 年）发现，"对常态（normality）范畴和正当（right）范畴的识别，是斯宾塞先生伦理与社会哲学的首要特征，后来古典学派中的经济学家很容易成为斯宾塞主义者"。[3] 此外，古典经济学和自然选择理论都属于自然法学说。在这里，我们又一次看到，古典经济学更有利于助长智识的稳定性，因为它的均衡概念是牛顿式的，因此是静态的；[4] 而动态社会理论则提出，一个变动不居的世界具有各种可能性。

145

人口数量对生存的压力这个概念，在生物学同政治经济学的历史联系中极其重要，它不仅在马尔萨斯的学说中扮演了重要角色，而且与经典的工资基金学说也密切相关。根据工资基金理论（该理论在美国自由放任主义的极端支持者中甚是流行[5]），劳动报酬是从资本基金中支付的，资本基金在任何时候都是固定的；劳动者的平均工资是由求职的工人人数与工资基金的总额之比决定的。按照工资基金理论的逻辑，无论是立法规制，还是劳动者的任何行动，都不能改变这种状况，并由此示意要恪守默许之道。竞争通常被看作是财富分配的最佳手段。根据这一学说，工人阶级人数的增加，使有限的工资基金捉襟见肘，就像全部人口给生活资料形成的压力一样，无法摆脱。沃克道，该学说"为有关工资方面的现存秩序提供了充分的正当理由，这使得它颇受青睐"。[6] 然而，在他 1876 年出版研究性著作《工资问题》(*The Wages Question*) 后，工资基金理论的声望却急速下降。

美国经济学思想的内容并没有迅速改变。在内战后的几十年里，最流行的大学教科书是弗朗西斯·韦兰牧师的修订版《政治经济学原理》(*The Elements of Political Economy*)，该书最初写于 1837 年。萨姆纳和凡勃伦都是用这本书来学习他们大学的经济学课程的。韦兰当初的目的就是把斯密、萨伊和李嘉图的学说用条理化的方式进行重述。韦兰和古典传统的其他代表性人物，如弗朗西斯·鲍恩、阿瑟·莱瑟姆·佩里 (Arthur Latham Perry) 和 J. 劳伦斯·劳克林 (J. Laurence Laughlin)，在经济科学的基本前提这个问题上，意见基本一致：人是一种欲望动物，普遍受到自我利益的驱动；竞争机制如果自由、公正，就会把经济人的自我追求转化为替"最大多数人的最大利益"服务的行为。但这一机制很微妙，必须允许它在"正常"条件下运转，而且政府不能凌驾在它的头上进行干涉；要享受天生良善的自然经济法则的果实，就必须允许它不受阻碍地运转；人们必须勤劳、节俭、克制、自力更生；拯救经济的办法是自助自救，而不是软弱地求助于国家干预。[7] 因此，就萨姆纳这一方来说，不必费多大力气就可以把这种模式与达尔文主义的个人主义匹配起来。

19 世纪 80 年代中期政治经济学的发展表明，传统经济思想正在逐渐失去对年轻学者的控制力，这其中部分原因是德国历史学派的影响。理查德·伊利刚从哈雷大学 (Halle) 和海德堡大学毕业，便发表了一篇题为《政治经济学的过去与现在》("The Past

146

and the Present of Political Economy"）的文章。在文中，他抨击古
典经济学的教条主义和简单化，抨击它对自由放任的盲目信仰，
抨击它坚信利己主义可以对人类行为作出充分解释。伊利称赞历
史学派是一剂解毒的妙方，争辩说历史的方法不会导致这些脱离
实际的极端情况。

> ……这种较为年轻的政治经济学不再允许科学成为贪婪
> 之辈手中用来压迫劳动阶级的工具。它不认可以自由放任为
> 借口眼睁睁看着人们忍饥挨饿而无所作为，也不允许将充分
> 竞争作为压榨穷人的借口。[8]

第二年，在哈雷大学获得博士学位，来自中西部的农家子弟
西蒙·帕顿（Simon Patten）出版了一部批评性著作《政治经济学
的基本前提》（ The Premises of Political Economy ），对无限制竞争
的社会效用提出了质疑，并表达了他对马尔萨斯、李嘉图和工资
基金学说的不满。帕顿说，一般认为达尔文证实了马尔萨斯的定
律，但达尔文的理论在一个关键地方恰恰与马尔萨斯主义相左。
马尔萨斯认为，人有一套固定不变的属性，但达尔文认为人是
可塑的，并且环境决定了人的特征。按照真正的达尔文学说的前
提，人们不能假设有永久的自然增长率这么一件事物，因为人口
的增长率会根据自身周围的环境和各种条件发生变化。[9]

1885 年，一群年轻的经济学家在伊利的领导下成立了美国经
济学会。其原则声明的部分内容如下：

> 我们认为国家是一个机构，它的积极协助是人类进步不

可或缺的条件之一。

　　我们认为，政治经济学作为一门科学仍处于发展的早期
阶段。我们感谢昔日经济学家们的工作，但我们不太指望依
靠推测，而是更期待通过对经济生活的实际情况进行历史研
究和统计研究，来圆满地实现经济学的发展。[10]

　　经济学会的成员作为一个整体，绝不像伊利那样对传统持批
评态度，而伊利本人也并不是竞争原则的激烈反对者。[11] 这一声
明表达的毋宁说是对墨守成规的辩护那种简单的教条主义日益增
长的不满。虽然达尔文学派对年轻的叛逆者比对大多数正统观念
的代言人来说意味着更多；但对这些年轻的叛逆者来说，其主要
意义在于它是一个宽泛的变化学说或发展学说；他们的榜样是德
国历史学派而不是达尔文主义。"我们头脑中有两样最根本的东
西，"伊利写道，"一是进化论思想，一是相对性观念。"对他们
来说，这些东西比任何有关经济学方法的争论都更重要。"一个
新的世界正在到来，如果这个世界要成为一个更好的世界，我们
知道，我们必须有一种新的经济学与之相伴。"[12]

二

　　无论达尔文主义对经济理论的影响怎样微乎其微，人们无疑
还是可以列出长长的一大串附论。这些附论用萨姆纳式的方法证
明，竞争是生存斗争的一种特殊情形。在这所有言辞中，最令人
难忘的，恐怕是沃克对贝拉米反对竞争的批评。民族主义者认为

适者生存是一项十足野蛮的准则，除此之外什么也不是。对于这种说法，沃克嗤之以鼻。他评论说："我必须认为，任何人对生活事实的认识都是非常肤浅的，他觉察不出竞争所蕴含的那种力量。这种力量正是人类的智力、道德力和体力从一个阶段提升到另一阶段的主要原因。"[13]

这样的声明通常都伴随着更大范围的讨论而来，达尔文主义在这里没有扮演什么特别的角色。然而，有这么两位经济学家，西蒙·帕顿和托马斯·尼克松·卡弗（Thomas Nixon Carver），可不想如此漫不经心地使用达尔文主义，而是试图将经济学和生物学合为一体。帕顿首先从分析古典经济学的缺陷入手，指出其首要的失败之处是对人类经济抱持静态观念："环境对人的影响如此之大，以致人的主体素质可以忽略不计。大自然是如此的吝啬，它留给人类的剩余是如此之少，以致社会关系不可能发生根本变化。"大自然看上去是很吝啬，直到经济环境随着人的变化而发生改变。新的阶层的人们用不同的方式来看待世界，他们发现自己所处的环境取决于他们的心理特征。某一社会的法则不仅仅是自然法则；它们更是"由社会所利用的自然力量的特定组合而产生的法则"。

环境的改进，又反过来影响人类，改变了人们的消费习惯。每一次降低成本，就创造出另一种消费秩序，一种新的生活标准；而这往往又会诱发新的竞赛心，激发新的生产动机，鼓励采用新的设备，促进成本的再次降低。这就是动态经济的运行方式：进步是以稳定的、螺旋上升的方式发生的。[14]

在一篇名为《社会力量论》（*The Theory of Social Forces*, 1896）的论文中，帕顿进一步详述了他对流行的社会理论的批评。当时的思考仍为18世纪的哲学所主导，几乎没有受到进化论的任何影响。在帕顿这里，环境总是在不断变化而非静止不动的理念，占据了其理论体系的中心位置。经济学中的商品理论实际上是对有机组织的环境研究。每个有机体所处的环境是其各种经济状况的总和，随着这些状况的改变而改变。现实世界中，存在着无数的环境。任何一种既定的环境，一旦有生物体在其中居住，很快就会塞满挣扎求生的生命。"逐步前进的演化取决于从一个环境转到另一个环境，从而避免竞争压力的能力。"一系列不同的环境会导致出现越来越复杂的各种状况，每次为了变迁，都需要来一趟新的心智演化。一个逐步前进的民族，即使其所在的地理位置不变，也要经历一个完整系列的不同环境。在渐进的演化中，高级动物作出调整去适应新的环境；低级动物之间则为现存的有限资源进行滞态的竞争。因而，进步的本质就是摆脱竞争。

　　像沃德一样，帕顿也对生物学的进步和社会学的进步两个阶段作了明确的划分。除此之外，他自己还特地加了一个区分，即感觉才能占优的生物体和运动才能占优的生物体。感觉才能占优的生物体对环境有更清晰的认识；运动才能占优的生物体则"精力充沛，动作迅速"。在生物学的进步阶段，"生命被推入一个局部环境"，在这个局部环境里，生活必需品的供应几乎不要求生物体具备什么思考能力。运动能力的发展决定了谁可以在这块土地上活下去，而那些运动能力差的则被赶出这块土地。然而，这些运动能力差的生物当中，有些生物更适合居住在一个更一般的环境里。在这种环境中，高度发达的感觉能力更有用。被打败的一方找到新的地方生活，创造出一个新的社会。在这里活下去，又需要具备各种新的必不可少的条件。随着时间的推移，这个新

150

社会的居民中，拥有更好运动能力的生物又将在这里生存下去，那些运动组织有缺陷但感觉能力变得更好的，又再次被赶入一个比这更加一般的环境。在那里，生物体又需要具备新的社会性本能，并形成新的秩序。与生物进步的特性不同，社会进步的特性取决于这种从一种环境转到另一种环境的突破能力。

帕顿把他的概念应用到现代社会，认为人类对环境的主宰、自身各项官能的发展，已经达到很高的程度，这两者推动人类走出了痛苦经济——李嘉图经济学所描绘的那种原始经济，步入了快乐经济。快乐经济的本质不是完全没有了痛苦，而是恐惧已经不复成为经济追求的主要动机。这样，人类慢慢失去了痛苦经济的本能，获得了最能适应新情况的本能。随着时间的推移，快乐经济的过剩人口将被诱惑、疾病和邪恶带走，从而孕育出一个"具有抵御被这些手段灭绝的诸本能"的人种——一个生活在社会共同体中真正卓越的人类种族。

与总体上强调消费的重要性相一致的是，帕顿认为，饮食多样、需求多的人比饮食简单、需求少的人具有明显优势。"后一类人需要大片土地来养活一定数量的人，因而在经济生存竞争中处于不利地位。"消费本身成为前进性演化的杠杆。[15]

帕顿未能使许多人接受他新颖的社会理论。出现这种情况也许不是没有理由，因为他对古典经济学的批评无论多么值得赞扬，他自己的实证理论总归是原创有余扎实不足。在方法上过度演绎，在区分上人为痕迹明显，他的含糊其辞令人恼火，他的心理学受制于享乐主义的种种局限。但他是一位卓有成效的教师，给许多学生留下了难以忘怀的印象。[16] 他的作品在某种程度上是进步主义时代的表征。他试图把进化论彻底吸收到经济理论中去，并据此对古典经济学进行相应的修正；他还试图开辟新的视野，去研究建立在丰裕而不是匮乏基础上的生活的可能性。[17]

　　如果说帕顿力图在社会理论和经济理论中为生物学寻找新的一席之地，托马斯·尼克松·卡弗的任务就是竭力维护早期的个人主义。卡弗的思想主要出现在威尔逊时期，就像是四分之一个世纪之前由于萨姆纳的努力而为人所熟悉的那些学说的苍白回声。在一部名为《值得拥有的宗教》(*The Religion Worth Having*) 的通俗小读物中，卡弗用传统的语言宣讲了富有美德的生活。他宣称，最好的宗教是那种最有力地激发能量，并最有效地引导能量的宗教。最适合为生存而斗争的人们的宗教将笑到最后，拥有这个世界，就像人生哲学中"工作台"哲学（"work-bench" philosophy）注定要战胜"猪食槽"哲学（"pig-trough" philosophy）一样。生存斗争主要是群体斗争，但个体之间的斗争仍然继续存在，而且提高了群体在更大的冲突中的效能。奖励那些把个人主义竞争强化到极致的人，用贫穷和失败来惩罚那些最不能加强个人主义竞争的人，以此来规范个人主义竞争，这样的团体就是能够生存下去的团体。那种迫使人高效工作的最佳方法，就是严格筛选出来的竞争方法；而对有用的公民的最好奖赏，就是私有财产。卡弗断言："自然选择法则无外乎是上帝表达其拣选和嘉许的常规手段。""由自然选择的人就是被上帝拣选的人。"为了在生存这一根本事务上发挥些作用，教会应该宣扬通过追求高效的生活来服从上帝的律法。[18] 在随后的著作中，卡弗继续站在达尔文主义的观点、立场上为竞争辩护。[19]

　　托斯丹·凡勃伦比其他任何经济学家更关心后达尔文主义科学对经济理论的影响。凡勃伦将达尔文主义应用于经济学的构 *152*

想，在他那一代人中不是最具代表性的，但从长远来看，却可能是最持久的。虽然凡勃伦有几分像进化人类学家，他这方面的理论在《有闲阶级论》(*The Theory of the Leisure Class*, 1899) 和《技艺的天性》(*The Instinct of Workmanship*, 1914) 中都表现得最是出彩，但他与自己研究主题最相关的成就，是另外两个方面，一个是对工业巨头就是"适者"的传统印象大加抨击，另一个是从进化科学出发对古典经济学展开激烈批评。

尽管，兴许也是因为，他是在耶鲁大学获得的博士学位，同萨姆纳多少有一些渊源，凡勃伦几乎从未使用过萨姆纳传授的那种类型的社会达尔文主义。凡勃伦曾在一篇关于恩里科·菲利 (Enrico Ferri)《社会主义与实证科学》(*Socialisme et Science Positive*) 的书评中评论道，菲利"以比通常为社会主义进行科学辩护的人更令人信服的形式"让人们看到，社会主义学说的平等主义和集体主义同生物学的事实并不冲突。凡勃伦还对莱斯特·沃德的《纯粹社会学》表示由衷的赞同，认为这部著作出色地把"现代科学的目标和方法有效地带入了社会学研究"。[20]

凡勃伦对有闲阶级的批评，断然反驳了萨姆纳所信仰的富裕阶层可以等同于生理学上的适者的观点。凡勃伦著作的大部分地方在很大程度上，都是通过推理的方式，对那种把个人的生产能力等同于获得财富的能力、把个人性格上的适合与否同其金钱地位相提并论的理论体系进行批评。在萨姆纳看来，积累是对个人成就的奖赏，百万富翁是"自然选择的产物"；在凡勃伦看来，商业阶层不管是在观念上还是在习惯上本质都是掠夺者。他描述"理想的有钱人"的个体品质时所使用的术语，通常是专门用来描述道德上有问题的人的。[21] 人们传统上认为工业巨头发挥的

是一种生产性的作用，凡勃伦则把发达的商业社会所使用的方法
描述为蓄意破坏的一种弱化形式；人们按常规把金钱的获取视为　*153*
提供社会服务的报酬，凡勃伦则把工业的产品生产功能同商业本
身的那部分欺骗特性作了区分，将前者看作技艺的表现，而把后
者看成推销术和欺诈的表现。像萨姆纳、沃克和卡弗这类人，他
们把竞争主要看作生产性行业中存在的一种较量，凡勃伦则认为
只有在过去工商业没有分离时才是这样。竞争一度以生产者之间
为提高工业效率而进行的较量为中心；但当商业凌驾于工业之上
时，它就变成了主要出现在销售者和消费者之间的角逐，其间还
夹杂着大量的欺诈性剥削。22

　　《有闲阶级论》问世前不久，凡勃伦写了一篇对马洛克《精
英与进化》的评论，预示了后来凡勃伦思想的提出和发展。凡勃
伦说，他当初是想用"马洛克先生又写了一本蠢书"这样一则评
论来驳斥马洛克的经济观点，后来他发现可以利用马洛克对工业
巨头之价值的各种鼓吹，来进一步详细阐述自己的论题——商人
不劳而获的特性。23

　　在《有闲阶级论》中，凡勃伦将制度、个人和思维习惯解释
为选择性适应的结果，但商业社会中被选中去统治和支配别人的
究竟是哪些类型的性格，在这个问题上，他与斯宾塞、萨姆纳很
难说得上意气相投。凡勃伦申辩说，他无意进行道德判断，从事
实角度看，野蛮文化那种纯粹的侵略品质已经让位于"精明的操
作和欺诈这种公认的最好的财富积累手段"。这些已经成为进入
有闲阶级的门槛。"对金钱生活的偏好，总的来说，就是保存野
蛮人的性情，只不过是用欺诈和精明，或者说管理能力，来取代
早先野蛮人钟爱的对身体的伤害。"在现代社会条件下，选择的

154 过程导致上层阶级拥有精英和资产阶级的美德——"也即破坏性的、金钱上的品质"；而工业的美德，也即和平的品质，主要存在于"已献身给机械工业的诸阶级"。[24]

　　凡勃伦对达尔文主义的使用，体现在一个更具根本性的方面，即他对经济理论方法的批评。他就此问题写的一篇最好的论文发表在 1898 年的《经济学季刊》(*Quarterly Journal of Economics*) 上，题为《经济学为什么还不是一门进化科学?》("Why is Economics Not an Evolutionary Science?")，凡勃伦问道，将后达尔文科学同前进化论科学区分开来的是什么? 两者的差别不在于对事实的坚持，也不在于对增长或发展图式进行系统阐释的努力，而在于一种"精神视角的差异……在于为了科学的目的对事实进行评价的基础不同，或是鉴别事实的兴趣各异"。进化科学"不愿背离因果关系检验或定量序列检验"。去问"为什么?"这个问题的现代科学家，要求用因果关系作答，拒绝越出因果关系的范畴去探讨任何终极体系、任何宇宙目的论概念。区别的关键就在这儿，因为早先的自然科学家并不仅仅满足于机械的序列公式，而是力求在"自然法"的框架内，将事实进行某种终极的体系化。他们固执地坚持某种"精神上合法的目的"观念，认为这种"精神上合法的目的"存在于他们所观察到的事实之中，并且构成这些事实的基础。他们的目标是"用绝对真理来阐述知识，而这个绝对真理乃是一个精神事实"。

　　凡勃伦坚持认为，主导现代经济学诸观念的，仍旧是这种前达尔文主义视角，而不是进化论科学。古典经济学家系统阐述的"终极法则"，是依据他们先入为主的观念"一切事物在本性上都趋向于自身的目的"，来规定的何为正常或者说何为自然的那些法则；而这种先入之见"把事物归因于一种趋向，就是要得出那个时代被所教导的常识视为恰当或有价值的人类努力目标而予以接受的什么东西"。然而，进化自然科学只关注累积的因果关系，而不涉及对某种"正常情况"的构想——这种所谓的"正常情况"不是根据任何现有的事实，而是根据研究者对经济生活的理想构建出来的。传统经济学遵循先入为主的"正常"观念，将抽象出来的享乐主义者表述为"一个追求幸福的同质小球"，这个小球被痛苦与快乐两种刺激推来操去。相反，进化科学把人看作"在一个逐渐展开的活动中谋求实现和表达自己的、由各种偏好和习惯连贯起来的一种结构"。真正的进化经济学不是在一个假想的、正常的、享乐主义的个人的存在中去寻找正常的情况，而必须是"一种由经济利益所决定的文化成长过程理论，一种用过程本身来说明的经济制度累积序列理论"。[25]

　　其他经济学家此前在达尔文科学中只是找到了合理类比的来源，或者说支持传统假设与规范的新说辞，凡勃伦则把它看作一台织布机，整个经济思维结构都可以在这台机器上重新编织。占主导地位的经济学家流派说，现存的就是正常的，而正常的就是对的，这种正常的过程是以一种有益的秩序朝着其内在的目的不断自然展开的，人类之所以出现各种问题，根源就在于干预这种正常过程自然展开的各种行为。

　　　由于他们抱持享乐主义的先入之见，习惯了金钱文化的生活方式，公开宣称自然乃站在正义与真理一边这种灵物论信仰，古典经济学家确信，一切事物本性上趋向于达到的完美状态，就是那种没有摩擦、效果也好的经济体系。因此，这种竞争性的理想状态，足以成为绝对经济真理的正常状态，并且对照其各项要求，为绝对经济真理提供检验标准。[26]

经济学家以往尝试使用达尔文主义，只是强化了这一理论结构。既然制度的确在演化，从此以后，经济学应该抛弃那种先入为主的观念，致力于发展出一种制度演化理论。

156 凡勃伦的批评，虽然也吻合整个社会抗议运动的普遍氛围，但却往往遭到误解；他的批评虽然也会奏效，但起效的速度很慢。有一阵子，他的作品竟在他不甚以为然的激进分子中最受欢迎。然而，在他有关经济科学中的进化论方法方面的诸论文发表二十五年后，凡勃伦的一位同事发现他实际上是一位非常有影响力的人物，"有自己的一大帮门徒；还有更大的一群人，在他毫不留情地颠覆正统观念的鞭策下，重新思考他们的前提假设，调整他们的努力方向"。[27]

三

虽然社会学仍在努力为自己在美国各大学争取一席之地，但社会学的方法和概念，已经经历了远较经济学广泛的转变。1890年到1915年间，社会学既受到了社会场景变化的影响，也受到了其他学科领域特别是心理学领域变化的影响。社会学的发展异常迅速，文献也极其丰富，因此无法对达尔文主义社会学的命运进行充分描述，只能指出其理论方面的主导趋势。

杰出的社会学家要么遵循斯宾塞—萨姆纳模式，要么遵循莱斯特·沃德模式。沃德本人在 1893 年以后占有越来越重要的地位，1906 年当选为美国社会学会首任主席，便是对他在该领域领导地位的承认。E. A. 罗斯和阿尔比恩·斯莫尔都认为自己是他的门徒。斯莫尔尤其关注社会科学的历史和方法论，对推广沃德的著作特别感兴趣。罗斯娶了沃德的侄女，是沃德的热心追随者。

斯宾塞主义者的领导人仍然是萨姆纳。只是，他已经从自己的个人主义的说教转向从事大规模的研究，撰写出《民俗论》和死后出版的《社会的科学》(Science of Society)。萨姆纳的主要弟子阿尔伯特·加洛韦·凯勒（Albert Galloway Keller）将达尔文的变异、选择、传播和适应等概念用温和的方式应用于研究人类的民俗，从而拓展了老师的研究。凯勒的方法是制度化的而不是原子式的，反映了萨姆纳本人后期阶段的理论发展。凯勒和自己的老师一样，对各种急速的或激烈的社会重建建议甚感怀疑，同样醉心于严格的社会进化决定论观点。在对待适应问题的态度上，他的这种观点表现得最明显。凯勒写道，"如果我们能够接受这样一个结论……即每一项确立起来的、固定的制度，作为对其自身环境的一种适应，是完全正当的，无可非议"，"在我看来，我们由此也就接受了把达尔文理论延伸到社会科学领域"。[28]

斯宾塞的分化和平衡概念以及类似的各种宇宙原理，早已被大多数作家抛弃，但富兰克林·H. 吉丁斯（Franklin H. Giddings）在哥伦比亚大学却还在继续研究这些理论。[29] 不过，他也欣然承认社会学是一门心理科学而非生物科学，并毫不犹豫地指出，他的社会理论的基石，构成一切社会组织之基础的"同类意识"（the consciousness of kind），是一种心理状态，而不是一种生物过程。[30] 作为彻底的个人主义者，吉丁斯对社会中的选择原则抱持

157

保守观点。尽管他认识到适者并不总是优者，但他认为社会进程的特征就是使之一模一样。然而，社会在择优时，也会看重同情和互助等品质。它通常淘汰"无能之辈和不负责任的人"。[31] 自从政治经济学成为自己的主要兴趣以来，吉丁斯一直致力于研究竞争原则，他和斯宾塞一样认为，竞争原则在经济过程中的永久存在，可以从能量守恒定律和各种遗传事实中推导出来。[32] 他引据生物学来支持有关一种所谓自然精英的古老学说，并因此主张对纯粹民主进行修正。[33]

在社会学方法方面，最重要的变化是与生物学疏离，以及将社会研究置于心理学基础上的趋势。斯宾塞在完成《社会学原理》不久之后，这股潮流就开始席卷而来，对他发起了猛烈冲击，对其方法的各种批判是如此极端，甚至无视斯宾塞本人对自己的方法所作的各种限定。阿尔比恩·斯莫尔 1897 年写道：

> 赫伯特·斯宾塞先生真是福祸参半，亦喜亦忧。……他可能比近代任何人都更热衷于建立一种半学术性的思想风格，但他却活着听到那些曾是其门徒的人宣布他已经过时。……斯宾塞先生的社会学属于过去，不属于现在。……人们认为，斯宾塞的社会学原理就是扩大生物学原理的使用范围，将其覆盖到社会关系领域。但社会关系中的决定性因素，在今天的社会学家看来，是心理因素而不是生理因素。[34]

斯莫尔的这种态度就是当时的主流态度。西蒙·帕顿曾宣称："我认为，生物学方面的成见导致了对社会现象的错误看法，并刺激了沿着徒劳无功的调查路线开展的活动。"[35] 甚至斯宾塞主义者吉丁斯也动摇了，承认"所有对社会现象进行严肃调查的人，都放弃了用类比生物学的方法来构建一门社会科学的尝试"。[36] 罗斯的《社会学基础》（*Foundations of Sociology*，1905）收录了对斯宾塞主义和相关倾向的专文评论。阿尔比恩·斯莫尔认为，社会学中方法论上的进步，其呈现出的总体路线是，"逐渐从对社会结构的类比描述转向对社会过程的实际分析"。[37] 斯莫尔与乔治·E. 文森特（George E. Vincent）合编的《社会研究导论》（*Introduction to the Study of Society*，1894），曾适度使用了类比的表现手法。二十年后，斯莫尔坦承，"这类工作之空洞，令我现在咬牙切齿……"[38] 查尔斯·A. 埃尔伍德（Charles A. Ellwood）在《物种起源》发表五十年后撰文，发现达尔文主义对社会学有极大帮助，但抨击斯宾塞将物理和机械原理引入社会的努力：斯宾塞的解释"从根本上说，与社会生活格格不入，注定要失败"。[39] 詹姆斯·马克·鲍德温（James Mark Baldwin）对此表示赞同：

> 在斯宾塞的影响下，人们一度流行用物质性有机体的严格类比来解释社会组织，这种尝试……现在已经遭到了怀疑。只要考虑到最基本的心理学原理，这种观点便站不住脚。[40]

借助心理学而不是生物学的趋向，与沃德呼吁对文明中的精神因素给予恰当评价是一致的，也是在他的领导下出现的。但社会理论领域最富成效的创新者此时采用的心理学，无论是与沃德的还是与斯宾塞的相比，都不那么传统。激发这种心理学的动

159

力，主要来自詹姆斯和杜威的工作。在詹姆斯和杜威之前，心理学一直受制于传统的享乐主义。斯宾塞式的和沃德式的人类动机观，就像凡勃伦所批评的古典经济学家的观念一样，实质上是以快乐—痛苦、刺激—反应为自己的视域。新心理学——其中最杰出的代表是杜威和凡勃伦——把有机体描绘成一种由诸多脾性、兴趣和习惯组成的结构，而不仅仅是一架接受和记录快乐—痛苦刺激的机器。

　　此外，新心理学确切地说是一门社会心理学。杜威和凡勃伦强调个人反应模式的社会性条件作用；坚持认为与社会环境隔绝的个人心理不具有真实性，则是查尔斯·H. 库利（Charles H. Cooley）的社会理论和詹姆斯·马克·鲍德温心理学的中心原则。[41] 老心理学是原子式的。譬如斯宾塞，就把社会多多少少看成是其个体成员的性格和本能带来的自动结果，这样，他的结论，即社会的改善必定是一个缓慢的进化过程，需要等着"适应"现代工业社会生活环境的那种个人品质逐渐增进，就显得更可信了。新心理学乐于见到个体人格与社会制度结构之间的相互依存关系，正在摧毁老心理学的这种单向社会因果观念，并对构成其根基的个人主义展开批评。"个人，"鲍德温写道，"是其社会生活的产物，而社会则是这些个人形成的组织。"[42] 库利的社会心理学命题是"人的整个心理无法被分割为社会的和非社会的；但从更广泛的意义上说，他完全就是社会的，完全就是普遍的人类生活的一部分……"[43] 约翰·杜威分析了这种人性观对社会行动的影响：

　　　　我们或许希望废除战争、实现工业正义、让所有人机会更加平等。但是，再怎么宣扬善意，再怎么宣扬黄金规则，或是再怎么宣扬培育爱与公平的情感，都达不到目的。必须在各种客观存在的安排和制度问题上作出改变。我们必须在外部环境上发力，而不仅仅是着眼于做人类心灵的工作。[44]

不过，我们也不应夸大社会理论变革的速度。威廉·麦独孤（William McDougall）《社会心理学导论》（*Introduction to Social Psychology*）1908 年问世后，多年来一直是该领域最受欢迎的著作，而麦独孤本人则是"思维固定结构论"最典型的倡导者。麦独孤从人类的本能推演出人类禀赋的显著特征，而本能则又可以一直追溯到种族的生物学过去。对许多受到麦独孤本能论影响的人来说，要对社会现象进行文化分析，与上一代聆听斯宾塞教诲的那些人一样困难。[45]

受当时的人道主义和平民大众在政治上的复兴的影响，新社会学也被进步主义潮流裹挟着一路向前。从业者不再认为这门学科是在用一种复杂的方式为自由放任辩护。罗斯和库利等人拒绝将穷人视为不适合生存的人，也不愿在适者生存的庙堂里念经拜佛。[46] 最受欢迎的社会学代言人罗斯就是进步主义思想家的典范，这一点很能说明问题。[47] 罗斯来自中西部地区，早年是平民主义拥护者，后来又是许多黑幕揭发者的朋友。在正式写作中，罗斯表达了自己锐意进取的抗争精神和改革精神。"我接受了莱斯特·F.沃德实践主义的哺育，"他解释道，"我毫不在乎那种'走着猫咪步'畏首畏尾的社会学家。"[48] 在其早期作品中，罗斯逐条驳斥了自然选择和经济进程之间的类比，谴责它是"对达尔文主义的夸张歪曲，把它发明出来就是为了证明商人残酷无情的做

161 法是正当的"。[49] 在其《罪孽与社会》(*Sin and Society*, 1907)一书中，罗斯批评流行的道德准则未能穿透现代社会冷冰冰的企业关系的雾障，且把社会弊病归咎于缺席审判的"罪犯"。那门斯宾塞一直希望能教会人们对事物放任自由的学科，就在它的内部，掐住改革精神不放的手也终于松开了。

四

同样，在这些年里，社会达尔文主义在遭到社会理论家越来越强烈的批评时，又以某种新的表现形式在优生学运动（eugenics movement）的文献中重新上演了。在这项运动中，由于众多医生和生物学家进行了大量富有价值的遗传学研究，优生学更像一门科学而不像是社会哲学。但在大多数优生学提倡者的心目中，它对社会思想具有重大意义，需要认真对待。

自然选择理论假定亲代变异的代际传递，极大地促进了遗传学研究。人们对遗传特性的范围之广和种类之多的普遍轻信，已经到了几乎无边际的程度。达尔文的表弟弗朗西斯·高尔顿（Francis Galton）奠定了优生学运动的基础，并在达尔文主义被兜售给普通大众的那些年里，造出了"优生学"这个新词。在美国，理查德·达格代尔（Richard Dugdale）于1877年出版了自己的研究成果《朱克斯家族》(*The Jukes*)。尽管该书的作者比后来的许多优生学家更看重环境因素，[50] 但这本书支持这样一种普遍的看法，即疾病、贫穷和伤风败俗在很大程度上都是受遗传支配的。虽然高尔顿的首批遗传学研究成果——《遗传的天才》（*Hereditary Genius*，1869）、《人类官能研究》（*Inquiries into Human Faculty*，1883）和《民族的遗传》（*National Inheritance*，1889）*——一直都大获好评，但直到世纪之交优生学运动才开始首先在英国，然后在美国采取有组织的形式。此后，优生学便迅猛发展，到 1915 年已经风靡一时。虽然自此之后优生学再也没有引起过如此广泛的讨论，但事实证明，社会达尔文主义就数优生学最耐久。

1894 年，阿莫斯·G. 沃纳（Amos G. Warner）在他的一项权威研究《美国慈善事业》（*American Charities*）中，曾就贫困背景下遗传与环境的相对重要性问题进行了一番苦心孤诣的探讨。[51]世纪之交，人们对遗传特征的社会意义的兴趣显著上升。[52]1903 年成立的美国育种家协会（The American Breeders' Association），很快就设立了一个阵容强大的优生学分部，到 1913 年，该分部已经举足轻重，改名为美国遗传学会（American Genetic Association）。1910 年，一群优生学家在 E. H. 哈里曼夫人（Mrs. E. Harriman）的资助下，在冷泉港（Cold Spring Harbor）创立了优生学档案室（Eugenics Record Office），该室后来变成为优生学实验室以及优生学宣传的源头。

1914 年召开的全国人种改良会议（The National Conference on Race Betterment）表明，优生学理想已经完全迈入医学界、大学、社会工作和慈善组织。[53] 1907 年，优生学运动的诸构想开始付诸实践，印第安纳州率先正式通过一项绝育法令；到 1915 年，已经有 12 个州通过了类似的立法措施。[54]

162

---

* 此处似应为《自然的遗传》（*Natural Inheritance*，1889）。——译者注

　　毫无疑问，美国生活迅速城市化，滋生了大量贫民窟，在那里聚集着众多患病者、残疾人和精神病人，优生学的兴起与这种情况关系颇大。人们对慈善事业的兴趣越来越大，对医院和慈善机构的捐赠、对公共卫生的拨款也越来越多，这些都推动了优生学运动。1900 年后美国精神病学的迅速发展，尤其推动了对精神疾病和精神缺陷的研究。随着大城市里越来越多的病患家庭和残疾人家庭引起医生和社会工作者的注意，人们很容易把不断增加的大量现有病例与实际新增的病例混淆起来。大量涌入美国的中欧和南欧农业国家的移民，由于乡下的习惯和语言方面的障碍，很难被同化，这让移民正在拉低美国智商水准的看法显得更加真实可信。至少在那些认为流利的英语是衡量智力的自然标准的本

163 土主义者看来，情况就是这样。许多观察人士还认为，19 世纪末出现的经济明显减速，是国家衰落的开始。从这种显著的社会衰落中，寻找与"美国样式"（the American type）的消失相关联的生物退化，符合达尔文主义化时代的习惯。[55]

　　生物学上的几项发现，令从事这一运动的科学家和医生备受鼓舞。魏斯曼的种质学说激发大家将一种遗传论研究路径用于社会理论。[56] 德弗里斯（在 1900 年），以及其他人对孟德尔在遗传学方面研究的再发现，使遗传学家掌握了他们此前的研究中所缺乏的组织原则，并让他们对将自己的研究用于预测和控制的可能性增添了新的信心。

　　很少有优生学家会越出自己的边界，妄想成为社会哲学家或是提出一份完整的社会重建方案；他们有时还小心谨慎地谈到环境的作用，从而对他们与遗传论有关的命题加以限制。但这并不妨碍他们采用生物学方法来进行社会分析——其时社会理论领域

的领军人物恰正在摒弃这种方法。威廉·E. 凯利科特（William E. Kellicott）的下面这句话，可能代表了大多数人的看法。他说："优生学家认为，在决定社会环境和实践活动的重要性方面，任何其他单一因素都赶不上种族结构的完整性和种族心智的健全性。"[57]

旧社会达尔文主义把"适者"同上层阶级画上了等号，把"不适者"同下层阶级画上了等号。早期的优生学家都心照不宣地接受了这种做法。他们警告说，社会这架天平上，低的那一端低能儿越来越多；他们习惯于把"适者"说得好像都是土生土长、家境殷实、接受过大学教育的公民。这些又反过来支撑了那种老观念，即穷人之所以穷，是因为受制于生物学上的缺陷，而不是外在环境条件的压制。他们将关注点几乎完全聚焦在人类生活的身体和疾病方面，从而推动了公众对广泛的社会福利问题的注意力的分散。他们还要对下述问题负极大责任，那就是强调要把保存"种族血统"作为拯救民族的手段，与西奥多·罗斯福这样的激进民族主义者真可谓十足地气味相投。[58] 然而，与早先的社会达尔文主义者不同，他们没能得出全面自由放任的结论。事实上，他们自己的一部分计划还指望着国家来行动。尽管如此，他们在总体偏向上，同早先的社会达尔文主义者几乎一样保守；而他们的生物学数据看上去又非常权威，以致像 E. A. 罗斯这样彻底否定斯宾塞个人主义的人也深为信服。

弗朗西斯·高尔顿爵士的社会成见没有遭到早期优生学家的严重质疑。高尔顿也像鲍恩、萨姆纳、阿瑟·莱瑟姆·佩里一样，假定了自由竞争秩序，在这种秩序中，大家按能力分配回报。他深信，"那些到达显赫地位的，同那些天生就有能力获得这种地位的，在相当大程度上是同 批人"。"如果 个人天生具有超乎寻常的智力，对工作充满渴望，又有工作的本领，"他补充说，"我无法理解这样的人如何该受到压制。"高尔顿坚持认为，"社会障碍"无法阻止能力高超的人出人头地；此外，"社会优势也不足以让一个能力平平的人获得那种地位"。[59]

卡尔·皮尔逊（Karl Pearson）估计，人的全部能力中遗传占了十分之九，这就为优生学定下了基调。[60] 亨利·戈达德（Henry Goddard）从对卡里卡克家族（the Kallikaks）的调查得出结论，弱智是穷人以及罪犯、妓女和酒鬼的"主要产生原因"。[61] 戴维·斯塔尔·乔丹（David Starr Jordan）宣称，"贫穷、肮脏和犯罪"可以归因于人的质地不行，并补充说，"酿成剥削和暴政的，不是强者之强，而在弱者之弱"。[62] 名医卢埃利斯·F. 巴克拉（Lewelys F. Barker）认为，国家的衰亡可以用适者和不适者的相对生育率来解释。[63] 美国优生学领军人物查尔斯·B. 达文波特（Charles B. Davenport）对主导当时社会实践的环境论假说提出了质疑，并认为"当今社会科学进步，最紧要的是更多有关人的整套品质特征及其遗传方式的精确数据"。[64]

爱德华·李·桑代克（Edward Lee Thorndike）在教育工作者中大力宣传优生学家关于智力遗传的观点。桑代克认为，人的**绝对**成就，或许受到环境和训练的影响，但他们的**相对**成就，他们在彼此竞争中的相对表现，只能由原初的能力来解释。[65] 从根本上说，是种族血统的可靠性与合理性创造了环境，而不是相反。"改善人类环境的最可靠、最经济的方法，莫过于改进人的本性。"[66] 就教育政策来说，这种观点要求开发那些拥有杰出才能的少数人士的心智，对平常人给予有限的职业培训即可。[67]

波普诺（Popenoe）和约翰逊（Johnson）在他们广受欢迎的教科书《应用优生学》（*Applied Eugenics*）中，花了很长篇幅来从优生学的角度阐述这种考虑对社会政策的影响。他俩支持的社会改革，有征收高额遗产税、回归农庄运动、废除童工和义务教育等。农村生活可以抗击城市社会带来的非优生后果。废除童工可以限制穷人生育。义务教育也会产生同样效果，因为这样一来父母就要承担孩子上学的花销；但这样的义务教育不得辅之以给穷人家的孩子提供免费午餐、免费课本或其他可以降低儿童保育费用的补助。两位作者反对最低工资立法和工会，理由是这两种做法都有利于次等的工人，在工厂里大家工资都是固定的，不考虑个人业绩，这是在惩罚优等的工人。他们也反对社会主义，因为社会主义坚信环境的改变会带来益处，并抱持人类平等信念；但就优生学所追求的社会目的要求将个人置于某种次要地位而言，两位也确实同个人主义决裂了。[68]

虽然优生学家沉湎于攻击杰斐逊主义者的自然平等学说，但很少有人愿意走得更远，去挑战民主政府理想。当以民主批评见称的阿莱恩·艾尔兰（Alleyne Ireland）在《遗传学杂志》（*Journal of Heredity*）上发表文章说，魏斯曼的种质学说排除了通过教育和训练使次等人一代一代得到改善的可能，从而削弱了民主的知识基础时，生物学家立即对他提出了异议，他们认为自然不平等和民主政府之间并不必然存在矛盾。[69]

有些生物学家对自己用科学方法解决政治问题的能力信心十足。当第一次世界大战把"恺撒主义"（Kaiserism）的威胁推到聚光灯下时，研究皇室家族遗传问题的学者弗雷德里克·亚当斯·伍兹（Frederick Adams Woods）就曾指出，最暴虐的罗马皇帝一直以来彼此都是近亲。他总结说，如果暴君相当大程度上是遗传力量的结果，"那消灭暴君的唯一办法就是控制暴君产生的源头"。只要暴君是在他们祖先的那个模子里铸出来的，"就可以通过控制暴君所从何而来的婚姻源头来减少他们的数量"。[70]

这场运动的观念形态，引起了社会学中那股文化分析潮流的代表人物们的猛烈抨击。莱斯特·沃德早就一直在反驳高尔顿。他看到了优生学的观念形态对自己理论所构成的威胁，因而在《应用社会学》中，用了大部分篇幅来攻击这位遗传论者的论点。沃德通过分析高尔顿用来证明天才来自遗传的案例，让大家看到，对这些天才来说，机会和教育也无处不在，无一例外。[71]

1897年，查尔斯·H.库利受沃德本人早期作品的影响，[72]发表了一篇对高尔顿论文的批评性评论，指出其"遗传的天才"的所有个案，手头都有某些不折不扣的赖以成才的工具——识字、接触书籍。没有这些，再怎么天才也无法成功。说起19世纪中叶英国普通百姓中奇高的文盲率，库利问道，这群文盲当中的天才，无论天资多么聪颖，他们怎么能够成名？[73] 阿尔伯特·加洛韦·凯勒也提醒优生学家，他们的建议涉及风俗习惯、道德观念的彻底转变，首当其冲的是影响强烈而又根深蒂固的各种传统的性风俗和性道德观念。[74] 库利用一段最直言不讳的文字，总结了深思熟虑的社会学家对优生学家的社会因果观念的反对意见：

> 撰写优生学著作的，大多是生物学家或医生，他们从未学会从这么个角度看问题：从这个角度可以看出，社会上存在一种有着自己生命过程的心理有机体。他们一直以为人类

的遗传过程就是一种指向确定不变的行为模式的趋向，以为环境就是可能有助或有碍于这种趋向的某种事物，他们甚至都不记得从达尔文那里学到的东西，即只有通过在某种程度上放弃预先规定的这个适应功能，在环境面前具有可塑性，遗传才能呈现出独特的人类性状。[75]

五

尽管根基是保守主义，但优生学狂潮在自己周围生成了一股"革新"的空气，因为在它出现的时候，大多数美国人都喜欢把自己认作改革者。像那些改革运动一样，优生学接受了为实现共同目标采取国家行动的原则，谈的都是群体的集体命运而不是个人的成功。

进步主义时代思想潮流的大趋势也是这样。对生活集体性层面的日益重视，是占主导地位的思想模式发生转变的突出特点之一。新的集体主义（collectivism）不是社会主义式的，其基础是大家日益认识到社会中人们心理上和道德上的关联。它在豪奢与赤贫的共存中看到的，不仅仅是上苍无意中的眷顾或贬斥。人们不再依靠个人的自我伸张作为适当的补救办法，转而采取集体的社会行动。

普通人政治风貌的变化，也导致社会科学工作者的基本思维方式发生了改变。19世纪的形式主义思维一直建立在原子式的个人主义之上。人们一直认为，社会是一个个个体的松散集合；社会的进步取决于这些个体个人品质的提高，以及他们增强的活力

168

和俭省；这些人当中，最强、最好的升到了最高层，领导着其他人；他们的英雄业绩是历史的理想主题；最好的法律是为他们的活动提供最大空间的法律；最好的国家是产生这类领袖最多的国家；拯救世界的方法是让自然进程畅行无阻——正是自然进程让这些领袖应运而生，并把这个世界的事务交到了他们手上。

这种思维模式是静态的；它似乎鼓励演绎式的猜测，而不是深入的调查研究；它的基本功能就是对现存制度作合理化阐释。安于这种模式的人觉得，相对而言没有多少必要去进行具体调查，甚至没有多少必要去追求让自己的抽象概念有多大的新颖性。

在美西战争至第一次世界大战爆发期间，美国社会出现了极大的躁动，这不可避免地影响到了思辨性思维的模式。那些赞成进步主义时代新精神的批评者们对老式的思维体系发动了再三攻击。由这种不满所引起的知识上的分歧与争执，点燃了历史学、经济学、社会学、人类学、法学等领域新思想的能量，释放了这些新思想的批判才华。其结果是美国社会思想出现了一次小小的复兴。在这场复兴中，查尔斯·A.比尔德、弗雷德里克·杰克逊·特纳（Frederick Jackson Turner）、托斯丹·凡勃伦、约翰·R.康芒斯、约翰·杜威、弗朗兹·博厄斯（Franz Boas）、路易斯·D.布兰代斯（Louis D. Brandeis）和奥利弗·温德尔·霍姆斯，在相对较短的几年内便崭露头角。

列举这次复兴的成就要比描述其各种理论假设容易得多，但 *169* 可以肯定的是，其领军人物确实都有一种共同的意识，即社会是一个集体的整体，而不是单个原子的聚集。他们还都认识到需要进行实证研究和精确描述，而不是用某个传统模型来浇铸理论推测。

　　查尔斯·比尔德对宪法起源的研究与弗雷德里克·杰克逊·特纳从环境和经济方面来解释美国发展的探索，标志着历史学领域对祖先崇拜的彻底背离。布兰代斯起草的实际上是属于社会学的辩护状，旨在为国家立法规范私营企业的劳动条件进行辩护，这在美国历史上还是第一次，从而为法学开启了新的可能。弗朗兹·博厄斯引领一代人类学家从单线进化论走向文化史，在对种族理论的批判上迈出了开拓性的步伐。约翰·杜威让哲学成为其他学科的工具，将其卓有成效地运用在心理学、社会学、教育学和政治学领域。凡伯伦揭露了主流经济理论在知识上的贫瘠，并为对经济生活的实际进行制度分析指明了途径。

　　与这种时代精神相一致，社会科学中那些最具原创性的思想家，已不再把他们的主要目标定格为推动现存社会方方面面的合理化和永久化。他们力图精确地描述现存社会，用新的术语去理解它，并改进它。

---

1. "Recent Progress of Political Economy in the United States," *Publications*, American Economic Association, IV(1889), 26.
2. 约翰·M. 凯恩斯（John M. Keynes）作了一个比这更窄的类比，*Laissez-Faire and Communism* (New York, 1926), pp. 39–43。
3. "The Preconceptions of Economic Science," *Quarterly Journal of Economics*, XIV (1900), 257 n.
4. 一个人不必是古典学派的正统追随者，就能理解这种思维方式在知识上是安全的。"平心而论，完全竞争可以被视为经济世界的命令，就像引力是物质世界的命令一样，而且在运行中也是一样和谐、有益。" Francis A. Walker, *Political Economy* (3rd ed., New York, 1888), p. 263. 对已成俗套的自然法经济学的精心整理，参见 Henry Wood, *The Political Economy of Natural Law* (Boston, 1894), 另请参阅比较 John B. Clark, *Essentials of Economic Theory* (New York, 1907)。

5. Francis A. Walker, *The Wages Question*, pp. 240–241 n.

6. *Ibid.*, p. 142.

7. Francis Wayland, *The Elements of Political Economy* (New York, ed. 1883), Aaron L. Chapin 改写, pp. i, 4–6, 174; Francis Bowen, *American Political Economy* (New York ed. 1887), p. 18; Arthur Latham Perry, *Introduction to Political Economy* (New York, 1880), pp. 52, 60, 75, 100; J. Laurence Laughlin, *The Elements of Political Economy* (New York, 1888), p. 349. 多夫曼的《托斯丹·凡勃伦传》对 19 世纪 70 年代和 80 年代美国社会在经济学方面的观点和看法作了全方位的叙述。Dorfman, *Thorstein Veblen, passim.*

8. "The Past and the Present of Political Economy," *Johns Hopkins University Studies in Historical and Political Science*,II (1884), 64, *passim.*

9. *The Premises of Political Economy*, pp. 87–79. 约翰·贝茨·克拉克（John Bates Clark）在其职业生涯早期也曾尖锐批评过古典经济学，参见 *The Philosophy of Wealth*, 尤见 pp. iii, 32–35, 38 ff., 48, 65–67, 120, 147, 150, 186–196, 207。

10. 引自 Ely, *Ground Under Our Feet* (New York, 1938), p. 140。可将此处同伊利起草的原稿作一比较，p. 136。有关伊利对学会的描述，参见 pp. 121–164。另请参见 *Publications*, American Economic Association, I (1886), 5–36。

11. 关于竞争的一种模棱两可的说法，参见 Ely, "Competition: Its Nature, Its Permanency, and Its Beneficence," *Publications*, American Economic Association Third Series, II (1901), 55–70。多夫曼强调指出了 "新学派"（New School）领导人本质上的保守主义，*op. cit.*, pp. 61–64。

12. *Ground under Our Feet*, p. 154. 试比较 "The Past and the Present of Political Economy." *Johns Hopkins University Studies in Historical and Political Science* II (1884), 45 ff.。另请参见 F. A, Walker, "Recent Progress of Political Economy in the United States," *Publications*, American Economic Association, IV (1889), 31–32。

13. "Mr. Bellamy and the New Nationalist Party," *Atlantic Monthly*, LXV (1890), 261–262. 然而在其他地方，沃克却断言，家庭的团结阻止了适者生存在人们中间运行，*Political Economy*, pp. 300–301。关于生存斗争的其他用处，参见 Arthur T. Hadley, Economics (New York, 1896), pp.19–22; John B. Clark, *Essentials of Economic Theory*, p. 274。赫伯特·达文波特对此持批评态度，具体见 Herbert Davenport, *The Economics of Enterprise* (New York, 1913), pp. 20–21。

14. *The Theory of Dynamic Economics* (Philadelphia, 1892), chap. i–viii, 尤见 pp. 18, 21, 24, 37–38。帕顿对消费作为经济变革源泉的兴趣，是由边际效用理论的主观态度激发的，参见 pp. 37–38。试比较 *The Consumption of Wealth* (Philadelphia, 1889)。

15. *The Theory of Social Forces*, 尤见 pp. 5–17, 22–24, 52–53, 76–90。

16. 参见 Rexford G. Tugwell, "Notes on the Life and Work of Simon Nelson Patten," *Journal of Political Economy*, XXXI (1923), 153–208; Scott Nearing, *Educational Frontiers, a Book about Simon Nelson Patten and Other Teachers* (New York, 1925)。

17. 参见其最受欢迎的书 *The New Bass of Civilization* (New York, 1907)。

18. *The Religion Worth Having, passim.*

19. 参见 *Essays in Social Justice*, pp. 18, 19, 91–98, 103–104, 259。

20. *Journal of Political Economy*, V (1897), 99; *ibid.*, XI (1903), 655–656. 关于沃德和凡勃伦之间的关系，参见 Dorfman, *op. cit.*, pp. 194–196, 210–211。

21. *The Theory of the Leisure Class* (New York, Modern Library, 1934), pp. 237–238.

22. *Ibid.*,chaps. viii–x. 凡勃伦对待企业的态度在另一本书中远不如此处苛刻，具体见 *The Theory of Business Enterprise than in Absentee Ownership*, 尤见 chaps. iii–vi。另请参见 *The Engineers and the Price System* (New York, 1921)。

23. *Journal of Political Economy*, VI (1898), 430–435.

24. *The Theory of the Leisure Class*, chaps. viii–x, 尤见 pp. 188–191, 236–241。

25. "Why Is Economics Not an Evolutionary Science?" *Quarterly Journal of Economics*, XII (1898), 373–397. 试比较 *The Theory of Business Enterprise*, pp. 363–365。

　　约翰·贝茨·克拉克（John Bates Clark）后期的经济学在凡勃伦的方法面前尤其易受攻击，其《经济理论精要》(*Essentials of Economic Theory*) 就是这种事物观念的极佳例证。在该书中，自由竞争即被克拉克视为"自然法"的一大特征。参见 "Professor Clark's Economics," *Quarterly Journal of Economics*, XXII (1908), 155–160。凡勃伦把卡尔·马克思的社会理论也看作是前达尔文主义的，尽管其预先形成的观念——该观念假设了事件朝着一个既定目标发展的内在趋势，属于"黑格尔左派"观念——从表面上看与古典经济学不同。凡勃伦认为，马克思关于自觉的阶级斗争概念其简明性，即因其同享乐主义之间的从属关系而起，因而具有与后者相同的效果；其基本观念即实现阶级团结这一"正常情况"以追求个体利益，与功利主义非常相似。参见 "The Socialist Economics of Karl Marx and His Followers," *ibid.*, XX (1906), 409–430, 尤见 411–418。凡勃伦批评历史学派的成员"满足于列举材料和对工业发展进行叙述性描述"，不敢"就任何事物提出理论或是将他们的成果阐述成一个连贯的知识体系"，没有达到现代科学的要求。*Ibid.*, XII, 373. 另请参见 "Gustave Schmoller's Economics, *ibid.*, XVI (1901), 253–255。本条注释参考论文均收入 *The Place of Science in Modern Civilization and Other Essays* (New York, 1919)。

26. "The Preconceptions of Economic Science," Part II, *Quarterly Journal of Economics*, XIII (1898), 425.

27. John M. Clark, "Problems of Economic Theory—Discussion," *American Economic Review*, XV, Supplement (1925), 56.

28. Keller, *Societal Evolution* (New York, 1915), p. 326; 试比较 pp. 250 ff.。

29. "The Concepts and Methods of Sociology," *American Journal of Sociology*, X (1904), 172; *Studies in the Theory of Human Society* (New York, 1922), 136–141.

30. *Principles of Sociology*, p. v.

31. *The Responsible State*, p. 107; *Studies in the Theory of Human Society*, pp. 16–17, 206–207, 226, 以及 chap. xiv; *The Elements of Sociology*, pp. 234–235, 293–295; *Inductive Sociology*, p. 6。

32. "The Persistence of Competition," *Political Science Quarterly*, II (1887), 66.

33. *The Responsible State*, p.108; *The Elements of Sociology*, p. 317.

34. "The Principles of Sociology," *American Journal of Sociology*, II (1897), 741–742.

35. "The Failure of Biologic Sociology," *Annals of the American Academy of Political and Social Science*, IV (1894), 68–69. 然而很遗憾，帕顿的文章弄错了方向，他指责的不是别人，而是沃德，说沃德一直都在培育生物社会学。

36. *Democracy and Empire* (New York, 1900), p. 29.

37. *General Sociology*, p. ix.

38. "Fifty Years of Sociology in the United States," *American Journal of Sociology*, XXI (1916), 773.

39. "The Influence of Darwin on Sociology," *Psychological Review*, N. S., XVI (1909), 189.

40. *Darwin and the Humanities*, p. 40. 另请参见 *Social and Ethical Interpretations in Mental Development* (New York, 1897), pp. 520–523。

41. 参见 Dewey, "The Need for Social Psychology," *Psychological Review*, XXIV (1917); Cooley, *Human Nature and the Social Order*, 尤见 chap. i。库利对威廉·詹姆斯和鲍德温的指导表示感谢 (p. 90 n.)。试参阅比较 Cooley, *Social Organization*, chap. i; Baldwin, *Social and Ethical Interpretations in Mental Development*, pp. 87–88; *The Individual and Society*, chap. i。许多作家深受法国社会心理学尤其是塔尔德（Jean Gabriel Tarde）的影响。对旧心理学和心理学新趋势的分析，参见 Fay Berger Karpf, *American Social Psychology*, pp. 25–40, 176–195, 216–245, 269–307, 327–350。

42. *The Individual and Society*, p. 118.

43. *Human Nature and the Social Order*, p. 12.

44. *Human Nature and Conduct*, pp. 21–22.

45. 当然情况并非完全是这样。E. A. 罗斯就用了麦孤独的本能理论而又没有抛弃他自己以前的观点，参见 *Principles of Sociology* (New York, 1921), pp. 42–43。

46. 试比较 Cooley, *Social Organization*, pp.120, 258–261, 291–296; *Social Process*, pp. 226–231。

47. 据罗斯叙述，他的 24 本书已经售出超过 30 万册。*Seventy Years of It*, pp. 95, 299.

48. *Ibid.*, p. 180.

49. *Principles of Sociology*, pp. 108–109; *Foundations of Sociology*, pp. 341–343; *Sin and Society* (New York, 1907), p. 53; *Seventy Years of It*, p.55.

50. 参见 *The Jukes* (New York, 1877), pp. 26, 39。

51. *American Charities*, chaps. iii–v.

52. 这一时期一种典型的大惊小怪的看法，参见 W. Duncan Mckim, *Heredity and Human Progress* (New York, 1899)。从环境主义者角度观察得出的温和看法，参见 John R. Commons, "Natural Selection, Social Selection, and Heredity," *Arena*, XVIII (1897), 90–97。

53. *Proceedings of the First National Conference on Race Betterment* (Battle Creek, 1914).

54. 有关优生学立法进展的评论，参见 H. H. Laughlin, *Eugenical Sterilization: 1926* (New

Haven, 1926), pp. 10–18。

55. 参见 John Denison, "The Survival of the American Type," *Atlantic Monthly*, XXXV (1895)。16–28. 参见 Charles B. Davenport in *Eugenics: Twelve University Lectures* (New York, 1914), p. 11。

56. 参见 Paul Popenoe and Roswell H. Johnson, *Applied Eugenics*, chap. ii。

57. *The Social Direction of Human Evolution*, p. 44. 对优生学理论中这种倾向的批评，参见斯皮勒（G. Spiller）这篇漂亮的文章，"Darwinism and Sociology," *Sociological Review*,VII (1914), 232–253; 另有 Clarence M. Case, "Eugenics as a Social Philosophy," *Journal of Applied Sociology*, VII (1922), 1–12。

58. 继高尔顿之后的优生学领域国际领军人物卡尔·皮尔逊，在其撰写的一本小书《从科学立场看国家生活》(*National Life from the Standpoint of Science*, London, 1901) 中，勾画了自己的一种残酷无情的社会哲学，其严酷程度足以同德国军国主义者迸发出的那些最有害的强烈情感相提并论。

59. *Hereditary Genius* (rev. Amer. ed., New York, 1871) pp. 14, 38–39, 41, 49.

60. 转引自 Harvey E. Jordan, *Eugenics: Twelve University Lectures*, p. 110。

61. *The Kallikak Family* (New York, 1911), p. 116.

62. *The Heredity of Richard Roe* (Boston, 1911), p. 35.

63. "The Importance of the Eugenic Movement" and its Relation to Social Hygiene," *Journal of the American Medical Association*, LIV (1910), 2018.

64. "Influence of Heredity on Human Society," *Annals of the American Academy of Political and Social Science*, XXXIV (1909), 16, 21. 试比较 Davenport, *Heredity in Relation to Eugenics*, pp. 254–255 和 Edwin G. Conklin, *Heredity and Environment in the Development of Men* (Princeton, 1915), p. 206。

65. "Eugenics with Special Reference to Intellect and Character," *Popular Science Monthly*, LXXXIII (1913), 128. 试比较桑代克的 *Educational Psychology* (New York, 1914), III, 310 ff.。

66. "Eugenics," *Popular Science Monthly*, LXXXIII (1913), 134.

67. 关于遗传在桑代克教育哲学中的地位，参见 Curti, *The Social Ideas of American Educators*, pp. 473 ff.。另请参见桑代克对莱斯特·沃德的《应用社会学》的评论，"A Sociologist's Theory of Education," *Bookman*, XXIV (1906), 290–294.

68. Popenoe and Johnson, *op. cit.*, chap. xviii, "The Eugenic Aspect of Some Specific Reforms".

69. Alleyne Ireland, "Democracy and the Accepted Facts of Heredity," *Journal of Heredity*, IX (1918), 339–342; O. F. Cook and Robert C. Cook, "Biology and Government," *ibid.*,X (1919), 250–253; E. G. Conklin, "Heredity and Democracy, a Reply to Alleyne Ireland," *ibid.*, X (1919), 161–163. 波普诺和约翰逊认为，生物学事实要求社会实行某种 "亚里士多德式民主"，保留民主议会制，但要给予专家发挥技能和教育、培养人才的机会。*op. cit.*, pp. 60–62.

70. Frederick A. Woods, "Kaiserism and Heredity," *Journal of Heredity*, IX (1918), 353.

71. *Applied Sociology passim.* 沃德的数据主要依赖阿尔弗雷德·奥丁《伟人的起源》，Alfred Odin, *Genèse des Grandes Hommes* (Paris, 1895)。该部著作以 6000 多位法国文人为研究对象，分析了外部环境因素在他们职业生涯中的影响。

72. Cooley to Ward, April 28, 1898, Ward MSS, Autograph Letters, VII, 8.

73. "Genius, Fame, and the Comparison of Race," *Annals of the American Academy of Political and Social Science*,IX (1897), pp. 317–358.

74. Keller, *op. cit.*, pp. 193 ff.

75. *Social Process*, p. 206.

第九章 种族主义和帝国主义

所有国家发展的残酷性都显而易见，我们不为之辩解。掩盖它是对事实的否定，美化它则是为真相辩护。生活中除了我们的理想，几乎没有什么事是不残酷的。只要我们增加个体的人数及其集体活动的总量，我们也就在相应地加深其残酷程度。

——荷马李（Homer Lea）将军

在这个世界上，一个把自己训练成不喜战争、与世无争、自我隔绝的民族，最终必然会在那些没有丧失勇武气概和冒险品质的民族面前败落。

——西奥多·罗斯福

一

1898 年，美国发动了为期三个月的同西班牙的战争，通过条约从西班牙手中夺得菲律宾群岛，且正式吞并了夏威夷群岛。1899 年，美国与德国通过协议瓜分了萨摩亚群岛（Samoan Islands），并通过"门户开放"照会（the "Open Door" note）表达了自己对西方在华利益的政策。1900 年，美国参与镇压了中国义和团运动。到 1902 年，美国军队终于镇压了菲律宾的起义，是年，整个群岛被弄成了一个无人负责的地区。

随着美国登上帝国舞台，美国思想界的主题又一次转向了战争与帝国。反对或是捍卫扩张和征服的人士，各自都在为他们奋斗的事业搜罗论据。大家紧追 19 世纪晚期的思想时尚，从自然界中为各自的理想寻找更时髦也更能吸引人的合理解释。

171　　利用自然选择来为军国主义或帝国主义辩护，在欧洲或美国思想界都不新鲜。帝国主义者在祭出达尔文主义，为征服弱小种族辩护时，就可以拿出《物种起源》——该书副标题直接指称"在生存斗争中保存受宠的种族"(*The Preservation of Favoured Races in the Struggle for Life*)。达尔文一直都在谈论鸽子，但帝国主义者认为，他的理论没有理由不适用于人类，而且按照自然主义世界观的整体论精神的要求，生物学各种概念的应用，要讲求彻底，要果断、要一以贯之。达尔文自己不是在《人类的由来》中洋洋自得地写道，落后种族会在高级文明前进的脚步下消失吗？[1] 军国主义者还可以指出，消灭不适者这一残酷事实，是培养尚武美德和保持国家弹药干燥的紧迫事由。普法战争后，双方都首次援引达尔文主义作为对战争诸事实的解释。[2] "在所有鼓吹战争的人当中，最有权威的当数达尔文，"马克斯·诺尔道（Max Nordau）1889 年在《北美评论》上解释道，"既然进化论一直在传播，他们就可以用达尔文的名义来掩盖他们天生的野蛮，并把他们内心深处的血腥本能宣扬为科学定论。"[3]

然而，无论是在美国还是在西欧，人们都很容易夸大达尔文对种族理论或军国主义的意义。无论是力量哲学还是强权政治学说，都不需要等着达尔文出现。种族主义严格说来也不是后达尔文现象。戈宾诺（Gobineau）发表于 1853 年至 1855 年间的《人种不平等论》(*Essai sur l'Inégalité des Races Humaines*)，是雅利安主义（Aryanism）史上的一块里程碑，该书就没有运用自然选择思想。至于美国，一个在边疆地区轻车熟路地发动对印第安人的战争、对南方的政治家和宣传家拥护奴隶制的论点也了若指掌的民族，已经完全扎根于种族优越论的土壤之中。当达尔文还在私下里迟迟疑疑地勾勒他的理论时，美国扩张主义者已经用种族命运来号召大家支持征服墨西哥。"墨西哥种族现在从北方土著人的命运中看到了他们自己的必然归宿，"一个扩张主义者写道，*172* "他们必须合并起来，或是让盎格鲁-撒克逊种族的强大活力罩着他们，否则他们肯定彻底湮灭。"[4]

　　这种盎格鲁-撒克逊式的信条成为帝国时代美国种族主义的首要成分；但一度对美国历史学家产生强大影响的盎格鲁-撒克逊主义这一**神秘之物**，无论是其发端还是发展，都未曾依靠过达尔文主义。诸如爱德华·奥古斯都·弗里曼（Edward Augustus Freeman）《诺曼人征服英格兰史》(*History of the Norman Conquest of England*, 1867—1879）或查尔斯·金斯利（Charles Kinsley）《罗马人与条顿人》(*The Roman and the Teuton*, 1864）这类英国人撰著的关于盎格鲁-撒克逊历史的丰碑之作，是否真的从生物学那里获得了许多借鉴，很值得怀疑；而约翰·米切尔·肯布尔（John Mitchell Kemble）的《撒克逊人在英国》(*The Saxons in England*, 1849），当然也没有受到适者生存的启发。和其他各种类别的种族主义一样，盎格鲁-撒克逊主义是现代民族主义和浪漫主义运动的产物，而不是生物科学顺乎自然的结果。即便是"国家是一个有机体，只能要么成长要么衰败，除此之外别无选择"这种看法，虽然毫无疑问又被达尔文主义往前推了一把，但早在1859年以前就已经被"天定命运"的倡导者拿来支持自己的立场。[5]

尽管如此，达尔文主义还是被抬出来为满足帝国的欲望服务。尽管达尔文主义不是19世纪末好战意识形态和教条种族主义的主要思想来源，但它的确成了种族理论家和斗争理论家手中的新工具。达尔文主义把自然描绘成一个战场，这与一个好战时代的盛行观念，实在是太过相似，无法逃脱人们的注意。比如，在这个年代，冯·毛奇（von Moltke）就可以这么写："战争是上帝安排的世界秩序的一部分……（没有战争）世界将停滞不前，并在唯利是图中迷失自我。"然而在美国，这种坦率而残暴的军国主义远没有那种为了和平与自由把世界交予盎格鲁–撒克逊人主宰的良善观念来得普遍。在1885年之后的几十年里，盎格鲁–撒克逊主义——有好战的，也有和平的——在美国的帝国主义抽象原理中一直占据着主导地位。

达尔文主义氛围使那种盎格鲁–撒克逊种族优越论信念得以延续，让19世纪下半叶许多美国思想家对这种信念如痴如醉，念念不忘。"种族"取得世界支配权，似乎就证明了它是适者。此外，在19世纪70年代和80年代，盎格鲁–撒克逊学派的许多历史观念，也开始反映生物学领域取得的进步和其他思想领域类似的进展。有一段时间，美国历史学家为科学理想的魅力所倾倒，梦想着逐步发展出一门可与生物科学相媲美的历史科学。[6] 在E. A. 弗里曼的《比较政治学》（*Comparative Politics*，1874）中，可以找到他们信仰的基调。在该部著作中，弗里曼在比较方法和盎格鲁–撒克逊优越论观念之间建立起了链接。他写道："在

173

比较政治学研究中，一个政治组织就是一份有待研究、分类和标记的标本，就像那些将建筑或动物作为研究对象的人对一幢建筑或一只动物进行研究、归类和标记一样。"[7]

如果让维多利亚时代的学者像研究动物形式那样对政治组织进行分类和比较的话，某些民族的政治手段极有可能会比其他民族的政治手段更受他们喜爱。弗里曼受语言学和神话学，特别是爱德华·泰勒和马克斯·缪勒（Max Müller）的工作的启发，试图采用这种方法，来追踪雅利安人的原始制度中——尤其是"具有这种共同血统的三大最辉煌灿烂的分支希腊人、罗马人和条顿人"中——最初的一致性的各种迹象。

赫伯特·巴克斯特·亚当斯（Herbert Baxter Adams）在约翰·霍普金斯大学组织他那影响深远的历史研讨班时，得到了弗里曼的公开赞许；从亚当斯的研讨班中涌现出来的大量历史研究成果，都醒目地印刻着弗里曼的名言"历史是过去的政治，政治是当前的历史"。从约翰·霍普金斯学派那里获得灵感的整整一代历史学家，可以和亨利·亚当斯一起说："我乖乖地投入了历史上盎格鲁-撒克逊人的怀抱。"[8]盎格鲁-撒克逊学派的主要观点是，英国和美国的民主制度，特别是新英格兰的市镇会议，可以追溯到早期日耳曼部落的原始制度。[9]约翰·霍普金斯大学的历史学家对人高马大、满头金发、富有民主精神的条顿人和条顿人自治系统的描绘，尽管彼此之间在细节上有些差异，但总体上是一致的。随着詹姆斯·K.霍斯默（James K. Hosmer）《盎格鲁-撒克逊自由简史》（*Short History of Anglo-Saxon Freedom*）的出版，这一学派的观点在1890年找到了一种恰当的通俗表达方式。该书汲取了全部盎格鲁-撒克逊文献的精华，确立了"民有、民治"

174

政府起源于盎格鲁-撒克逊古老传统的命题。霍斯默写道：

> 虽然欧洲除俄罗斯之外的每个国家以及亚洲的日本，已经或多或少地部分采纳（也许说模仿更好）了盎格鲁-撒克逊自由，但未来这种自由的希望都取决于讲英语的人种。就是这个种族凭借一己之力，让自由在千难万险中得以保全；它也只同这个种族完全相合；倘若我们可以设想那个种族可能从各民族中消失的话，那种自由生存下去的机会将微乎其微……10

与霍斯默同时代的英国人约翰·理查德·格林（John Richard Green）坚信，讲英语人种的人口将会大幅增长，并遍布整个新世界、非洲和澳大利亚。霍斯默也同样非常乐观。他最后得出结论说："结果必然是我们将居于世界首位。英语人种的制度、英语人种的说话方式、英语人种的思想，将构成人类政治、社会和思想生活的主要面貌。"11 在世界的政治未来中，就这样将写上四个大字：适者生存。

约翰·W. 伯吉斯（John W. Burgess）在政治理论上的做法，同霍斯默在盎格鲁-撒克逊历史方面的做法如出一辙。就在霍斯默的著作出版时，他的《政治科学与比较宪法》（*Political Science and Comparative Constitutional Law*）也于同年面世。这部著作提醒我们，美国的盎格鲁-撒克逊热，不仅受到了英国的影响，同时也受到了德国的影响：因为伯吉斯和赫伯特·巴克斯特·亚当斯一样，其接受的研究生教育，大部分是在德国完成的。伯吉斯说，他的工作的独特之处在于方法。"这是一项比较研究。是把我们发现在自然科学领域如此富有成效的方法应用到政治科学与法学的一种尝试。"伯吉斯的观点是，不是所有民族都拥有政治能力，只有少数几个民族才具有这种天赋。他认为，雅利安各民族一直都表现出了最高等的政治组织能力——当然，在内部，大家高低不等。在所有这些民族中，只有"条顿人确实凭借其卓越的政治天才统治着世界"。

> 因此，不能假定每个民族都必须建立一个国家。如果我们从历史角度来评判的话，非政治性的民族在政治上隶属于或依附于那些拥有政治天赋的国家，同民族国家组织一样，看上去真的是世界文明的一部分。我不认为，亚洲和非洲可以接受任何其他形式的政治组织。……民族国家是……这个世界迄今为止所产生的全部政治组织问题的最现代、最彻底的解决办法，而这种办法乃是出自条顿民族的天才的政治创造这一事实，表明条顿民族是最优秀的政治民族，并赋予他们在世界体系中，建立和管理国家的领导角色。……条顿民族永远不能把行使政治权力看作是人的权利。对他们来说，这种权力必须以履行政治义务的能力为基础，而他们自己看起来就是迄今为止决定这种能力存在于何时何地的最佳人选。[12]

西奥多·罗斯福曾是伯吉斯在哥伦比亚大学法学院的学生，他也受到了这种充满激情的种族扩张的鼓舞。在其历史著作《西部的胜利》（*The Winning of the West*）中，罗斯福从拓荒者与印第安人斗争的故事里得出了这样的结论：白人的到来是阻止不了的，种族战争不可避免地要进行到底。[13] "在过去三个世纪里，"这位年轻的政治学者写道，"讲英语的民族向世界上人烟稀少的地区扩展不仅一直都是世界历史最显著的特征，而且同所有其他重大事件比起来，不管就其影响而言还是就其本身的重要性来说，也都是意义最深远的。"他把这种规模巨大的扩张追溯到许多世纪以前，那时日耳曼各部落走出他们的沼泽森林，踏上了征服之路。美国的发展代表了这段伟大的种族成长史的最高成就。[14]

176　　约翰·费斯克是美国最早将进化主义、扩张主义和盎格鲁-撒克逊神话揉在一起的集成者之一，他的著作让大家看到，斯宾塞理想的进化和平主义与紧随其后的好战的帝国主义之间的界限，究竟是何等脆弱。费斯克是一个心地善良的人，他的思想以斯宾塞的从尚武到工业化的过渡理论为基础，他不是那种主张把暴力作为国家政策工具的人。然而，即便在他手里，进化论教条也是以一种自以为是的种族命运论的形式出现的。在他的《宇宙哲学大纲》中，费斯克也像斯宾塞一样，接受了冲突的普遍性（家庭关系之外），将其视为野蛮社会的一个事实，相信这是自然选择中的一个实际动因。[15] 但由于自然选择的作用，更优越的、内部更具差异性、各部分之间更加密切协调的社会逐渐战胜了更落后的社会，发动大规模战争的力量集中到了"掠夺活动最少、工业活动最多的共同体"手中。因此战争或破坏性竞争便让位于工业社会的生产性竞争。[16] 随着尚武主义的衰落，征服方式为联邦方式所取代。

　　费斯克长期以来一直相信雅利安人种比其他人种优越，[17] 他也接受了"条顿"民主理论。[18] 该学说将伴随着盎格鲁-撒克逊的扩张而来的一切征服都神圣化了。18 世纪英国在殖民斗争中战胜法国，是工业主义对尚武主义的胜利。对于美国战胜西班牙和占领菲律宾，费斯克将其解释为西班牙式的殖民和高级的英式方法之间冲突的高潮。[19]

1880 年，费斯克应邀到英国皇家研究所（Royal Institution of Great Britain）发表演讲，举办了三场系列讲座。讲座主题"美国政治思想"（"American Political Ideas"）作为对盎格鲁-撒克逊命题的申述，从此广为人知。费斯克称誉古罗马帝国是和平的使者，但认为它作为一种政治组织，制度一直都不够健全，因为它未能成功地将同心协力的行动与地方自治结合起来。要解决这一古老的需求，可以采取代议制民主和体现在新英格兰地区城镇中的地方自治的办法来实现。通过保留美国的雅利安先祖们淳朴的乡村民主，美国联邦组织就会使众多彼此各异的州有效地联合起来成为可能。民主、多样性与和平就会实现和谐共处。世界历史接下来就是，这一高尚的雅利安政治制度在全世界扩散，战争彻底消除。

典型的达尔文主义者都特别强调种族的生育能力，费斯克也不例外。据此，他仔细探讨了英美民族的巨大人口潜力。美国至少可以养活 7 亿人；而英国人民则将在几个世纪内，连带着车水马龙的城市、兴旺发达的农场、铁路、电报以及所有文明设备一道，遍布非洲。这是盎格鲁-撒克逊这个种族的天定命运。地球上每一片尚未被纳入古老文明中心地带的土地，在语言、传统和血统上都应该成为英语世界。全人类将有五分之四的人可以把自家的世系溯源到在英国的列祖列宗。由于从旭日东升之地到夕阳西下之处，盎格鲁-撒克逊人遍布，这个种族将牢牢控制海洋主权和英格兰当初刚刚定居"新世界"时即已开始取得的商业霸权。[20] 只要美国愿意放弃其可耻的关税，同世界其他国家进行自由竞争，它就会运用——当然肯定是和平地运用——强大的压力，使欧洲各国再也担负不起军备并最终看到和平与联邦的好处。根据费斯克的说法，由此人类终将渐渐走出野蛮，真正成为基督徒。[21]

即使是习惯了在讲台上大获成功的费斯克，也没有想到这些在英国以及美国国内发表的演讲竟激起了如此巨大的热情。[22] 其 1885 年发表在《哈泼斯》(*Harper's*) 上的演讲稿《天定命运》("Manifest Destiny")，在全美各地城市反复讲了二十多次。[23] 应总统海斯 (Hayes)、首席大法官韦特 (Waite)、马萨诸塞州参议员霍尔 (Hoar) 和道威斯 (Dawes)、谢尔曼将军 (General Sherman)、乔治·班克罗夫特以及其他人等的要求，费斯克又在华盛顿发表了多场演讲，受到了政界人士的热情招待，并被引见给了总统内阁。[24]

178

然而，作为扩张的代言人，费斯克在乔赛亚·斯特朗牧师大人 (Rev. Josiah Strong) 面前，可谓相形见绌。后者的著作《我们国家：可能的未来与当前的危机》(*Our Country: Its Possible Future and Its Present Crisis*) 于 1885 年出版，很快仅英文版就售出 17.5 万册。斯特朗当时是美国福音派协会的干事，他写这本书的主要目的是为传教筹款。斯特朗有一种异乎寻常的能力，能把达尔文和斯宾塞的著作改得同美国乡村新教的先入之见一模一样。正是这种能力，使他的这部著作成为了那个时代最具启发性的文献之一。斯特朗为美国的物力资源欢欣鼓舞，但对其精神生活很不满意。他反对移民、天主教徒、摩门教徒、酒馆、烟草、大城市、社会主义者和财富集中，在他看来，所有这些都是对我们这个共和国的严重威胁。不过，对于普遍进步、物质与道德，以及盎格鲁-撒克逊民族的未来，他的信念依旧百折不挠。斯特朗从经济角度对帝国主义进行了论证。他比弗雷德里克·杰克逊·特纳早十年，就从公共土地即将耗尽当中看到了国家发展的转折点。然而，正是盎格鲁-撒克逊主义让他的热情高涨到了顶点。斯特朗说，作为公民自由和纯粹关乎心灵的基督教的承载者，盎格鲁-撒克逊人

> ……比其他欧洲种族的人口繁殖更快。它已经拥有了整个地球的三分之一，随着它的成长，这个数量还会增加。到 1980 年，全世界盎格鲁-撒克逊种族的人数至少应该达到 7.13 亿。由于北美比小小的英吉利岛大得多，这里将成为盎格鲁-撒克逊领土的中心所在地。
>
> 如果人类的进步遵循这么一条发展规律，即"时间的后嗣中，最后出生的那位最高贵"，那我们的文明就应该是最高贵的，因为我们是"最重要的时间档案中所有年代的后嗣"；而且我们不仅占据了具有控制力的纬度，**我们的土地也是在那个纬度带上被最后占领的**。北温带再也没有其他可供垦殖的处女地。如果人类进步的圆满状态不在这里寻找，如果还存在一种更高级的文明有待绽放，那产生它的土壤又在哪里？ 25

斯特朗接着给大家讲解了比苏格兰人或英格兰人更大、更壮、更高的这么一种新的、更好的体型是如何在美国出现的。斯特朗洋洋自得地指出，在《人类的由来》中写下这么一段话时，达尔文本人就已经从美国人更加充沛的活力中见到了自然选择在

起作用的一个实例：

> 那种认为美国人的性格以及美国取得的惊人进步都是自
然选择结果的看法，显然颇为真实，因为在过去的十到十二
代人的时间内，来自欧洲各地那些相比留在老家的邻里更充
满活力、更不愿满足、更无所畏惧的人，都移民到了那个
伟大的国家，并且在那里取得了最大的成功。辛克牧师说：
"所有其他一系列重大事件，如催生希腊精神文化的事件，
促成罗马帝国建立的事件，只有将其同盎格鲁-撒克逊人向
西迁徙的奔腾巨流联系起来观察，或者更确切地说，将其视
为这条大江大河的……支流，才能彰显其意义和价值。"展
望遥远的未来，我认为他的看法并不夸张。26

斯特朗又回到他的主题，即世界上尚未被占领的土地正在被
填满，美国的人口不久也将像欧洲和亚洲的人口一样，面临生存
压力，他声称：

> 那时，世界将进入新的历史阶段——种族终极竞争。盎
格鲁-撒克逊人正在接受教育训练，为这种终极竞争作准备。
如果我没有预测错的话，这个强大的种族将往南向墨西哥、
向中美洲南美洲，往外向海上诸岛、跨洋向非洲，乃至更远
的地方迁移。而又有谁能怀疑，这一种族竞争的结果，将是
"适者生存"？27

二

虽然在庄严的辩论场合，涉及的重要议题都是具体的经济和战略利益，如对华贸易和极度必要的海权等问题，但扩张运动是从更一般的意识形态概念出发去寻找依据的。盎格鲁-撒克逊主义的吸引力就反映在扩张运动的政治领导人对它的坚持上。在参议员阿尔伯特·T. 贝弗里奇（Albert T. Beveridge）和亨利·卡伯特·洛奇（Henry Cabot Lodge）、西奥多·罗斯福政府国务卿海约翰（John Hay），以及总统本人的观念中，有一个非常重要的部分，那就是盎格鲁-撒克逊人势不可挡的命运的理念。在吞并菲律宾的斗争中，当帝国政策这个更大的问题被抛出来公开辩论时，扩张主义者马上援引进步法则、扩张的必然趋势、盎格鲁-撒克逊人的天定命运和适者生存，毫不犹豫。1899 年，贝弗里奇在参议院声嘶力竭地高呼：

> 一千年来，主让我们讲英语的条顿民族要作好准备，从来就不只是为了徒然的孤芳自赏。真的不是这样的！他让我们成为这个世界精湛的组织大师，好叫我们在混乱的地区确立制度。……他让我们成为娴于治国的行家里手，好叫我们统治没有开化的野蛮人和垂垂老朽的民族。[28]

西奥多·罗斯福在他最令人难忘的帝国主义训词《奋斗不息》（"The Strenuous Life", 1899）中，就美国在国际生存斗争中被淘汰的可能性发出警告：

180

我们不能回避我们在夏威夷、古巴、波多黎各和菲律宾的责任。我们所能决定的仅是，我们是要以有助于提高我国声誉的方式来处理这些新问题，还是让我们对这些问题的处理，成为我们历史上黑暗可耻的一页。……胆小如鼠之辈，懒惰因循之徒，不信任自己国家的伙计，文明过度、丧失了斗争精神和驾驭能力的家伙，以及麻木鲁钝、灵魂无法感受到让"坚定不移的人们满脑子都是帝国"的那种强大的向上力量的人，所有这些人当然都畏缩不前，不敢看到国家承担新的责任。……

那么，我来告诉大家，我的同胞们，我们国家呼唤的不是追求安逸自在，而是艰苦奋斗。20世纪赫然逼近我们眼前，事关许多国家的命运。如果我们袖手旁观，如果我们只追求虚浮懒散的自在，苟且偷安，如果我们在必须冒着生命危险和放弃自己所珍视的一切才能赢得胜利的艰苦斗争中临阵退缩，那些更勇敢、更强大的民族就会超过我们，并赢得对世界的统治。[29]

海约翰从扩张的冲动中发现了一种不可抗拒的"宇宙趋势"的迹象。"没有哪个人、哪个政党，能够在同一种宇宙趋势的对抗中，获得哪怕一丝机会，取得最后胜利；再怎么聪明，再怎么深孚众望，都抵敌不住时代精神。"[30] 几年后，另一位作家呼应道："如果说历史给了我们什么教训的话，那就是国家也像个人一样，都遵循着自身的存在规律，在其发展与衰落的过程中，它们都是自身所处的条件状况的产物。在这些状况下，它们自己的意志只起着部分作用，而且往往是最小的作用。"[31] 菲律宾问题

有时被描绘为美国命运的分水岭，我们的抉择将决定我们是应该
再来一次新的比以往任何时候都要更大的扩张，还是作为一个垂
垂老矣的民族向后退却而至衰落。前驻暹罗公使约翰·巴雷特
（John Barrett）说：

> 现在正是关键时刻，美国应该绷紧每一根神经，全力以
> 赴，在已经开始的争夺太平洋霸权的强劲斗争中保持领先。
> 抓住了机会，我们可能就永远成为领跑者；但是，如果我们
> 现在迟钝懒散，我们就将一直落后，直至世界末日也翻不了
> 身。适者生存的法则既适用于动物王国，也适用于国家。这
> 是列强在残酷、无情的竞争中奉行的一条残酷、无情的基本
> 原则。除非我们被训练得能够压不弯，摧不垮，并且足够强
> 大，能跟上别人，否则这些列强将在我们身上踩来踩去，没
> 有怜悯，也不会心生悔恨。32

著名记者、经济学家查尔斯·A.科南特（Charles A. Conant）
操心的是，"如果不想被社会革命动摇当前经济秩序的整个结构
的话"，就必须为过剩资本找到出路。他认为：

> ……适者生存法则，还有自我保存法则，正在把我们的
> 人民赶上一条无疑与过去的政策相背离的道路，但这条道路
> 必然被当前新的条件和新的要求给标记出来。33

科南特警告说，如果国家不立即抓住机遇，就有可能走向
衰落。34另一位作家则认为殖民扩张政策在美国历史上并不是

什么新鲜事。我们已经殖民了西部。问题不在于我们现在是否应
该着手殖民事业，而在于我们是否应该把我们的殖民遗产转入
新的渠道。"我们不应忘记，盎格鲁-撒克逊种族就是个扩张性的
种族。"35

182   尽管神秘兮兮的盎格鲁-撒克逊是应强力扩张的需要而生的，
但它也有自己较为和平的一面。其狂热崇拜者通常都承认它与英
国之间有一条强有力的纽带；盎格鲁-撒克逊学派的历史学家们
着力强调英美共同的政治遗产，在写美国独立战争这段历史时，
要么将其写得好像是寻常的政治演变的历史长河中出现的一次暂
时的误解，要么将其写得好像给委顿的盎格鲁-撒克逊自由打了
一剂颇受欢迎的强心针。

    盎格鲁-撒克逊传奇的一大分枝，是一场迈向英美联盟的运
动，这一运动在 19 世纪末迅速结出了果实。尽管该运动孜孜不
倦地坚信种族优越性，但其动机是和平的而不是军国主义的，因
为运动的追随者普遍认为，英美两国间的谅解、联盟或联邦将
会开启一个普遍和平与自由的"黄金时代"。36 没有任何可能的
力量或力量组合能够强大到足以挑战这样一个联盟。这个参议员
贝弗里奇所称的"主为当今饱受战争蹂躏的世界争取永久和平而
让讲英语的人民形成的联盟"，将是世界进化的下一个阶段。英
美联合的倡导者相信，斯宾塞描述的从好战文化到和平文化的转
变，以及丁尼生梦想的"人类议会、世界联邦"，都将很快成为
现实。

    詹姆斯·K. 霍斯默在 1890 年即呼吁建立一个强大到足以顶
住斯拉夫人、印度人或是中国人发起的任何挑战的"英语世界互
助会"（English Speaking Fraternity），志趣相投的国家之间形成的

这种联合，将是、也将只是向人类的博爱迈出的第一步。[37] 然而，美国对英语世界联盟的兴趣，直到 1897 年才带来一场得到鼓吹家、政治家以及文学家和历史学家支持的重要运动。在美西战争期间，当欧陆国家对美国利益采取压倒性的敌对态度时，英国的友好态度令人欣慰。双方都对俄罗斯有所忌惮，都感觉到彼此在远东的利益一致，这就进一步加强了种族共同命运观。美国政界人士中根深蒂固的仇英心理——仇英最激烈的人中，就有罗斯福和洛奇——大大缓和。反帝主义者卡尔·舒尔茨（Carl Schurz）有个不甚成熟的看法，即，美西战争的最好结果之一，是反英情绪随之而逝。[38] 理查德·奥尔尼（Richard Olney）在英美爆发委内瑞拉危机期间担任克利夫兰政府国务卿，彼时，他公然告诉英国，美国的法令就是西半球的法律。现在，他则写了一篇题为《美国的国际孤立》（"The International Isolation of the United States"）的文章，指出了同英国贸易的好处，并警告不要在我们国家在世界上孤立无援的时候，推行反英政策。[39] 奥尔尼表示希望英美进行外交合作，辩称"家庭内部的争吵"是过去的事，并提醒读者："既有国家的爱国主义，也有种族的爱国主义。"即便是海军至上主义者马汉（Mahan），也认可英国人，尽管他有一段时间觉得开展结盟运动还为时过早，但他非常友好地甘心让英国人保持海军优势。[40] 在 19 世纪末相当短的一段时间里，盎格鲁-撒克逊运动在上流社会风靡一时，政治家们都在严肃地谈论着英美之间可能的政治同盟。[41]

　　然而，盎格鲁-撒克逊热需要同广大民众逆向而行。广大民众基于种族构成和文化背景方面的原因，不为盎格鲁-撒克逊主义宣传所动；甚至在盎格鲁-撒克逊血统内部，这种狂热的蓬勃魅力也仅仅限于世纪之交兴奋的那几年。"盎格鲁-撒克逊"一词冒犯了很多人，在有些西方国家，甚至召集了抗议盎格鲁-撒克逊主义的会议。[42] 美国政治中对英国传统上的猜忌是怎么也无法被克服的。海约翰 1900 年就抱怨说，"在报界和政客中普遍存在着对英国的疯狂仇恨"。[43] 当盎格鲁-美利坚联盟（Anglo-American Union）运动在第一次世界大战期间复兴时，大家宁可用"英语世界"而不用"盎格鲁-撒克逊"，种族排他性在其中也不再起到重要作用。[44] 然而，战后美国强大的孤立底流，再次将这场运动一扫而空。

184

　　盎格鲁-撒克逊主义政治不论在范围上还是在持续时间上都是有限的。作为一种民族自我伸张学说，它有其影响的鼎盛时期；但作为一种盎格鲁-撒克逊世界秩序学说，其影响可谓转瞬即逝。即使是"盎格鲁-美利坚治下的和平"（Pax Anglo-Americana）梦想家们的仁爱理想，也只是在现实政治需要的激发下，作为一个适时的、为那短暂和解辩护的正当理由，才找到了自己的现实意义。一个对自己的生物福祉和神圣使命充满信心的"高级"种族能够把世界和平强加于人的那一天，尚未到来。

三

　　由于缺乏强大的军人阶层，美国从来没有出现过那股浓烈的、以至于胆大到足以为自己的利益去美化战争的军事狂热。像罗斯福的演讲《奋斗不息》那样的迸发很是罕见。在美国作家中间，歌颂战争对种族的影响这种情况也很少见，尽管马汉的伯乐、海军少将斯蒂芬·B. 鲁斯（Stephen B. Luce）曾声称，战争是人类冲突的重要中介之一，"这种或那种形式的冲突似乎是有机世界中的存在法则。……若这种足可称为生命之战的斗争暂停片刻，毁灭便宣告胜利"。[45] 大多数军事作家似乎都同意斯宾塞的观点，即，军事冲突在推动原始文明的发展方面起到了非常重要的作用，但现在它作为进步工具的价值早已过时了。[46]

主张备战的人通常并不认为战争天生有其可取之处，而宁愿引用一句古老的格言："欲求和平，唯有备战。"马汉承认："我们确实要将和平作为人类肯定希望达到的目标来顶礼膜拜，但我们切不要像小男孩从树上生拉硬拽一颗没有长熟的果子那样幻想和平。"[47]

另一些人则认为冲突是事物固有的性质，而且必须将其视为一种不幸的必然性并早作准备。与西班牙的那场短暂的、轻轻松松的战争中出现的军事狂热一平息下来，从 1898 年到 1917 年，就这么一个正在迅速崛起的世界强国，其人民的心理竟是令人莫名惊诧地惶恐不安，戒心满满。在优生学运动的鼓舞下，人们谈论着种族退化，谈论着种族自杀，谈论着西方文明的衰落，谈论着西方民族的暮气沉沉、衰弱无能，谈论着"黄祸"（Yellow Peril）。对衰败的警告通常都会再加上对复兴民族精神的劝勉。

悲观主义作家中最受欢迎的一位是英国人查尔斯·皮尔逊（Charles Pearson）。此人曾在维多利亚时代担任过英帝国的教育大臣，其充满哀叹气息的著作《国民的生活与国民性格》（*National Life and Character*）于 1893 年在英国和美国出版，对西方文化的前景作出了令人沮丧的预测。皮尔逊认为，高等种族只能在温带地区生活，而且永远无法在热带地区进行有效的殖民活动。人口过剩和经济上的迫切需要将会催生国家社会主义，后者将把触角伸向西方国民生活的各个角落。由于公民对国家的依赖日益增加，民族主义就会滋长，宗教、家庭生活和老式的道德就会衰落。人民也会被整合进中央集权的大帝国，因为只有这样的帝国才具备生存的能力。庞大的军队、超大的城市、巨额的国债，将加速文化的没落。竞争的下降，再加上公立教育，将使智力活动变得更加机械化，并剥夺它的主动性，而单是这主动性本身，就能够让人在艺术方面取得杰出成就。其结果将是一个老年人的世界，一个科学而非审美的世界，一个踏步不前、安常习故的世界，一个没有冒险、活力、光明、希望或是野心的世界。与此同时，其他种族也不会丧失活力，因为生物学表明，低等种族比高等种族更能生孩子。中国人、印度人、黑人不可能被灭绝，相反，他们可能会通过工业手段而非军事手段来挑战西方文明至高无上的独尊地位。对于占统治地位的种族来说，它们所能做的最好的事情，也许就是拿出勇气和尊严去直面未来。

说什么"如果这一切真的发生了，我们的领头位置不会因此蒙受耻辱"，这是毫无根据的。我们以为这个世界注定属于雅利安人种和基督教信仰，注定属于我们从过去的黄金时代继承下来的文学、艺术和魅力十足的社会仪礼，而我们自己却正在为争夺这个世界的霸权相互斗争。我们应该清醒过来，发现我们自己相互之间都在你挤我推，也许甚至已经被我们瞧不起的那些奴颜婢膝的、我们以为一定会永远服侍我们的人，推到了一旁。唯一令人欣慰的将是，改变一直以来都是必然的。我们从事的工作一直就是组织世界、创造世界，把和平、法律与秩序带往世界各地，让其他人可以进入这样的世界、享受这样的世界。然而，我们中有些人的等级观念真的是太过强烈了，以至于他们这么想的时候也不会觉得过意不去：那一天到来时，我们早就死了。[48]

皮尔逊的担心开启了人们对 19 世纪 80 年代费斯克和斯特朗所表现出来的乐观主义的回应。对中产阶级知识分子来说，1893年的恐慌造成的震惊和随之而来的长期萧条带来的深深的社会不满，让他们跟跟跄跄、心烦意乱，因而皮尔逊的末日预言看上去颇有几分真实。这些预言特别投合 19 世纪 90 年代亨利·亚当斯的阴郁悲观情绪。在给 C. M. 盖斯凯尔（C. M. Gaskell）的信中，他写道：

> 我确信皮尔逊是对的，黑种人数量正在赶上我们，他们在海地已经赶上了，在整个西印度群岛和我们的南部各州都正在逼近。再过五十年，白人种族将不得不通过战争和游牧入侵的方式，重新征服热带地区，否则就只能坐困在北纬40° 以北。[49]

对他的兄弟布鲁克斯·亚当斯（Brooks Adams）来说，悲观主义可不仅仅限于个人的绝望。在他的研究《文明与衰亡的法则》（*The Law of Civilization and Decay*, 1896）中，布鲁克斯·亚当斯就社会变化表象背后更深层次的历史原理提出了自己的看法。亚当斯下面这段话多少会让人想到斯宾塞。他说，力能法则（the law of force）是普遍存在的，动物的生命只是太阳的能量

187
被耗散的一个出口。人类社会是动物生命的形式，其能量因其自然禀赋的不同而不同，但所有社会都遵循这样一个普遍规律，即一个团体的社会运动同它的能量和质量是成比例的，而其集中化的程度又是同它的质量成比例的。一个社会在日常的生存斗争中没有被消耗掉的多余能量物质，可以作为财富储存起来，而储存的能量又通过征服或是经济竞争优势，从一个团体输送到另一个团体。每个种族早晚都会达到战争能量的极限，进入经济竞争阶段。当剩余能量积累到超过生产能量时，就成为社会控制力量。资本变得专横了。经济与科学知识的增长是以想象力、情感和军事艺术为代价的。一个静止不变的时期可能随之而来，直到战争或能量耗尽或两者兼而有之的时候才告结束。

> 然而，现有证据指向的似乎是这样：一个高度集权的社会在经济竞争的压力下解体，只是因为种族的能量已经耗尽。结果便是，这样一个共同体的幸存者缺乏重新聚集能量所必需的力量，因而可能必须处于没有活动能力的惰性状态，直到输入野蛮人的血液，获得新鲜的、能量满满的物质。50

在接下来的著作《美国经济霸权》(*America's Economic Supremacy*, 1900) 和《新帝国》(*The New Empire*, 1902) 中，亚当斯以物理学、生物学、地理学和经济学为基础，对社会作出了一个唯物主义解释。在考察了可以名垂青史的诸国的兴衰后，他将霸权变化的原因归结为基本贸易路线发生了改变。亚当斯察觉出，经济文明的中心，又一次处在转移的过程中，现正在美国歇脚落户，但他警告说："霸权总是在胜利的同时伴随着牺牲，而命运很少眷顾那些除了精力充沛和勤劳忙碌之外，没有被武装起来、没有被组织起来、还缺乏大胆冒险精神的人。"[51]

大自然往往青睐那些运行成本最低的有机体，也就是能源消耗最节省的有机体。铺张浪费的有机体，大自然是不接纳的，这样的有机体不是被征服，就是被商业给灭绝。亚当斯特别担心美国在东方同俄国发生冲突，并认为，美国应该为此把自己好好武装起来。[52] 关于美国走向集权帝国的趋势，他如此写道：

> 此外，美国人必须认识到，这是一场殊死的较量——这场斗争不再针对单个国家，而是针对一个大陆。世界体系容不下两个财富中心，容不下两个帝国中心。一个有机体终将摧毁另一个有机体。弱者必须屈服。在商业竞争环境下，哪个社会运行成本最低，哪个社会就幸免于难；但对一个族群来说，被贱卖往往比被征服更加致命。[53]

比布鲁克斯·亚当斯更有影响的是海军上校阿尔弗雷德·塞耶·马汉（Alfred Thayer Mahan），其著作《海权对历史的影响》（*Influence of Sea Power upon History*，1890）让他成为世界上最卓越的海军至上主义吹鼓手。在《美国在海权中的利益》（*The Interest of America in Sea Power*，1897）中，他敦促美国采取更强有力的政策，不要再奉行当前的"消极自卫"。马汉指出：

> 我们周围现在充满了争斗："生命斗争""生命竞赛"，这些字眼是如此的熟悉，以至我们要是不停下来思考思考，都

感觉不到它们究竟意味着什么。到处都是民族对抗民族，我
们民族和其他民族也是一样。[54]

    对于皮尔逊和布鲁克斯·亚当斯预测的可能出现的结果，有
些人极力鼓动全国人民加以反对，西奥多·罗斯福就是其中之
一。对于皮尔逊的悲观主义，他认为根本就没有什么理由：罗斯
福虽然承认文明国家注定不会统治热带地区，但决不相信白人种
族竟会灰心丧气或是被热带地区的种族给吓倒。当西方制度以及
民主政府本身扩展到热带地区时，出现一场令人难以承受的工业
竞争的危险就会小得多；而如果没有显著西化，那种高工业效率
似乎也不太可能实现。罗斯福对自己友人布鲁克斯·亚当斯的工
作，好感总归要多一些，但那些悲观透顶的预言又一次激起他的
反应。他不相信随着文明的进步，尚武类型的人必然衰败。他以
俄罗斯和西班牙为例，认为不应把国家衰落的现象同不断推进的
工业主义联系得太过紧密。只是在亚当斯提到美国未能繁育足够
多的健康孩子时，他才触及了我们社会面临的真正危险。[55] 这才
是罗斯福内心关切的主题。罗斯福大声嚷嚷着担心出生率下降带
来种族衰落的危险，对生殖和母性主题乐此不疲。如果平均下来
一对夫妇不能生育四个孩子，种族的数量就不能维持下去。他警
告说，如果美国和大英帝国的种族衰落进程就这么持续下去，白
种人的未来将落在德国人和斯拉夫人手中。[56]

    与担心种族衰落和丧失战斗力相关联的是，1905 年至 1916
年间人们大肆谈论起"黄祸"的威胁。[57] 在 1905 年日本战胜俄
国之前，西方对日本的态度，主流一直都是友好的。然而，随着
日本展现出令人信服的军事造诣，人们的态度发生了变化，就像

1871 年德国胜利后他们对待德国的态度一样。[58] 在美国，人们对日本人的担忧在加利福尼亚尤为强烈，那里的人对东方来的移民的怨恨，已经长达三十多年。[59] 追求轰动效应的新闻界开始拿日本人的威胁作文章，乃至偶尔刺激大家对战争的恐慌。[60]

1904 年，一向极力主张种族自我伸张的杰克·伦敦（Jack London）在《旧金山观察家报》（San Francisco Examiner）上发表了一篇文章。文章警告说，倘若真有那么一天，日本人的组织能力和统治能力达到掌控数量庞大的中国人的巨大劳动能力的程度，盎格鲁-撒克逊世界就可能面临着威胁。他认为，迫在眉睫的种族冲突，可能会在他自己所在的时代到达危急关头。

> 种族冒险的可能性并没有消失。我们身在其中。斯拉夫人正蓄势待发，随时准备开始。黄种人和棕种人为什么就不可以来一次与我们自己的同样大而又更加独特的冒险呢？[61]

休·H. 腊斯克（Hugh H. Lusk）认为，日本人的威胁只是蒙古人种普遍觉醒的一小部分。由于古老的人口问题，他们迫切的扩张欲望可能很快就会把他们送上太平洋，并最终送到美国西南部以及经由墨西哥送到美国大门口。[62] 到第一次世界大战前夕，"黄祸"论达到了顶点，国会议员都在公开谈论太平洋地区不可避免的冲突。[63]

美国人当中最接近德国军国主义作家冯·伯恩哈迪（von Bernhardi）将军的，也许是荷马李将军。荷马李是一位人生经历煞是丰富的军事冒险家，曾参加过镇压义和团运动，后来成为孙中山的顾问。他的军国主义直接建立在生物学的基础上。他坚信，国家就像有机体一样，依靠生长和扩张来抵御疾病和衰朽。

> 正如体力代表了人类为生存而斗争的力量一样，军事力量也同样被算作国家的力量；理想、法律和组织都只是短暂的光辉，只有在这种力量生机勃勃时才是实的。正如男子气概标示了人类身体活力的高度一样，一个国家的军事胜利也标示了这个国家肉身伟大的顶峰。[64]

战斗状态可以分为三个阶段：为生存而斗争的战斗、征服战斗，以及霸权战斗或维护所有权的战斗。正是在第一阶段，也即生存斗争阶段，一个民族的才智达到了自己的顶峰；这种斗争越是艰苦，战斗精神就越是发达，结果便是征服者往往来自人烟稀少的荒原或满是岩石的岛屿。斗争与生存的法则是普遍的、不可改变的，民族的存续取决于它对这些规律的认识。

> 盘算着阻挠它们、抄近路规避或是迂回绕过它们、欺骗它们、蔑视和亵渎它们，都是愚不可及的，搞得好像仅靠人类的别出心裁就可以做到似的。历史从未证明这么做是正确的——人类却总是这么做——而最后的结局都是无法收拾，终至毁灭性的灾难。[65]

荷马李对日本人入侵美国的可能性发出了警告，并争辩说，解决同日本之间的战争问题的办法是发起土地运动，为此，国家需要建设一支比当前强大得多的军队。如果没有这样一个军事建制，西海岸将面临敌人入侵的致命危险。至于敌人的入侵策略，

191

李早有具体翔实的推演。

李进一步警告说，撒克逊各种族竟然准许自己人民的战斗性下降，这是在藐视自然法则。他坚信，让个人欲望凌驾于国家生存所需之上的堕落倾向，对盎格鲁-撒克逊人遍及全世界的权力构成了威胁。被大量非盎格鲁-撒克逊移民淹没的美国，已慢慢地不再是撒克逊种族的堡垒。大英帝国因为有色人种已经处于严重的危险之中。撒克逊时代即将结束。撒克逊人还没有作好准备来迎接德国人与撒克逊人之间即将展开的斗争。解决盎格鲁-撒克逊衰落的办法只有一个：加强战斗性。联盟在战争中不堪一击，但普遍义务兵役制兴许可以遏制已经令人担忧的下滑趋势。[66]

主张备战的人也从生物学角度提出了与李相似的呼吁。哈德森·马克沁（Hudson Maxim）是无烟火药的发明者，马克沁机枪发明者海勒姆·马克沁（Hiram Maxim）的兄弟。他出版了一本名为《不设防的美利坚》(*Defenseless America,* 1914）的著作，该书被赫斯特国际图书社（Hearst's International Library）广泛发行。马克沁警告说："自我保存是大自然的第一法则，这个法则适用于个人，同样也完全适用于国家。我们美利坚共和国（American Republic）除非遵守生存法则，否则就无法生存。"他认为，人在本质上是一种斗争动物，人类的本性一直以来都差不多是相同的。不作好斗争准备，就有被灭绝的危险；而备战则可止战。[67]

在有组织的备战运动的战时领导人中间，也可以发现类似的哲学。[68]国家安全联盟（National Security League）下设的建设性爱国主义大会（Congress of Constructive Patriotism）主席 S. 斯坦伍德·门肯（S. Stanwood Menken）警告各位委员，适者生存法则适用于国家，美国只有实现全民觉醒，才可以声称自己是适

者。[69] 伦纳德·伍德将军（Leonard Wood）对抑制战争的可能性

192 表示怀疑，说这么做的"难度简直不亚于要让支配一切事物的普
遍法则即适者生存法则实际上归于无效"。[70] 尽管从生物学方面
对军国主义进行论证在美国领导人中还谈不上是主旋律，但这种
做法确实为他们诉诸达尔文主义化的民族心理打下了重要基础。

四

　　到 1898 年扩张问题已经出现时，反帝主义者一直都未曾力
图对种族诉求作出回应，或是将这种诉求同其达尔文主义的框架
脱离。他们宁愿忽视种族命运这一宽泛的主题，而将精力集中在
呼吁回归美国传统上。政党联合事件无疑对有政治头脑的反扩张
主义者不愿攻击盎格鲁-撒克逊种族优越论教条产生了影响，因
为民主党——其力量在"团结一致的南部"（Solid South）最雄
厚——是反对派的堡垒，另外，否认盎格鲁-撒克逊神话只会挑
起种族问题，而回应不了扩张主义领导人的根本论点。然而，有
些民主党人却将扩张的种族角度倒转过来，将其作为反对吞并海
外领土的证据。国会中有人，特别是有些南方议员，提出了这
样一种看法，即：承担起统治菲律宾人的责任，就是把一个陌
生的、性情不合志趣不投的、无法被同化的、可能也没有能力
在民主自治方面达到盎格鲁-撒克逊人高度的民族，纳入我们的
政治结构。弗吉尼亚州参议员约翰·W. 丹尼尔（John W. Daniel）
1899 年宣称：

有一件事是时间和教育都改变不了的。你可以改变豹的斑点，但你永远改变不了上帝创造的各种族的不同品质，因为上帝这么做，就是为了让不同种族在世界的教化和开化过程中完成各自单独的、截然不同的任务。[71]

那时候，接受科学训练的人还没有像现在人类学所鼓励的那样，在种族等势（racial equipotentiality）方面采取超前立场，这一观念在当时也没有广泛普及。当然也有例外。1894年，弗朗兹·博厄斯在他作为美国科学促进会人类学分会副会长发表的观点新颖且充满怀疑的演说中，就当时普遍存在的对待有色人种的态度，提出了具有说服力的批评。他指出，由于白人的文明程度"更高"，因而他们种族的天分也就更高，这种无凭无据的看法很普遍。人们很是幼稚地将白人的文化标准认作规范，只要和规范有偏差，这个偏差就被自动看作是某一低级文化类型的特征。博厄斯把欧洲人的这种文化上的优越性归因于他们的历史发展环境，而非他们自己内在的固有能力。[72]

威廉·Z.雷普利（William Z. Ripley）的扎实研究《欧洲的人种》（The Races of Europe, 1897）也向受过教育的读者介绍了种族观念的某些复杂性，并推翻了雅利安神话。然而，除了专家或是好奇的门外汉之外，人们对这些问题知之甚少；而且出于各种实用的目的，在讨论中也会去偏护这种神话，除非诉诸其他偏见，否则盎格鲁-撒克逊神话那些自鸣得意的断语根本容不得争辩。学者中常见的，是袭自海克尔生物发生律（Biogenetic Law）的观念，即既然个人的发展是种族发展的重演，未开化的人就必须被看作是处在童年或青少年时期被管束的阶段——即如鲁德亚德·吉卜林（Rudyard Kipling）所言，"半是魔鬼，半是孩童"。[73]
著名心理学家、教育家 G. 斯坦利·霍尔（G. Stanley Hall）在他的
研究《青春期》（Adolescence，1904）中，接受了这种看法。虽然
霍尔觉得落后民族的那种像孩子般的天真无邪，让他们有权得到
他们种系发展中的"长辈"的亲切相待和同情怜爱，后者应该耻
于向儿童发动战争，但作为重演说之基础的对原始文化的那种居
高临下的态度，并不适合用来搅乱那些种族优越论的代言人。[74]

194   在这种舆论氛围下，对种族不平等的教条提出挑战需要一
定的勇气。很少有人能像托尔斯泰（Tolstoi）的美国门徒欧内斯
特·霍华德·克罗斯比（Ernest Howard Crosby）那样走得这么
远。他不仅写出了"一个让世界庸俗化的盎格鲁-撒克逊联盟"
这样的话，而且通过对吉卜林的颇负盛名的戏仿暗示，西方文明
的种种好处，对偏僻的海岛上那些节奏缓慢的人群来说，并不是
什么理想的事。[75] 然而，即便很少有人能像克罗斯比那样，但威
廉·詹姆斯还是表达了支持，后者就认为，我们"在吕宋摧毁了
世界上唯一神圣的东西，一个民族生命的自发的萌芽"。[76] 虽然
很少有反帝主义者愿意挑战白人优越论或盎格鲁-撒克逊人优越
论的基本假设，但还是有人怀疑通过征服或者兼并来传播文明有
什么好处。这些持怀疑态度的人，很有可能会同意派往菲律宾镇
压阿吉纳尔多起义的部队中某一个团里的黑人士兵在厌战时刻的
说法，他们说，"这副声名狼藉的白人重担一点儿也不像人们吹
的那样"。[77]

对反帝主义者来说，最有用的争辩是诉诸美国精神的各项传
统，这种惯常做法好在无需引入新的、人们不熟悉的概念。大家
认为，扩张意味着接纳在语言、习俗和制度上与自己格格不入的

种族。这就意味着殖民官僚体制的开始。这种体制会去笨拙地模仿英国的方式。这就需要维持一支庞大的常备军，结果便是沉重的税收负担。对无力无助的民族进行统治和剥削，将使美国民主最优秀的传统蒙羞，而这些优秀传统一直坚持，只有得到被统治者的同意，政府才具有合法性。一个在自己的陆界内如此富有和伟大的国家，没有进一步扩张的迫切需要，扩张风险大收益小。开启帝国生涯将把美国完全直接带入世界政治游戏，包括其所有的军国主义性质的仇恨和穷兵黩武的行为。这背后隐藏着为保卫海外财产去不断发动战争的危险。[78]

反帝人物中最活跃的，是一度担任反帝联盟（Anti-Imperialist League）副主席的威廉·詹姆斯。他时不时给波士顿《晚讯报》（Boston *Evening Transcript*）去一封情绪愤怒的信，谴责扩张主义意识形态。他控诉"白人重担论""天定命运论"：

> 哪里还能找得到比这更加证据确凿的对整个臃肿的、被当作偶像加以崇拜的"现代文明"的控诉吗？果真是这个样子的话，那文明就是巨大的、空心的、发出轰轰回响、使人腐化堕落、催人矫揉造作、令人迷惑糊涂的，只有残酷的冲力和非理性而别无他物的湍流，它结出来的果实就是这个样子！[79]

在一篇驳斥西奥多·罗斯福演讲《奋斗不息》的强硬文章中，他断言罗斯福"精神上仍处在青春期初期的狂飙阶段"，在发表关于人类事务的演讲时，"只有一个角度，就是想方设法刺激大家的情绪，而且只讲这些事可能会给美国造成的困难"，还总是滔滔不绝地说战争是人类社会的理想状态。至于有哪些方面值得我们去做，罗斯福"不置一词……他所告诉我们的一切就是，这个敌人和那个敌人别无二致。……他将一切都淹没在抽象的好战情绪的洪流之中"。[80]

威廉·格雷厄姆·萨姆纳也从反扩张主义者的武器库里捡出几乎所有武器来攻击帝国主义念头。那些熟悉萨姆纳在民主问题上干脆利落地打破旧习的人，要是看到这位毫不妥协的教导者为了向帝国主义者开战甚至准备放弃国家的民主原则，或许使劲地揉过自己的眼睛；但他的争辩带着一种无可置疑的真诚，特别是这么做又一次危及了他在耶鲁的处境。"我的爱国主义，"他高呼，"就是对下面的看法出离愤怒的爱国主义，这种看法就是：美国从来就不是一个伟大的国家，直到它击败了西班牙，才成就了自己的伟大。事实上，美国只是在一场历时三个月的小规模战役中，击垮了一个可怜的、衰朽的、完全没有价值的旧国家。"[81]

在所有和平倡导者和扩张主义反对者中，最著名的可能是斯坦福大学校长大卫·斯塔尔·乔丹。乔丹做了一件别人没有做的事，那就是在美国人心目中确立了战争是一种生物学上的邪恶而非善行的观念，因为它带走了身体上和精神上的适者，留下了不那么合适的人。乔丹在南北战争中失去了一个哥哥，1898年开始对裁军和国际仲裁运动产生兴趣。作为一名杰出的生物学家和优生学运动的领袖，他把注意力转向战争的生物学方面。在美西战争至第一次世界大战之间出版的一系列作品中，乔丹采用人体计测、伤亡统计、内战老兵的回忆以及其他生物学家的结论等各种广泛的证据，来阐述他的主题。乔丹指出，达尔文本人也赞同，战争会对人类产生不良影响，会导致种族退化。[82]乔丹成为爱国者、军国主义者和倡导作好战争准备的人士最爱的靶垛，他们指出，在以往时代，战争不断，种族也在持续不断地改良，这足以作为驳斥其命题的证据。[83]

虽然乔丹未能使这个国家接受自己的准和平主义观点，但他确实给后人留下了一条深刻的信念：战争会导致人种的退化。在第一次世界大战后的几年里，由于人们普遍反对军国主义，他的学说得到了巩固，也因着被那些最常见的书报资料不断复述而受到崇奉。比如《周六晚报》（*Saturday Evening Post*）编辑在1921年写道：

> 要么裁军，要么死亡。这是所有敢于探明事实的人都要面对的一种选择。不怕面对事实的人懂得，就像大自然灭绝弱者、不适者一样，战争会灭绝强壮的人、勇敢的人，夺走种族中最生机勃勃的血脉。[84]

具有讽刺意味的是，美国以反军国主义而非军国主义的名义参加了第一次世界大战。结果是，战争时期的舆论氛围，总体上是敌视生物军国主义。大家觉得，这是敌人的哲学。对知识分子而言，权力政治这种社会达尔文主义，是他们与之斗争的哲学不可分割的部分。[85]战争文学在刻画残忍的德国军事领导人形象时，都会有一种想法，即赋予其形象这么一个特征：德国人的思想被一种刻意、任性、冷冰冰的非道德论哲学支配着。大家一直以为德国人崇拜特赖奇克、尼采、冯·伯恩哈迪以及其他军国主义者。这些人让德国人确信，他们是人类的精英，一个注定要征服欧洲或者世界的超人种族；这些人鼓吹强权带来正义，战争是

197

一种生物需求，适者生存证明征服有理。人们一下子突然普遍对尼采和冯·伯恩哈迪产生了浓厚的兴趣。早在 1914 年 10 月，保罗·埃尔默·摩尔（Paul Elmer More）就评论说："拜每天的新闻所赐，在大街上的人们那里，尼采这个名字开始具有一种险恶的含义。"[86]

　　翻箱倒柜地搜尽德国沙文主义作品的英美学者，是不会放过具有毁谤性的证据的。"好的战争会把任何事体都神圣化"，以及从尼采笔端流溢出的其他类似话语，都可以添进一长串活该受到谴责的引文之列。克劳斯·瓦格纳（Klaus Wagner）在他的《战争》（*Krieg*, 1906）中说："古老的教士们宣扬战争是上帝的公正判决；现代自然科学家则在战争中看到了一种吉庆的选择模式。"[87] 冯·伯恩哈迪在他一版再版的《德国与下一场战争》（*Germany and the Next War*）中说：

> 战争……不只是民族生活中的必要成分，而且是一种不可或缺的文化要素，一个真正文明的民族就是在其中找到力量和活力的最高表现。……战争给出了一项生物学上的公正抉择，因为它的抉择建立在事物的本质之上。……它不仅是一种生物法则，也是一种道德义务，就此而言，也是文明中一种不可或缺的要素。[88]

　　这场战争带来了对德国哲学家、政治家和军事领导人大量彼此类似的攻击言论。其中，最具学术含量的，是由华莱士·诺特斯坦（Wallace Notestein）和埃尔默·E. 斯托尔（Elmer E. Stoll）编写的《征服与文明：德国人是这么说他们的目标的》（*Conquest and Kultur, Aims of the Germans in Their Own Words*）。该书在乔治·克里尔（George Creel）领导的公共信息委员会（Committee on Public Information）的大力支持下出版，因此得到了官方的认可。历史学家、传记作家威廉·罗斯科·塞耶（William Roscoe Thayer）尤其热衷于宣传这种对德国人心态的演绎，他宣称：

> 　　德国人四处看到的都是他们是上帝选民的证据。他们对进化论学说进行解读，以图从中为他们的抱负找到一个正当的理由。进化论教导人们"适者生存"。
>
> 　　超人哲学的捍卫者们严重依赖生物学来支撑他们的信条。他们被"适者生存"这句话给引入了歧途。听到他们唧唧喳喳，你可能会推断，只有适者才得以生存；或者反过来说，你生存下来了这一事实证明，你就是"适者"。[89]

当那些真正读过尼采的人指出尼采对德国沙文主义唯有蔑视时，[90] 便有人说，从连尼采自己都承认的自相矛盾中得出的核心观念，就是德国的外交理念和军国主义理念。[91] 对于那种力图向大家表明尼采的思想来源于达尔文主义的倾向，J. 爱德华·默瑟主教（Bishop J. Edward Mercer）感到颇为震惊，他为英国《十九世纪》（The English *Nineteenth Century*）写了一篇捍卫达尔文的文章，阐述了达尔文的道德意识理论，并把他与尼采作了切割。[92] 然而，达尔文的传统形象仍然顽固地存在，甚至为那些对德国非常了解的学者所接受。[93]

在这种与武力哲学作斗争的必要性的引导下，拉尔夫·巴顿·佩里教授（Ralph Barton Perry）对社会达尔文主义及其所有作品发起了咄咄逼人的攻击。在其驳斥达尔文主义化的伦理学和社会学的所有作品中，《当前的思想冲突》（*Present Conflict of Ideals,* 1918）内容最扎实，影响也最广泛。这些反驳的顶点，就是把社会达尔文主义的那些畸形怪物归因到冯·伯恩哈迪和尼采头上。[94] 整个进化论信条，从达尔文和斯宾塞的进步遗产，到约翰·费斯克的肤浅乐观，再到本杰明·基德的警告，最后到托马斯·尼克松·卡弗的自然选择经济学，全都成了佩里教授斧下之鬼。像他之前的威廉·詹姆斯一样，佩里指出了达尔文主义社会学本质上的循环性，即权力和力量是以生存来定义的，而生存反过来又是用力量和权力来加以解释的。在达尔文主义看来，生存者类型和适者类别的所有变化都与隐秘的价值观没有关系；这个世界不存在任何价值问题，只有生存本身。罗马用军事力量征服世界，希腊用思想力量征服世界，抑或犹太用宗教情感力量征服世界，都是一样的。不可否认，这种看法由于其生物学的本源，而的确表现出一种"偏爱更残酷、更暴力的斗争形式的强烈倾向，因为它显然更具有生物性"。[95]

和平主义者还利用了武力哲学的反应来反戈一击。[96] 应诺曼·安吉尔（Norman Angell）之请，乔治·讷司密斯（George Nasmyth）1916 年出版《社会进步与达尔文主义理论》（*Social Progress and the Darwinian Theory*）一书，普及了克鲁泡特金和欧洲大陆最杰出的社会达尔文主义批评家、俄国社会学家雅克·诺维考（Jacques Novicow）所做的工作。[97] 讷司密斯声称，"知识界和公共舆论已经不加批判地接受了'社会达尔文主义'，几乎一致认为它是进化论的不可或缺的组成部分"，而"不是遵照该理论实际的社会重要性的要求，对其进行深挖细究的分析"。他认为，出现这种情况，斯宾塞要负主要责任。社会达尔文主义最重要的生物学上的错误是，它习惯于忽视物质宇宙，习惯于认为进步的原因不是人与环境的斗争而是人与人的斗争，而实际上人与人之间的斗争是结不出什么果实的。社会达尔文主义的另一个错误是，将"适者"错误地解读为最强者，甚至是最残忍的人，而对达尔文来说，适者只不过意味着最能适应现有条件而已。斗争也同战败者的全部死亡混淆在一起，而事实是这种自然选择因素在人类中几乎不起任何作用。整个互助现象被武力哲学全盘忽视，而正是由于互助，人类才有了在宇宙中的统治地位。从更广泛的意义上说，全人类是一个联合体，所有战争都是内战；然而，武力哲学家从不主张把内战看作进步的源泉。[98]

　　除了有少数几部值得注意的重要著作外，社会学这门学科仍然完全处于松散的、没有条理的状态。生物现象与社会事实混淆在一起。那些自称是这方面专家的人，还会严肃地认为德法之间的各种关系等同于比如说猫和老鼠之间的关系，而不会因此严重损害他们的声誉，也不会因此招来多少揶揄或是奚落。[99]

反军国主义还连带产生了一些稀奇古怪的意外结果。弗农·凯洛格（Vernon Kellogg）是一位生物学家，第一次世界大战时，他在赫伯特·胡佛（Herbert Hoover）领导下在比利时服役期间，结识了几位德国军事领导人。在一本关于自己经历的书中，凯洛格称，敌人的哲学是一种被冷酷无情地用于国家事务的赤裸裸的原生态达尔文主义。[100]凯洛格的书引起了威廉·詹宁斯·布赖恩（William Jennings Bryan）的关注，强化了他认为进化观念生性邪恶的基督教基要主义信念，坚定了他讨伐这些进化观念的决心。[101] 约翰·T. 斯科普斯（John T. Scopes）就不仅因达尔文的理论遭了殃，也吃了布赖恩的苦头。多年来，布赖恩一直对达尔文主义可能带来的社会后果忧心忡忡。1905 年，彼时在内布拉斯加大学执教的 F. A. 罗斯就发现布赖恩在读《人类的由来》，布赖恩告诉他，这样的学说会"削弱民主事业，强化阶级自豪感和财富的权力"。[102] 就像在其他事情上一样，在这一点上，布赖恩的直觉——凭他的智识也没有那个能力去约束自己——真的很准。

1. 达尔文本人并不是一位确切的社会达尔文主义者这个事实，并不影响这类诉诸达尔文的观点的貌似合理性。关于社会达尔文主义中达尔文应负多大责任的讨论，参见 Bernhard J. Stern, *Science and Society*, VI (1942), 75–78。

2. 参见 Jacques Novicow, *La Critique du Darwinisme Social* (Paris, 1910), pp. 12–15。海斯和巴尔赞讨论了达尔文主义对欧洲文化中的军国主义和帝国主义的影响。Carlton J. H. Hayes, *A Generation of Materialism*, pp. 12–13, 246, 255 ff.; Jacques Barzun, *Darwin, Marx, Wagner, passim.*

3. "The Philosophy and Morals of War," *North American Review*, CLXIX (1889), 794.

4. 普拉特在《美国扩张的意识形态》一文中引述了此话。Julius W. Prat, "The Ideology of American Expansion," *Essays in Honor of William E. Dodd* (Chicago, 1935), p. 344.

5. Albert J. Weinberg, *Manifest Destiny*, chap. vii.

6. 参见 W. Stull Holt, "The Idea of Scientific History in America," *Journal of the History of Ideas*, I (1940), 352–362。

7. *Comparative Politics* (New York, 1874), p. 23.

8. *The Letters of Henry Adams*, II, 532.

9. Edward Saveth, "Race and Nationalism in American Historiography: The Late Nineteenth Century," *Political Science Quarterly*, LXIV (1939), 421–441.

10. *A Short History of Anglo-Saxon Freedom* (New York, 1890), p. 308.

11. *Ibid.*, p. 309.

12. *Political Science ad Comparative Constitutional Law*, I, vi, 3–4, 39, 44–45.

13. 参见 A. B. 哈特（A. B. Hart）为《西奥多·罗斯福著作集》写的前言，*The Works of Theodore Roosevelt*, VIII, xiv.

14. *Ibid.*,VIII, 3–4, 7. 罗斯福意识到了许多常见的"种族"术语（如"雅利安人""条顿人"和"盎格鲁-撒克逊人"）空泛无聊，但他无法摆脱种族主义魔障。参见 *ibid.*, XII, 40–41, 以及他对休斯顿·斯图尔特·张伯伦的评论, *ibid.*, 106–112。1896 年，他公开赞同勒庞（Le Bon）的种族主义，称其"非常好，很真实"。*Selections from the Correspondence of Theodore Roosevelt and Henry Cabot Lodge* (New York, 1925), I, 218.

15. *Outlines of Cosmic Philosophy*, II, 256 ff.

16. *Ibid.*, II, 263. 另请参见 *The Destiny of Man*, pp. 85 ff.。

17. *Outlines of Cosmic Philosophy*, II, 341.

18. 参见 *Civil Government in the United States*, p. xiii; *American Political Ideas, passim*。

19. *A Century of Science*, p. 222; *American Political Ideas*, pp. 43–44.

20. *American Political Ideas*, p. 135.

21. *Ibid.*, pp.140–145.

22. Clark, *Life and Letters of John Fiske*, II, 139–140.

23. *American Political Ideas*, p. 7.

24. Clark, *op. cit.*, II, 165–167.

25. *Our Country*, p. 168.

26. *Ibid.*, p. 170, 引自 *The Descent of Man*, ed. unspecified, Part I, p.142; 达尔文参考的是辛克的 *Last Winter in the United States* (London, 1868), p. 29。

27. Strong, *op. cit.*, pp. 171–175. 另请参阅比较斯特朗的 *The New Era* (New York, 1893), chap. iv。

28. Claude Bowers, *Beveridge and the Progressive Era* (Cambridge, 1932), p. 121.

29. Roosevelt, *op. cit.*, XIII, pp. 322–323, 331.

30. Tyler Dennett, *John Hay* (New York, 1933), p. 278.

31. John R. Dos Passos, *The Anglo-Saxon Century*, p. 4.

32. "The Problem of the Philippines," *North American Review*, CLXVII (1898), 267.

33. "The Economic Basis of Imperialism," *ibid.*, (1898), 326.

34. "Can New Openings Be Found for Capital?" *Atlantic Monthly*, LXXXIV (1899), 600–608.

35. A. Lawrence Lowell, "The Colonial Expansion of the United States," *ibid.*, LXXXIII (1899), 145–154.

36. George Burton Adams, "A Century of Anglo-Saxon Expansion," *Atlantic Monthly*, LXXIX (1897), 528–538; John R. Dos Passos, *op. cit.*, p. x; Charles A. Gardiner, *The Proposed Anglo-Saxon Alliance* (New York, 1898), p. 26; Lyman Abbot, "The Basis of an Anglo-American Understanding," *North American Review*, CLXVI (1898), 513–521;

John R. Procter, "Isolation or Imperialism," *Forum*, XXV (1898), 14–26.

37. Hosmer, *op. cit.*, chap. xx.

38. Schurz, "The Anglo-American Friendship," *Atlantic Monthly*, LXXXII (1898), 436.

39. *Atlantic Monthly*, LXXI (1898), 577–588. 试比较 Dos Passos, *op. cit.*, p. 57。

40. 参见 *The Interest of America in Sea Power*, pp. 27, 107–134。

41. 参见 Dennett, *op. cit.*, pp. 189, 219; Dos Passos, *op. cit.*, pp. 212–219, *passim; Selections from the Correspondence of Theodore Roosevelt and Henry Cabot Lodge*, I, 446; *An American Response to Expressions of English Sympathy;* Charles Waldstein, *The Expansion of Western Ideals and the World's Peace* (New York and London, 1899)。

42. Waldstein, *op. cit.*, pp. 20, 22 ff.

43. William R. Thayer, *Life and Letters of John Hay* (Boston, 1915), II, 234.

44. 最好的讨论来自 George L. Beer, *The English Speaking Peoples* (New York, 1917)。

45. Stephen B. Luce, "The Benefits of War," *North American Review*, CLIII (1891), 677.

46. 参见 Merle Curti, *Peace or War*, pp.118–121; Harriet Bradbury, "War as a Necessity of Evolution," *Arena*, XXI (1891), 95–96; Charles Morris, "War as a Factor in Civilization," *Popular Science Monthly*, XLVII (1895), 823–824; N. S. Shaler, "The Natural History of Warfare," *North American Review*, CLXII (1896), 328–340。

47. Mahan, *op. cit.*, p. 267.

48. *National Life and Character*, p. 85.

49. Letters, II, 46.

50. *The Law of Civilization and Decay*, pp. viii ff.

51. *America's Economic Supremacy*, p. 192.

52. *Ibid.*, pp. 193–222.

53. "The New Industry Revolution," *Atlantic Monthly*, LXXXVII (1901), 165.

54. Mahan, *op. cit.*, p. 18.

55. "National Life and Character," *op. cit.*, XIII, 220–222; "The Law of Civilization and Decay," *ibid.*, XIII, 242–260.

56. "Race Decadence" (1914), *op. cit.*, XII, 184–196. 试比较 "A Letter from President Roosevelt on Race Suicide," [American] *Review of Reviews*, XXXV(1907), 550–557。

57. 参见 J. F. Abbot, *Japanese Expansion and American Policies* (New York, 1916), chap. i。

58. Payson J. Treat, *Japan and the United States* (rev. ed., Stanford, 1928), p. 187.

59. 一位西海岸作家的观点，参见 Montaville Flowers, *The Japanese Conquest of American Opinion* (New York, 1917)。

60. Sidney L. Gulick, *America and the Orient* (New York, 1916), pp. 1–27.

61. "The Yellow Peril," 收录于 *Revolution and Other Essays* (New York, 1910), pp. 282–283。

62. "The Real Yellow Peril," *North American Review*, CLXXXVI, (1907), 375–383. 试比较一种更温和的观点，J. O. P. Bland, "The Real Yellow Peril," *Atlantic Monthly*, III (1913), 734–744。

63. Abbott, *op. cit.;* S. L. Gulick, *The American Japanese Problem* (New York, 1914), chaps. xii, xiii. 有关战后危言耸听方面的例子，参见 Madison Grant, *The Passing of the Great Race;* George Brandes, "*The Passing of the white Race,*" *Forum*, LXV (1921), 254–256。洛斯罗普·斯托达德（Lothrop Stoddard）担心，适者生存学说正开始让西方人自食恶果。参见 *The Rising Tide of Color*, pp. 23, 150, 167, 181–182, 219–221, 307–308。

64. *The Valor of Ignorance*, pp. 8, 11.

65. *Ibid.*, p. 44; 试比较 p. 76。

66. *The Day of the Saxon, passim.*

67. *Defenseless America*, pp. v, 27–41, 240.

68. 尤见亨利·A. 怀斯·伍德（Henry A. Wise Wood）为 W. H. 霍布（W. H. Hobb）的《伦纳德·伍德传》一书所写的序, *Leonard Wood* (New York, 1920)。

69. *Proceedings*, Congress of Constructive Patriotism, National Security League (New York, 1917), p. 16.

70. Hermann Hagedorn, *Leonard Wood* (New York, 1931), II, 173.

71. *Congressional Record*, 55th Congress, 3rd Session, p. 1424.

72. "Human Faculty as Determined by Race," *Proceedings*, American Association for the Advancement of Science, XLIII (1894), 301–327.

73. 参见 James M. Baldwin, *Mental Development in the Child and in the Race* (New York, 1895), chap. i。

74. 参见 *Adolescence* (New York, 1905), Vol II, chap. xviii, 尤见 pp. 647, 651, 698–700, 714, 716–718, 748。

75. 参见 *Swords and Ploughshares* (New York, 1902), p. 54, *passim*。

76. Perry, *Thought and Character of William James*, II, 311.

77. *Arena*, XXII, 702.

78. Merle Curti, *op. cit.*, pp. 178–182. 代表性的反帝论争，参见 David Starr Jordan, *Imperial Democracy* (New York, 1899); R. F. Pettigrew, *The Course of Empire* (New York, 1920), 参议院发表的讲话重印稿；George F. Hoar, *Autobiography of Seventy Years* (New York, 1903), Vol. II, chap. xxxiii。另请参见 Fred Harrington, "Literary Aspects of American Anti-Imperialism," *New England Quarterly*, X (1937), 650–667。左翼观点见 Morrison I. Swift, *Imperialism and Liberty* (Los Angeles, 1899)。

79. Perry, *op. cit.*, II, 311.

80. 引自 *ibid.*, II, 311–312。

81. "The Conquest of the United States by Spain," 收录于 *War and Other Essays*, p. 334。

82. 参见 *The Blood of the Nation* (Boston, 1899); *The Human Harvest* (Boston, 1907); *War and Waste* (New York, 1912), chap. i; *War's Aftermath* (New York, 1914); *War and the Breed* (Boston, 1915)。

83. 参见 Theodore Roosevelt, "Twisted Eugenics," *op. cit.*, XII, 197–207; Hudson Maxim, *op. cit.*, 7–18; Charmian London, *The Book of Jack London*, II, 347–348。

84. "The New Internationalism," *Saturday Evening Post*, CXCIV (August 20, 1921)，20.

85. 参见 William Archer, "Fighting a Philosopher," *North American Review*, CCI (1915), 30–44。"贴切地说，我们斗争的对象是尼采哲学。"

86. "The Lust of Empire," *Nation*, XCIX (1914), 493.

87. 引自 *Out of Their Own Mouths* (New York, 1917), pp.75–76。

88. 引自 *ibid.*, p. 151。

89. *Germany vs. Civilization* (New York, 1916), pp. 80–81; *Volleys from a Non-Combatant* (New York, 1919), p. 20; 试比较他为 *Out of Their Own Mouths* 写的前言，p. xv。另请参见 Michael A. Morrison, *Sidelights on Germany* (New York, 1918), pp. 34 ff.。英国人的一种看法，参见 J. H. Muirhead, *German Philosophy in Relation to the War* (London, 1915)。马克斯·伊士曼的《了解德国》是当时一部很有趣的为德国辩护的著作，Max Eastman, *Understanding Germany* (New York, 1916), 尤见 pp. 60 ff.。

90. "Blaming Nietzsche for It All," *Literary Digest*, XLIX (1914), 743–744; "Did Nietzsche Cause the War?" *Educational Review*, XLVIII (1914), 353–357.

91. Archer, *op. cit.*, pp. 30–31.

92. J. Edward Mercer, "Nietzsche and Darwinism," *Nineteenth Century*, LXXVII (1915), 421–431.

93. 参见弗雷德里克·惠特里奇引用的 G. 斯坦利·霍尔的话，Frederick Whitridge, *One American's Opinion of the European War* (New York, 1914), pp. 37–39。另可参见 *Halls Morale* (New York, 1920), pp. 10–14。

94. *The Present Conflict of Ideals*, pp. 425–428。

95. *Ibid.*, p. 145.

96. *Curti, op. cit.*, pp. 119–121.

97. 参见 Novicow. *op. cit.*, and *Les Luttes entre Sociétés Humaines* (Paris, 1893)。

98. *Social Progress and the Darwinian Theory*, pp. 21, 29, 53–60, 64–68, 79, *passim*.

99. *Ibid.*, p.115.

100. *Headquarters Nights* (Boston, 1917).

101. 参见 Wayne C. Williams, *William Jennings Bryan* (New York, 1936), p. 449。

102. *Seventy Years of It*, p. 88. 试比较布赖恩的 *In His Image* (New York, 1922), pp. 107–110, 123–126。

第十章 结论

> 生存复归自身，不管是明摆着的生存，还是抽象的生存，都被神化。整个现代将生存本身奉若神明，同时却又否认生存下来的事物除了拥有仍然可以继续生存下去的能力之外，还有什么实质性的卓越之处。让我们的智识就停留在这个地方，想必是这方面有史以来最奇怪的建议。
>
> ——威廉·詹姆斯

达尔文主义中没有任何东西使之必定成为竞争或武力的辩护士。克鲁泡特金对达尔文主义的解释和萨姆纳的解释一样合乎逻辑。沃德拒绝把生物学作为社会基本原理的来源，这和斯宾塞认为生物世界和社会世界具有共同的普遍动力一样自然。作为人类的一种反应，基督教对社会理论中达尔文主义式的"现实主义"的否定，也同"科学学派"的严酷逻辑一样自然。达尔文主义从一开始就具有这种双重潜质；它在本质上就是个中立的工具，能够拿来支持完全对立的思想观念。既然如此，那我们怎样才能解释直到19世纪90年代，都还是那种对达尔文主义所作的粗犷的个人主义的解读占上风呢？

答案是，美国社会在尖牙利爪版本的自然选择中看到了自己

的形象，于是这个社会的强势群体便可以把这种竞争场面渲染成
一件大好事。生存哲学似乎证明了无情的商业较量和无原则的政
治斗争的正当性。只要驱人做马（personal conquest）和出人头地
（individual assertion）的梦想激励着中产阶级，这种哲学就似乎说
得过去，批评它的人就只是少数。

这个版本的达尔文主义之所以能够继续存在，是因为人们普
遍接受了没有约束的竞争。但在这个世上，最不稳定的就是"纯
粹"的商业竞争。对于运道不好或是生疏笨拙的竞争者来说，没
有什么比这更糟糕的了；也正如本杰明·基德预见的那样，没有
什么能比让越来越多的"不适者"甘心接受这样一种机制的活动
更困难的了。随着时间的推移，美国中产阶级转而逃避曾经颂扬
的原则，回避疯狂生长的野蛮竞争的丑恶形象，并将曾经奉为英
雄的企业家斥为掠夺国民财富、洗劫国民道德、霸占国民机会
的人。

与这种对旧观念的抗拒相伴而来的，是对达尔文主义式的个
人主义的批评获得了第一波决定性的胜利——虽然我们必须中肯
地指出，政治经济改革家获得的物质利益远不如他们在意识形态
上的胜利来得彻底。一旦美国人有心情去倾听针对达尔文主义式
的个人主义的批评者们说话，对这些批评者来说，摧毁这种个人
主义的脆弱的逻辑结构并说服听众这一切就是一个令人毛骨悚然
的错误，并不是什么难事。斯宾塞以及斯宾塞那一代的美国人，
都认为他为命运写下了一篇宏大的序言，他们的子辈则开始惊讶
于它的无比沉闷和离奇有趣的自信，并把它只是看作一场暴露业
已寿终的年代之真实状况的现场解说——倘若他们果真想到了这
一点的话。

202

　　正当达尔文主义式的个人主义衰落之际，民族主义或种族主义类别的达尔文主义式的集体主义却开始扎下了根。就在达尔文主义越发明显不适用于国内经济的时候，它又被人们拿过来配进了国际冲突观的框架（这一过程此前在欧洲已经持续了很久）。对改革理论家来说，一直都可以把下面这种情况证明给大家看，那就是：群体的凝聚力、群体的团结主义，从本质上讲，于生存而言，从来就是兹事体大；个体的自我伸张只是例外，不是常规。在帝国主义者争执摩擦的时代，没有任何东西可以阻挡扩张鼓吹者和军国主义宣传者援引这些群体生存的陈言老套，或是阻挡他们把这些陈腔滥调化成一种关于群体魄力和种族命运的学说，来为他们参与国际竞争的方式辩护。适者生存曾经主要用来支持国内的商业竞争，现在则用来支撑海外扩张。

　　直到第一次世界大战爆发，人们才得以成功地应用这些教条。接下来又发生了颇具讽刺意味的一幕，"盎格鲁-撒克逊"民族对国际暴力的深恶痛绝席卷而至。他们现在回过头来，异口同声地指责敌人是唯一一伙鼓吹"种族"侵略和军国主义的人。认为军国主义思想为德国人所独有的观点是片面的、错误的，但这种看法至少使美国人民有了批判这类教条的心境，这也算是失之东隅收之桑榆吧。从此之后，达尔文主义式的军国主义听起来永远都像是危险的德意志行话。

　　作为一种自觉的哲学，社会达尔文主义到战争结束时在美国已经基本消失。1914 年以来，达尔文主义式的个人主义在美国比 19 世纪后几十年大幅度减少，这一点很能说明问题。当然，仍有一些专业的或非专业的人士认为，在经济学中，萨姆纳的那些论文就是金科玉律。达尔文主义式的个人主义作为民间政治传统的一部分一直持续了下来，即便在正式的讨论中已经很少听到它那雄辩的声音——与具有自觉意识的社会理论相比，民间政治传统比较能够接纳相互抵触的不同意见。但我们把这些都考虑进去之后，还是可以有把握地说，达尔文主义式的个人主义不再投合国民的情绪。

只要社会存在一种突出的掠夺环境，社会达尔文主义就一直都有再度兴起的可能，或是用来为个人主义服务，或是派上帝国主义用途。[1]生物学家会继续从专业角度，对作为一种发展理论的自然选择展开批评，但这些批评不太可能对社会思想产生影响。情况确乎如此。这其中，部分是因为"适者生存"这句话在公众心目中已经占据牢固的位置，部分原因是专业上的批评复杂、深奥，只有内行才懂。

社会观念和社会制度之间当然存在着相互作用。观念既会产生影响，也有自己产生的原因。然而，社会观念结构中发生的变化，是经济政治生活中发生的总体变化的必然结果。要证明这个基本原理，达尔文主义式的个人主义的历史，就是一个明显的例子。在决定是否接受这些思想观念时，真理和逻辑标准并不是很重要，重要的是，这些思想观念是否适合社会利益对智力支持的需要，是否适合社会利益的预想。这是推动社会变革的理性战略家必须面对的巨大困难之一。

然而，无论社会哲学未来如何发展，以下这么几个结论现今已被绝大多数人文学者接受：诸如"适者生存"这类生物学观念，即使其在自然科学中说不定有什么价值，在我们试图去理解社会的过程中，也都没有任何用处；处在社会中的人，其生命虽然附带着也是一个生物学事实，但具有无法被还原为生物学的诸种特性，必须用有别于生物学的文化分析方法来解释；人的身体安康是其所在社会组织的产物，而不是相反；社会的改进是技术进步和社会组织发展的产物，并非来自生育或者选择性的淘汰；发生在人与人之间、企业与企业之间、国家与国家之间的竞争，其价值如何，判断的依据，必须是竞争带来的社会后果，而非人们所宣称的生物性后果；最后，为了大家的共同利益，人们必须接受道德约束，不管是在自然界，还是在自然主义的生活哲学中，没有任何事物能够让人们有理由拒绝这么做。

---

1. 诉诸生物学隐喻，并不是后达尔文主义时代才有的事，在各个时代都曾被广泛使用。马丁·路德在他的演说《论贸易与重利盘剥》（"On Trading and Usury"，1524）中如此控诉大型垄断企业："（他们）压迫并毁灭所有小商人，就像水里的梭子鱼吞噬小鱼一般。他们好似统治上帝子民的大人，不受任何信仰和爱的法律的约束。"福斯塔夫（Falstaff）则认为，"既然大鱼可以吃小鱼，按照自然界的法则，我想不出为什么我不可以咬他那么几口"。（《亨利四世》第二部分第三幕第二场）。类似的例子不胜枚举。

参考文献

　　修订版作者按：作者不可能参考本书第一版之后问世的所有相关书籍和文章，因而没有对参考文献进行扩充。参考文献列出的，也只是作者挑选出来的、对作者具有特殊价值的作品。不过，作者还是想提一下过去六年间问世的、非常具有针对性的几部著作：Stow Persons ed., *Evolutionary Thought in America*（New Haven: Yale University Press, 1950），该书有几篇很有价值的论文，这些文章合在一起，为大家展现了该领域的全貌；Philip P. Wiener, *Evolution and the Founders of Pragmatism*（Cambridge: Harvard University Press, 1949），书如其名，详尽论述了书名涵盖的主题；Morton G. White, *Social Thought in America*（New York: Viking Press, 1949），莫顿·G. 怀特在该书中更为详细地叙述了我在本书后几章中谈到的美国思想的转变；Richard Hofstadter and Walter P. Metzger, *The Development of Academic Freedom in the United States*（New York: Columbia University Press, 1955），在该书第七章，沃特·P. 梅兹格讨论了达尔文主义对整个美国大学生活和思想的影响。

手 稿

萨姆纳：耶鲁大学斯特林纪念图书馆"萨姆纳遗物"区馆藏文献，不包括萨姆纳的私人往来信件。现有文献中，学术生涯之前的部分稍微偏多一些。

沃德：布朗大学海约翰图书馆馆藏莱斯特·沃德文献，主体部分是沃德收到的书信，共 13 卷。对有兴趣了解沃德的影响的读者，这些信件相当有价值。其中最有信息价值的信件，已收入由伯恩哈德·J. 斯特恩（Bernhard J. Stern）编辑出版的沃德文集，后面会列出此书。沃德的藏书中，有几本载有大有讲究的评注，这为他的学术兴趣和学术观点提供了独特的证据。

研究这一时期美国思想的学者非常幸运，有大量已经印刷出版的私人信件可以利用。下面列举的具体书信集以及传记材料，广泛选自查尔斯·达尔文、赫伯特·斯宾塞、阿萨·格雷、约翰·费斯克、爱德华·利文斯顿·尤曼斯、莱斯特·沃德、威廉·詹姆斯、亨利·亚当斯、西奥多·罗斯福及其他人等的往来书信。

206

期 刊

American Journal of Sociology, Chicago, 1896–1920.

Annals of the American Academy of Political and Social Science,

Philadelphia, 1890–1910.

Appleton's Journal, New York, 1867–1881.

Arena, Boston 1889–1899; New York, 1899–1904.

Atlantic Monthly, Boston, 1860–1920.

Forum, New York, 1886–1915.

Galaxy, New York, 1866 1878.

Independent, New York, 1860–1890.

International Socialist Review, Chicago, 1900–1910.

Journal of Heredity, Washington, 1910–1919.

Journal of Political Economy, Chicago, 1893–1915.

Journal of Speculative Philosophy, St. Louis, 1867–1880.

Nation, New York, 1865–1920.

Nationalist, Boston, 1889–1891.

North American Review, Boston, 1860–1877; New York, 1878–1915.

Popular Science Monthly, New York, 1872–1910.

Psychological Review, Princeton, 1894–1915.

图　书

Adams, Brooks. *America's Economic Supremacy.* New York: The Macmillan Co., 1900.

——. *The Law of Civilization and Decay.* New York: The Macmillan Co., 1896.

——. *The New Empire.* New York: The Macmillan Co., 1902.

Adams, Henry. *The Education of Henry Adams*. Boston and New York: Houghton Mifflin Co., 1918.

———. *Letters of Henry Adams* (ed. Worthington C. Ford). Boston: Houghton Mifflin Co., 1930. 2 vols.

Bagehot, Walter. *Physics and Politics*. New York: D. Appleton & Co., 1873.

Baldwin, James Mark. *Darwin and the Humanities*. Baltimore: Review Publishing Co., 1909.

———. *The Individual and Society*. Boston: R. G. Badger, 1911.

Barker, Ernest. *Political Thought in England*. New York: Henry Holt & Co., 1915[?].

Barnes, Harry Elmer, and Becker, Howard. *Contemporary Social Theory*. New York: D. Appleton-Century Co., 1940.

———. *Social Thought from Lore to Science*. New York: D. C. Heath & Co., 1938. 2 vols.

Barzun, Jacques. *Darwin, Max, Wagner*. Boston: Little, Brown & Co., 1941.

Becker, Carl. *The Heavenly City of the Eighteenth Century Philosophers*. New Haven: Yale University Press, 1932.

Behrends, A. J. F. *Socialism and Christianity*. New York: Baker and Taylor, 1886.

Bellamy, Edward. *Edward Bellamy Speaks Again!* Kansas City: The Peerage Press, 1937.

———. *Equality*. New York: D. Appleton & Co., 1897.

207

———. *Looking Backward.* Boston: Houghton Mifflin Co., 1889.

Boas, Franz. *The Mind of Primitive Man.* New York: The Macmillan Co., 1911.

Brandeis, Louis D. *The Curse of Bigness.* New York: The Viking Press, 1934.

Brinton, Crane. *English Political Thought in the Nineteenth Century.* London: E. Benn, 1933.

Bristol, Lucius M. *Social Adaptation.* Cambridge: Harvard University Press, 1915.

Brooks, Van Wyck. *New England: Indian Summer, 1865–1915.* New York: E. P. Dutton & Co., 1940.

Burgess, John W. *Political Science and Comparative Constitutional Law.* Boston: Ginn & Co., 1890. 2 vols.

Cape, Emily Palmer. *Lester F Ward, a Personal Sketch.* New York and London: G. P. Putnam's Sons, 1922.

Carver, Thomas Nixon. *Essays in Social Justice.* Cambridge: Harvard University Press, 1915.

———. *The Religion Worth Having.* Boston: Houghton Mifflin Co., 1912.

Chamberlain, Houston Stewart. *The Foundations of the Nineteenth Century.* London: John Lane, 1911. 2 vols.

Chamberlain, John. *Farewell to Reform.* New York: Liveright, 1932.

Clark, John Bates. *The Philosophy of Wealth.* Boston: Ginn & Co., 1885.

Clark, John Spencer. *The Life and Letters of John Fiske.* Boston and New York: Houghton Mifflin Co., 1917. 2 vols.

Cochran, Thomas C. and Miller William. *The Age of Enterprise.* New York: The Macmillan Co., 1942.

Cooley, Charles Horton. *Human Nature and the Social Order.* New York: Charles Scribner's Sons, 1902.

———. *Social Organization.* New York: Charles Scribner's Sons, 1909.

———. *Social Process.* New York: Charles Scribner's Sons, 1918.

Croly, Herbert. *The Promise of American Life.* New York: The Macmillan Co., 1909.

Curti, Merle E. *Peace or War, the American Struggle, 1636–1936.* New York: W. W. Norton & Co., 1936.

———. *The Social Ideas of American Educators.* New York: Charles Scribner's Sons, 1935.

Darwin, Charles. *The Descent of Man.* London: J. Murray, 1871.

———. *The Origin of Species.* London: Murray, 1859.

Darwin Francis. *The Life and Letters of Charles Darwin.* New York: D. Appleton & Co., 1888. 2 vols.

Davenport, Charles. *Heredity in Relation to Eugenics.* New York: Henry Holt & Co., 1915.

Dewey, John. *Characters and Events* (ed. Joseph Ratner). New York: Henry Holt & Co., 1929. 2 vols.

———. *Democracy and Education.* New York: The Macmillan Co., 1916.

208

——. *Human Nature and Conduct*. New York: Henry Holt & Co., 1922.

——. *The Influence of Darwin on Philosophy*. New York: Henry Holt & Co., 1910.

——. *The Public and Its Problems*. New York: Henry Holt & Co., 1927.

——. *The Quest for Certainty*. New York: Minton, Balch & Co., 1929.

——. *Reconstruction in Philosophy*. New York: Henry Holt & Co., 1920.

——, and Tufts, James. *Ethics*. New York: Henry Holt & Co., 1908.

Dombrowski, James. *The Early Days of Christian Socialism in America*. New York: Columbia University Press, 1936.

Dorfman, Joseph. *Thorstein Veblen and His America*. New York: The Viking Press, 1934.

Dos Passos, John R. *The Anglo-Saxon Century and the Unification of the English-Speaking People*. New York and London: G. P. Putnam's Sons, 1909.

Drummond, Henry. *The Ascent of Man*. New York: A. L. Burt Co., 1894.

Duncan, David. *The Life and Letters of Herbert Spencer*. New York: D. Appleton & Co., 1908.

Ferri, Enrico. *Socialism and Modern Science*. New York: International Library Publishing Co., 1900.

Fisk, Ethel. *The Letters of John Fiske.* New York: The Macmillan Co., 1940.

Fiske, John. *American Political Ideas.* New York: Harper & Bros., 1885.

——. *A Century of Science and Other Essays.* Boston: Houghton Mifflin & Co., 1899.

——. *Civil Government in the United States.* Boston: Houghton Mifflin & Co., 1890.

——. *The Destiny of Man.* Boston: Houghton Mifflin & Co., 1884.

——. *Edward Livingston Youmans.* New York: D. Appleton & Co., *209* 1894.

——. *Excursions of an Evolutionist.* Boston: Houghton Mifflin & Co., 1884.

——. *The Meaning of Infancy.* Boston: Houghton Mifflin & Co., 1909.

——. *Outlines of Cosmic Philosophy.* Boston: Houghton Mifflin & Co., 1874. 2 vols.

Gabriel, Ralph Henry. *The Course of American Democratic Thought.* New York: The Ronald Press Co., 1940.

Galton, Francis, *Hereditary Genius.* London: Macmillan & Co., 1869.

——. *Inquiries into Human Faculty and Its Development.* London: Macmillan & Co., 1883.

——. *Natural Inheritance.* London and New York: Macmillan & Co., 1889.

Geiger, George R. *The Philosophy of Henry George.* New York: The Macmillan Co., 1933.

George, Henry. *A Perplexed Philosopher.* New York: CL. Webster & Co., 1892.

——. *Progress and Poverty.* New York, 1879.

——. *Social Problems.* New York: Belford, Clarke, & Co., 1883.

George, Henry, Jr. *The Life of Henry George.* New York: Doubleday and McClure Co., 1900.

Ghent, William J. *Our Benevolent Feudalism.* New York: The Macmillan Co., 1902.

Giddings, Franklin H. *The Elements of Sociology.* New York: The Macmillan Co., 1898.

——. *Inductive Sociology.* New York: The Macmillan Co., 1901.

——. *The Principles of Sociology.* New York: The Macmillan Co., 1896.

——. *The Responsible State.* Boston: Houghton Mifflin Co., 1918.

Gide, Charles, and Rist Charles. *History of Economic Doctrines.* Boston: D. C. Heath & Co., 1915.

Gladden, Washington. *Applied Christianity.* Boston: Houghton Mifflin & Co., 1886.

Gobineau, Arthur de. *The Inequality of Human Races* (trans. Adrian Collins) New York: G. P. Putnam's Sons, 1915.

Goldenweiser, Alexander. *History, Psychology, and Culture.* New York: Alfred A. Knopf, 1933.

Grant, Madison. *The Passing of the Great Race.* New York: Charles

Scribner's Sons, 1916.

Grattan, C. Hartley. *The Three Jameses*. New York: Longmans, Green & Co., 1932.

Gray, Asa. *Darwinana*. New York: D. Appleton & Co., 1876.

———. *Letters of Asa Gray* (ed. Jane Loring Gray) Boston: Houghton Mifflin Co., 1898. 2 vols.

Gronlund, Laurence. *The Cooperative Commonwealth*. Boston: Lee *210* and Shepard, 1884.

———. *The New Economy*. New York: H. S. Stone & Co., 1898.

———. *Our Destiny*. Boston: Lee and Shepard, 1890.

Gumplowicz, Ludwig. *The Outlines of Sociology* (trans. Frederick W. Moore) Philadelphia: American Academy of Political and Social Science, 1899.

Haeckel, Ernst. *The Riddle of the Universe*. New York: Harper & Bros., 1900.

Hayes, Carlton J. H. *A Generation of Materialism, 1871–1900*. New York: Harper & Bros., 1941.

Headley, Frederick W. *Darwinism and Modern Socialism*. London: Macmillan & Co., 1909.

Henkin, Leo. *Darwinism in the English Novel*. New York: Corporate Press, 1940.

Hobhouse, Leonard. *Social Evolution and Political Theory*. New York: Columbia University Press, 1911.

———. *Mind in Evolution*. London: Macmillan & Co., 1901.

Hodge, Charles. *What Is Darwinism?* New York: Scribner, Armstrong, & Co., 1874.

Holt, Henry. *Garrulities of an Octogenarian Editor.* Boston: Houghton Mifflin Co., 1923.

Hopkins, Charles Howard. *The Rise of the Social Gospel in American Protestantism, 1865–1915.* New Haven: Yale University Press, 1940.

Huxley T. H. *Evolution and Ethics and Other Essays.* New York: The Humboldt Publishing Co., 1894.

James, William. *Collected Essays and Reviews.* New York: Longmans, Green & Co., 1920.

——. *The Letters of William James* (ed. Henry James). Boston: The Atlantic Monthly Press, 1920. 2 vols.

——. *Memories and Studies.* New York: Longmans, Green & Co., 1912.

——. *A Pluralistic Universe.* New York: Longmans Green & Co., 1909.

——. *Pragmatism.* New York: Longmans, Green & Co., 1907.

——. *The Principles of Psychology.* New York: Henry Holt & Co., 1890. 2 vols.

——. *The Will to Believe.* New York: Longmans, Green & Co., 1897.

Josephson, Matthew. *The Politicos.* New York: Harcourt, Brace & Co., 1938.

——. *The President Makers.* New York: Harcourt, Brace & Co., 1940.

——. *The Robber Barons.* New York: Harcourt, Brace & Co., 1934.

Karpf, Fay Berger. *American Social Psychology.* New York and London: McGraw-Hill Book Co., 1932.

Kazin, Alfred. *On Native Grounds.* New York: Reynal & Hitchcock, *211* 1942.

Keller, Albert G. *Reminiscences of William Graham Sumner.* New Haven: Yale University Press, 1933.

Kellicott, William E. *The Social Direction of Human Evolution.* New York: D. Appleton & Co., 1911.

Kellogg, Vernon. *Darwinism To-Day.* New York: Henry Holt & Co., 1907.

Kidd, Benjamin. *Principles of Western Civilization.* New York: The Macmillan Co., 1902.

——. *Social Evolution.* New York: Macmillan & Co., 1894.

Kimball, Elsa P. *Sociology and Education.* New York: Columbia University Press, 1932.

Kraus, Michael. *A History of American History.* New York: Farrar & Rinehart, 1937.

Kropotkin, Peter. *Mutual Aid.* London: W. Heinemann, 1902.

Lea, Homer. *The Day of the Saxon.* New York: Harper & Bros., 1912.

——. *The Valor of Ignorance.* New York: Harper & Bros, 1909.

Lewis, Arthur M. *Evolution, Social and Organic.* Chicago: C. H. Kerr, 1908.

——. *An Introduction to Sociology.* Chicago: C. H. Kerr, 1913.

Lippmann, Walter. *Drift and Mastery.* New York: Mitchell Kennerly, 1914.

Lloyd, Henry Demarest. *Wealth Against Commonwealth.* New York: Harper & Bros., 1894.

London, Charmian. *The Book of Jack London.* New York: The Century Co., 1921. 2 vols.

London, Jack. *Martin Eden.* New York: The Macmillan Co., 1908.

Lowie, Robert H. *The History of Ethnological Theory.* New York: Farrar & Rinehart, 1937.

Lundberg, George A. *et al. Trends in American Sociology.* New York: Harper & Bros., 1929.

McDougall, William. *An Introduction to Social Psychology.* Boston: J. W. Luce & Co., 1909.

Mahan, Alfred Thayer. *The Interest of America in Sea Power.* Boston: Little, Brown & Co., 1897.

Maxim, Hudson. *Defenseless America.* New York: Hearst's International Library Co., 1915.

Nasmyth, George. *Social Progress and the Darwinian Theory.* New York: G. P. Putnam's Sons, 1916.

Nevins, Allan. *The Emergence of Modern America, 1865–1878.* New York: The Macmillan Co., 1928.

212 Norderskiöld, Erik. *The History of Biology.* New York: Alfred A.

Knopf, 1928.

Osborn, Henry Fairfield. *From the Greeks to Darwin*. New York: Charles Scribner's Sons, 1899.

Page, Charles H. *Class and American Sociology*. New York: The Dial Press, 1940.

Parrington, V. L. *Main Currents in American Thought*. New York: Harcourt, Brace & Co., 1927–1930. 3 vols.

Patten, Simon. *The Premises of Political Economy*. Philadelphia: J. B. Lippincott Co., 1885.

Pearson, Charles. *National Life and Character*. London and New York: Macmillan & Co., 1893.

Pearson, Karl. *National Life from the Standpoint of Science*. London: A. and C. Black, 1901.

Peirce, Charles Sanders. *Chance, Love, and Logic* (ed. Morris R. Cohen) New York: Harcourt, Brace & Co., 1923.

Perry, Ralph Barton. *Philosophy of the Recent Past*. New York: Charles Scribner's Sons, 1926.

——. *The Present Conflict of Ideals*. New York: Longmans, Green & Co., 1918.

——. *The Thought and Character of William James*. Boston: Little, Brown & Co. 1935. 2 vols.

Popenoe, Paul, and Johnson, Roswell Hill. *Applied Eugenics*. New York: The Macmillan Co., 1918.

Pratt. Julius W. *Expansionists of 1898.* Baltimore: The Johns Hopkins Press, 1936.

Rauschenbusch, Walter. *Christianity and the Social Crisis.* New York: The Macmillan Co., 1907.

——. *Christianizing the Social Order.* New York: The Macmillan, Co., 1912.

Riley, Woodbridge. *American Thought from Puritanism to Pragmatism.* New York: Henry Holt & Co., 1915.

Ritchie, David G. *Darwinism and Politics.* London: S. Sonnenschein & Co., 1889.

Rogers, Arthur K. *English and American Philosophy since 1800.* New York: The Macmillan Co., 1922.

Roosevelt, Theodore. *The New Nationalism.* New York: The Outlook Co., 1910.

——, and Lodge, Henry Cabot. *Selections from the Correspondence of Theodore Roosevelt and Henry Cabot Lodge* (ed. Henry Cabot Lodge). New York: Charles Scribner's Sons, 2 vols.

——. *The Works of Theodore Roosevelt* (National Ed.) New York: Charles Scribner's Sons, 1926. 20 vols.

213   Ross, Edward A. *Foundations of Sociology.* New York: The Macmillan Co., 1905.

——. *Seventy Years of It.* New York: D. Appleton-Century Co., 1936.

Rumney, Judah. *Herbert Spencer's Sociology.* London: Williams and Norgate, 1934.

Schilpp, Paul A, ed. *The Philosophy of John Dewey.* Evanston and Chicago: Northwestern University Press, 1939.

Schlesinger, A. M. *The Rise of the City.* New York: The Macmillan Co., 1933.

Schurman, Jacob Gould. *The Ethical Import of Darwinism.* New York: Charles Scribner's Sons, 1887.

Singer, Charles. *A Short History of Biology.* Oxford: The Clarendon Press, 1931.

Small, Albion W. *General Sociology.* Chicago: The University of Chicago Press, 1905.

———, and Vincent, George E. *An Introduction to the Study of Society.* New York: American Book Co., 1894.

Spence, Herbert. *An Autobiography.* New York: D. Appleton & Co., 1904. 2 vols.

———. *First Principles.* New York: D. Appleton & Co., 1864.

———. *The Man Versus the State* (ed. Truxton Beale). Mitchell Kennerley, 1916.

———. *The Principles of Ethics.* New York: D. Appleton & Co., 1895–1898. 2 vols.

———. *The Principles of Sociology.* New York: D. Appleton & Co., 1876–1897. 3 vols.

———. *Social Statics.* New York: D. Appleton & Co., 1864.

———. *The Study of Sociology.* New York: D. Appleton & Co., 1874.

Starr, Harris E. *William Graham Sumner.* New York: Henry Holt &

Co., 1925.

Stern, Bernhard. *Lewis Henry Morgan, Social Evolutionist.* Chicago: University of Chicago Press, 1931.

——, ed. *Young Ward's Diary.* New York: G. P. Putnam's Son, 1935.

Stoddard, Lothrop. *The Rising Tide of Color.* New York: Charles Scribner's Sons, 1920.

Strong, Josiah. *Our Country.* New York: The American Home Missionary Society, 1885.

Sumner, William G. *The Challenge of Facts and Other Essays.* New Haven: Yale University Press, 1914.

——. *Earth-Hunger and Other Essays.* New Haven: Yale University Press, 1913.

——. *Essays of William Graham Sumner* (ed. Albert G. Keller and Maurice. R. Davie) New Haven: Yale University Press, 1934. 2 vols.

214 ——. *Folkways.* Boston: Ginn & Co., 1906.

——. *What Social Classes Owe to Each Other.* New York: Harper & Bros., 1883.

——, and Keller Albert G. *The Science of Society.* New Haven: Yale University Press, 1927. 4 vols.

Tarbell, Ida. *The Nationalizing of Business, 1878–1898.* New York: The Macmillan Co., 1936.

Thomson, J. Arthur. *Darwinism and Human Life.* New York: The Macmillan Co., 1911.

Townshend, Harvey G. *Philosophical Ideas in the United States*. New York: American Book Co., 1934.

Veblen, Thorstein. *Absentee Ownership*. New York: B. W. Huebsch, 1923.

——. *Essays in Our Changing Order* (ed. Leon Ardzrooni). New York: The Viking Press, 1934.

——. *The Instinct of Workmanship*. New York: B. W. Huebsch, 1914.

——. *The Place of Science in Modern Civilization*. New York: B. W. Huebsch, 1919.

——. *The Theory of Business Enterprise*. New York: Charles Scribner's Sons, 1904.

——. *The Theory of the Leisure Class*. New York: The Macmillan Co., 1899.

Walling, William English. The Larger Aspects of Socialism. New York: The Macmillan Co., 1913.

Walker, Francis A. *The Wages Question*. New York: Henry Holt & Co., 1876.

Ward, Lester. *Applied Sociology*. Boston: Ginn & Co., 1906.

——. *Dynamic Sociology*. New York: D. Appleton & Co., 1883, 2 vols.

——. *Glimpses of the Cosmos*. New York: G. P. Putnam's Sons, 1913–1918. 6 vols.

——. *Outlines of Sociology*. New York: The Macmillan Co., 1898.

——. *The Psychic Factors of Civilization.* Boston: Ginn & Co., 1893.

——. *Pure Sociology.* New York: The Macmillan Co., 1903.

Warner, Amos G. *American Charities.* New York: T. Y. Crowell & Co., 1894.

Weinberg, Albert K. *Manifest Destiny.* Baltimore: The Johns Hopkins Press, 1935.

Weyl, Walter. *The New Democracy.* New York: The Macmillan Co., 1912.

Wright, Chauncey. *Philosophical Discussions.* New York: Henry Holt & Co., 1877.

215   Youmans, Edward Livingston, ed. *Herbert Spencer on the Americans and the Americans on Herbert Spencer.* New York: D. Appleton& Co., 1883.

Young, Arthur, N. *The Single Tax Movement in the United States.* Princeton: Princeton University Press, 1916.

论　文

Boas, Franz. "Human Faculty as Determined by Race," *Proceedings,* American Association for the Advancement of Science, XLIII (1894), 301–327.

Case, Clarence M. "Eugenics as a Social Philosophy," *Journal of Applied Sociology,* VII (1922), 1–12.

Cochran Thomas C. "The Faith of Our Fathers," *Frontiers of*

Democracy, VI (1939), 17–19.

Cooley, Charles H. "Genius, Fame, and the Comparison of Races," *Annals of the American Academy of Political and Social Science,* IX (1897), 317–358.

Dewey John. "Evolution and Ethics," *Monist,* VIII (1898), 321–341.

——. "Social Psychology," *Psychological Review,* I (1894), 400–411.

Ely, Richard T. "The Past and the Present of Political Economy," *John Hopkins University Studies in Historical and Political Science.* II (1884).

Harrington, Fred H. "Literary Aspects of American Anti-Imperialism," *New England Quarterly,* X (1937), 650–667.

Hofstadter, Richard. "William Graham Sumner, Social Darwinist," *New England Quarterly,* XIV (1941), 457–477.

Huxley Thomas Henry. "Administrative Nihilism," *Fortnightly Review,* N. S., XVI (1880), 525–543.

James, William. "Great Men, Great Thoughts, and the Environment," (Reprinted in *The Will to Believe.*)

Loewnberg, Bert J. "The Reaction of American Scientists to Darwinism," *American Historical Review,* XXXVIII (1933), 687–701.

——. "Darwinism Comes to America," *Mississippi Valley Historical Review,* XXVIII (1941), 339–369.

——. "The Controversy over Evolution in New England, 1859–1873," *New England Quarterly,*VII (1935), 232–257.

Patten Simon. "The Failure of Biologic Sociology," *Annals of the*

American Academy of Political and Social Science, I (1894), 919–947.

Pratt, Julius W. "The Ideology of American Expansion," in *Essays in Honor of William E. Dodd* (Chicago University of Chicago Press,1935)，335–353.

Ratner, Sidney. "Evolution and the Rise of the Scientific Spirit in American," *Philosophy of science,* III (1936), 104–122.

216   Saveth, Edward. "Race and Nationalism in American Historiography: The Late Nineteenth Century," *Political Science Quarterly,* LIV (1939)，425–441.

Schlesinger, A. M. "A Critical Period in American Religion, 1875–1900," *Massachusetts Historical Society Proceeding,* LXIV (1932), 523–547.

Small, Albion. "Fifty Years of Sociology in the United States, 1865–1915," *American Journal of Sociology,* XVI (1916), 721–864.

Spencer, Herbert. "A Theory of Population, Deduced from the General Law of Animal Fertility," *Westminster Review,* LVII (1852), 468–501.

Spiller, G[ustav]. "Darwinism and Sociology," *Sociological Review* (Manchester), VII (1914), 232–253.

Stern, Bernhard J. "Giddings, Ward, and Small: An Interchange of Letters," *Social Forces,* X (1932), 305–318.

——, ed. "The Letters of Ludwig Gumplowicz to Lester Ward," *Sociologus* (Leipzig), Beiheft I, 93.

——, ed. "The Letters of Albion W. Small to Lester F. Ward," *Social*

Forces, XII (1933), 163–173; XIII (1935), 323–340; XIV (1936), 174–186; XV (1937), 305–327.

——, ed. "Letters of Alfred Russel Wallace to Lester F. Ward," *Scientific Monthly,* XL (1935), 375–379.

——, ed. "The Ward Ross Correspondence, 1891–1896," *American Sociological Review,* III (1938), 362–401.

Veblen, Thorstein. "Why Is Economics Not an Evolutionary Science," *Quarterly Journal of Economics,* XIII (188), 373–397.

Wells, Colin, *et al.,* "Social Darwinism," *American Journal of Sociology,* XII (1907), 695–716.

索引

Abbott, Francis Ellingwood, 弗朗西斯·埃林伍德·阿博特 22

Abbott, Lyman, 莱曼·阿博特 29, 106, 108

Adams, Brooks, 布鲁克斯·亚当斯 186–189

Adams, Henry, 亨利·亚当斯 15, 85, 173, 186

Adams, Herbert Baxter, 赫伯特·巴克斯特·亚当斯 173–174

Agassiz, Louis, 刘易斯·阿加西兹 17–18, 23, 26, 28, 127

Aguinaldo, Emilio, 埃米利奥·阿吉纳尔多 194

American Association for the Advancement of Science, 美国科学促进会 18–19, 193

American Breeders' Association, 美国育种家协会 162

American Economic Association, 美国经济学会 34, 107, 144, 147

American Genetic Association, 美国遗传学会 162

American Journal of Sciences and Arts,《美国科学与人文杂志》13

American Journal of Sociology,《美国社会学杂志》101

American Philosophical Society, 美国哲学会 4

American Social Science Association, 美国社会科学学会 47

American Sociological Society, 美国社会学会 70, 82, 156

Anarchism, 无政府主义 7, 35, 59, 130, 134

Angell, Norman, 诺曼·安吉尔 199

Anglo-Saxonism, 盎格鲁－撒克逊主义 172–184, 191–194, 203

Anthropological Society of Washington, 华盛顿人类学会 72

Anthropologists, 人类学家 4, 65, 85, 152, 169, 192

Anti-Corn Law League, 反《谷物法》联盟 35

Anti-imperialism, 反帝 134, 183, 192, 194

Anti-Imperialist League, 反帝联盟 194

Appleton's Journal,《阿普尔顿杂志》22, 89

Aquinas, Saint Thomas, 圣托马斯·阿奎那 26

Aristocracy, 精英 9, 56, 71, 80, 82–83, 154, 157

Aristotle, 亚里士多德 26, 31–32

Arnold, Matthew, 马修·阿诺德 21

Atheism, 无神论 13, 18, 25–26, 30, 88

Atlantic Monthly,《大西洋月刊》23, 33, 87, 132

Baer, Karl Ernst Von, 卡尔·恩斯特·冯·贝尔 35

Bagehot, Walter, 沃尔特·白芝浩 23, 67, 90, 92, 112, 132

Bain, Alexander, 亚历山大·贝恩 15, 23

Baldwin, James Mark, 詹姆斯·马克·鲍德温 158–159

Bancroft, George, 乔治·班克罗夫特 32, 177–178

Barker, Lewellys F., 卢埃利斯·F. 巴克拉 164

Barnard, F. A. P., F. A. P. 巴纳德 31

Beard, Charles A., 查尔斯·A. 比尔德 60, 168–169

Beecher, Henry Ward, 亨利·沃德·比彻 29–31, 48

Behrends, A. J. F., A. J. F. 贝伦茨 106,108

Bellamy, Edward, 爱德华·贝拉米 98, 107, 110, 113–114, 148

Bemis, Edward, 爱德华·贝米斯 107

Bentham, Jeremy, 杰里米·边沁 40–41

Bernhardi, Friedrich von, 弗里德里希·冯·伯恩哈迪 190, 196–198

Beveridge, Albert T., 阿尔伯特·T. 贝弗里奇 179–180, 182

Bible,《圣经》14, 16, 25–26, 28, 31

Biddle, Nicholas, 尼古拉斯·比德尔 9

Bliss, William D. P., 威廉·D. P. 布利斯 106

Boas, Franz, 弗朗兹·博厄斯 168–169, 192

Boehmert, Victor, 维克多·伯默特 72

Bowen, Francis, 弗朗西斯·鲍恩 88, 146

Bowne, Borden P., 伯登·P. 鲍恩 33

Brace, Charles Loring, 查尔斯·洛林·布雷斯 16, 22

Brandeis, Louis D., 路易斯·D. 布兰代斯 121, 168–169

Brooks, Phillips, 菲利普斯·布鲁克斯 30

Brown University, 布朗大学 69

Browning, Robert, 罗伯特·布朗宁 21

Brownson, Orestes A., 奥雷斯蒂斯·A. 布朗森 26

Bryan, William Jennings, 威廉·詹宁斯·布赖恩 82, 119, 200

Büchner, Edward, 爱德华·毕希纳 26, 36

Buckle, Thomas H., 托马斯·H. 巴克勒 15

Burgess, John W., 约翰·W. 伯吉斯 174–175

Burke, Edmund, 埃德蒙·伯克 8

Butler, Nicholas Murray, 尼古拉斯·默里·巴特勒 50

Calvinism, 加尔文教 10, 51, 66

Carnegie, Andrew, 安德鲁·卡内基 9, 45, 49, 60

Carver, Thomas Nixon, 托马斯·尼克松·卡弗 148, 151, 153, 198

Catholicism, 天主教 24, 26, 30, 87, 178

Chambers, Robert, 罗伯特·钱伯斯 14

Chicago, University of, 芝加哥大学 82, 135

Christian Union,《基督教联合会》29

Church Association for the Advancement of the Interests of Labor, 教会劳工权益促进协会 106

Churches: and evolution, 教会: 与进化 24–30, 105–110, 151

Clarke, James Freeman, 詹姆斯·弗里曼·克拉克 14

Clergy, 神职人员 105–109. *see also,* 另见 Churches 教会; Social gospel 社会福音

Cleveland, Stephen Grover, 斯蒂芬·格罗弗·克利夫兰 183

Coleridge, Samuel T., 萨缪尔·T. 柯勒律治 35

Columbia University, 哥伦比亚大学 157, 175

Commons, John R., 约翰·R. 康芒斯 34, 107, 168

Competition, 竞争 6, 9, 35, 45, 52, 54, 57–59, 73–75, 86, 89, 93, 98–104, 108–110, 113–121, 140, 143–157, 164, 176–177, 185, 188, 201–204

Comte, Auguste, 奥古斯特·孔德 20, 67, 82–83, 115, 137

Conant, Charles A., 查尔斯·A. 科南特 181

Conservation of energy, 能量守恒 36, 127, 157

Conservatism, 保守主义 5–10, 28, 41, 46–47, 51, 57, 80, 84, 88, 108, 110–111, 118, 121, 124, 136, 141, 157, 167

Contemporary Review,《当代评论》55

Cooley, Charles H., 查尔斯·H. 库利 33, 143, 159–160, 166–167

Copernicus, Nicolaus, 尼古拉·哥白尼 4

Creel Committee on Public Information, 克里尔公共信息委员会 197

Croly, Herbert, 赫伯特·克罗利 105, 121, 141

Crosby, Ernest Howard, 欧内斯特·霍华德·克罗斯比 194

Cuvier, Georges, L., 乔治·L. 居维叶 14, 17

Dana, James Dwight, 詹姆斯·德怀特·丹纳 18, 29

Daniel, John W., 约翰·W. 丹尼尔 192

Darrow, Clarence, 克拉伦斯·达罗 34

Dartmouth College, 达特茅斯学院 21

Darwin, Charles, 查尔斯·达尔文 4–5, 13, 16–32, 36–39, 45, 55–56, 67, 77–79, 85, 88, 90–93, 109, 117, 132, 144, 147, 161, 167, 171, 178–179, 196–200

Darwinism, 达尔文主义 4, 14–19, 23–24, 28, 85, 124–125, 136, 147–148, 154–155, 177; and psychology, 和心理学 131–132, 150, 159; and theism, 和有神论 25–31, 45, 86, 88, 108, 151; as new approach to nature, 作为研究自然的一种新路径 3; social, 社会（达尔文主义）5–9, 11, 38, 43–44, 51–66, 68, 77, 81–82, 90, 95, 101, 104, 111, 137, 144, 152, 156–164, 170–172, 192, 196–203. *see also,* 另见 Evolution 进化；Natural selection 自然选择

Davenport, Charles B., 查尔斯·B.达文波特 164

Dawes, Henry L., 亨利·L.道威斯 177

Dawn,《拂晓》106

Debs, Eugene, 尤金·德布斯 60

Democracy, 民主 9, 56, 59–60, 63, 66, 71, 80, 82, 86, 100, 103, 119, 157, 166, 173–177, 188, 192–195, 200

Depew, Chauncey, 昌西·迪普 44

Descent of Man, The (Darwin),《人类的由来》（达尔文）24–27, 91–92, 171, 179, 200

Determinism, 决定论 51, 60, 68, 104, 125, 129–130, 157

DeVries, Hugo, 雨果·德弗里斯 117, 163

Dewey, John, 约翰·杜威 33, 118, 123, 125, 134–142, 159–160, 168–169

Dickens, Charles, 查尔斯·狄更斯 21

Dickinson, G. Lowes, G.洛斯·迪金森 134

Draper, John W., 约翰·W.德雷珀 23

Dreiser, Theodore, 西奥多·德莱塞 34

Drummond, Henry, 亨利·德拉蒙德 90, 96–97, 103–104, 110

Dugdale, Richard, 理查德·达格代尔 161

Economist,《经济学人》35

Economists, 经济学家 4, 6, 34, 159, 187; and evolution, 与进化 143–156, 198, 202–203

Education, 教育 41, 62–63, 72, 76–77, 84, 90, 95, 116, 127, 129, 134–142, 165–166, 185, 192

Eggleston, George Cary, 乔治·凯里·艾格斯顿 89

Eliot, Charles William, 查尔斯·威廉·艾略特 19, 50, 127

Ellwood, Charles A., 查尔斯·A.埃尔伍德 158

Ely, Richard T., 理查德·伊利 34, 70, 107, 146–147

Emerson, Ralph Waldo, 拉尔夫·沃尔多·爱默生 32

Engels, Friedrich, 弗里德里希·恩格斯 115

Enlightenment, 启蒙运动 65

Ethics: 伦理：Christian, 基督教的 38, 86–87, 106, 110, 143, 201; and economics, 与经济学 10–11, 51, 54, 61, 98, 115; and evolution, 与进化 40, 43, 85–104, 134, 138–140, 143–144, 198, 204; political, 政治的 79; Protestant, 新教的 51–52; utilitarian, 功利主义的 40

Eugenics movement, 优生学运动 82, 161–167, 185, 196

Everett, Edward, 爱德华·埃弗雷特 32

Evolution, 进化 3–4, 6, 13–17, 20, 22, 34–38,

51, 58, 68, 127; and purpose, 与目的 81; definition of, 的定义 129; evidences of, 的证据 19, 55; gradual, 缓慢的 117, 125; optimistic implications of, 的乐观含意 16, 39, 44, 47–48, 78, 86, 89, 130, 176, 198; social, 社会的 42–43, 59–60, 66, 71, 73, 98, 115, 118, 133, 157, 171, 182, 198; speculative, 思辨的 4, 14. *see also*, 另见 Darwinism 达尔文主义; Ethics 伦理; Natural selection 自然选择

Ferri, Enrico, 恩里科·菲利 152

Fichte, J. G., J.G. 费希特 31

Fiske, John, 约翰·费斯克 13–15, 19–22, 24, 31–32, 48, 90, 94–96, 103–104, 110, 126, 139, 142, 176–178, 186, 198

Forum,《论坛》49, 71, 77

Fourteenth Amendment, 第十四修正案 46–47

Free trade, 自由贸易 35, 63, 72

Freeman, Edward Augustus, 爱德华·奥古斯都·弗里曼 172–173

French Academy of Science, 法兰西科学院 23

Freud, Sigmund, 西格蒙德·弗洛伊德 3

Fundamentalism, 基督教基要主义 25, 200

Galaxy,《群星》24, 89

Galton, Sir Francis, 弗朗西斯·高尔顿爵士 161, 164, 166

Gardner, Augustus P., 奥古斯特·P. 加德纳 50

Garland, Hamlin, 哈姆林·加兰 34

Gary, Elbert H., 埃尔伯特·H. 加里 50

Geoffroy St. Hilaire, Étienne 埃蒂安·杰弗罗伊·圣-希莱尔 14

George, Henry, 亨利·乔治 47, 98, 107, 110–113

Giddings, Franklin H., 弗兰克林·亨利·吉丁斯 33, 79, 157–158

Gilman, Daniel Coit, 丹尼尔·科伊特·吉尔曼 21

Gladden, Washington, 华盛顿·格拉登 15, 105–106, 108–109

Gobineau, Comte Arthur de, 阿瑟·孔德·德·戈宾诺 171

Goddard, Henry, 亨利·戈达德 164

Godkin, E. L., E.L. 戈德金 23, 134

Goethe, Johann Wolfgang von, 约翰·沃尔夫冈·冯·歌德 14

Gray, Asa, 阿萨·格雷 13–14, 18–19, 23–24, 32, 38

Green, John Richard, 约翰·理查德·格林 174

Gronlund, Laurence, 劳伦斯·格隆朗德 114–116

Gumplowicz, Ludwig, 路德维希·贡普洛维茨 77–78

Haeckel, Ernst, 恩斯特·海克尔 26, 36, 55, 109, 115, 193

Hale, Edward Everett, 爱德华·埃弗雷特·希尔 32

Hall, G. Stanley, G. 斯坦利·霍尔 193

Hamilton, Alexander, 亚历山大·汉密尔顿 9

Harriman, Mrs. E. H., E. H. 哈里曼夫人 162

Harris, William T., 威廉·T. 哈里斯 33, 124

Harvard University, 哈佛大学 13–14, 19–20, 106, 126, 128, 141

Hay, John, 海约翰 179–180, 183

Hayes, Rutherford B., 拉瑟福德·B. 海斯 177

Hegel, G. W. F., G.W.F. 黑格尔 31–32, 124, 128, 139

Helmholtz, Hermann L. von, 赫尔曼·L.冯·赫尔姆霍茨 36

Herron, George, 乔治·赫伦 106, 109–110

Herschel, Sir William, 威廉·赫歇尔爵士 15

Hewitt, Abram S., 亚伯兰·S. 休伊特 46

Hill, David Jayne, 大卫·杰恩·希尔 50

Hill, James, J., 詹姆斯·J. 希尔 45

Hoar, George F, 乔治·F. 霍尔 177

Hobbes, Thomas, 托马斯·霍布斯 91–92, 95

Hobson, John A., 约翰·A. 霍布森 101

Hodge, Charles, 查尔斯·霍奇 26

Hodgskin, Thomas, 托马斯·霍吉斯金 35

Holmes, Oliver Wendell, 奥利弗·温德尔·霍姆斯 32, 121, 126, 168

Holt, Henry, 亨利·霍尔特 34

Hooker, Joseph Dalton, 约瑟夫·道尔顿·胡克 16

Hoover, Herbert, 赫伯特·胡佛 200

Hosmer, James K., 詹姆斯·K.霍斯默 174, 182

Howells, William Dean, 威廉·迪安·豪威尔斯 89

Howison, George, 乔治·豪伊森 33

Humboldt, Alexander von, 亚历山大·冯·洪堡 15

Huxley, Thomas Henry, 托马斯·亨利·赫胥黎 13, 15, 21, 26, 55, 90, 95–97, 104, 115, 139

Hyndman, H. M., H. M. 海因德曼 112

Iconoclast, The,《反偶像人》69

Imperialism, 帝国主义 56, 87, 91, 170–200, 202–203

Independent,《独立》27–28, 62, 106

Individualism, 个人主义 6, 34, 46, 49–50, 68, 72, 79–83, 91, 102–108, 114–122, 125, 133–134, 140–141, 146, 151, 156–159, 164–165, 168, 201–203

Industrialism, 工业主义 5, 19, 35, 42, 45, 49, 58, 60, 73, 78, 97, 106, 113, 120, 152, 154, 159, 176, 185, 188–189

Ingersoll, Robert, 罗伯特·英格索尔 31

Instrumentalism, 工具主义 68, 125,135–136, 139, 141. see also, 另见 Dewey; 杜威 Pragmatism 实用主义

International Science Series, 国际科学系列丛书 23, 43, 92

International Socialist Review,《国际社会主义者评论》116

Interstate Commerce Act,《州际商务法》62, 70

Iowa College, 爱荷华学院 106

Ireland, Alleyne, 阿莱恩·艾尔兰 166

Irish Land League, 爱尔兰土地同盟 112

James, Henry, 亨利·詹姆斯 18, 127, 134

James, William, 威廉·詹姆斯 17, 20, 32–33, 84, 118, 123–138, 141, 159, 194, 198, 201. *see also,* 另见 Pragmatism 实用主义

Jevons, Stanley, 斯坦利·杰文斯 23

Johns Hopkins University, 约翰·霍普金斯大学 21, 70, 135, 173–174

Johnson, Roswell Hill, 罗斯韦尔·希尔·约翰逊 165

Jordan, David Starr, 戴维·斯塔尔·乔丹 164, 195–196

Joule, James P., 詹姆斯·P. 焦耳 36

Journal of Heredity,《遗传学杂志》166

Journal of Speculative Philosophy,《思辨哲学杂志》124, 130

Kant, Immanuel, 伊曼纽尔·康德 31

Keller, Albert Galloway, 阿尔伯特·加洛韦·凯勒 156–157, 167

Kellicott, William E., 威廉·E. 凯利科特 163

Kellogg, Vernon, 弗农·凯洛格 199–200

Kelvin, William Thomson, Lord, 威廉·汤姆森·开尔文爵士 36

Kemble, John Mitchell, 约翰·米切尔·肯布尔 172

Keynes, John Maynard, 约翰·梅纳德·凯恩斯 10

Kidd, Benjamin, 本杰明·基德 90, 99–102, 137–138, 198, 202

Kingsley, Charles, 查尔斯·金斯利 172

Kipling, Rudyard, 鲁德亚德·吉卜林 193–194

Knights of Labor, 劳工骑士团 46, 105

Kropotkin, Peter, 彼得·克鲁泡特金 90–91, 97, 104, 117, 140, 199, 201

LaFolette, Robert M., 罗伯特·M. 拉福莱特 121

laissez-faire, 自由放任 5, 35, 40, 46, 51, 65, 68, 72–75, 79, 82, 84, 101, 108, 120, 123, 138, 144–146, 164

Lamarck, J., J. 拉马克 17, 35, 39, 77, 98, 116

Lassalle, Ferdinand, 费迪南德·拉萨尔 115

Laughlin, J. Laurence, J. 劳伦斯·劳克林 146

Laveleye, Emile de, 埃米尔·德·拉维勒耶 108

Lea, Homer, 荷马李 170, 190–191

Le Conte, Joseph, 约瑟夫·勒·孔蒂 17, 23, 28–29, 38

Lewes, George H., 乔治·H. 刘易斯 15

Lewis, Arthur M., 阿瑟·M. 刘易斯 115–117

Lippmann, Walter, 沃尔特·李普曼 122,

141

Lloyd, Henry Demarest, 亨利·德马雷斯特·劳埃德 120

Locke, John, 约翰·洛克 137

Lodge, Henry Cabot, 亨利·卡伯特·洛奇 50, 179, 183

London, Jack, 杰克·伦敦 34, 189

Lowell, James Russell, 詹姆士·拉塞尔·洛威尔 32

Lubbock, Sir John, 约翰·卢伯克爵士 92

Luce, Stephen B., 斯蒂芬·B. 鲁斯 184

Lusk, Hugh, H., 休·腊斯克 189

Lyell, Sir Charles, 查尔斯·莱伊尔爵士 14–16, 19, 26, 35, 85

McCosh, James, 詹姆斯·麦科什 27, 29, 33, 38, 86

McDougall, William, 威廉·麦独孤 160

Machiavelli, Niccolo, 尼科洛·马基雅维里 87

Mahan, Alfred T. 阿尔弗雷德·T. 马汉 183–184, 188

Mallock, William H., 威廉·H. 马洛克 90, 102, 104, 153

Malthus, Thomas Robert, 托马斯·罗伯特·马尔萨斯 35, 38–39, 51, 55–56, 65, 78–79, 85, 88, 91, 110–111, 145–147

Marble, Manton, 曼顿·马布尔 24

Marsh, Othniel C., 奥斯尼尔·查尔斯·马什 19–20, 55

Martineau, Harriet, 哈丽雅特·马蒂诺 52–53, 64

Marx, Karl, 卡尔·马克思 115–116, 117

Maudsley, Henry, 亨利·莫兹利 23

Maxim, Hiram, 海勒姆·马克沁 191

Maxim, Hudson, 哈德森·马克沁 191

Mayer, Julius R., 尤利乌斯·R. 迈尔 36

Mendel, Gregor, 格雷戈尔·孟德尔 163

Menken, S. Stanwood, S.斯坦伍德·门肯 191

Mercer, J. Edward, 爱德华·J. 默瑟 198

Middle class, 中产阶级 11, 35, 63–64, 119–120, 202

Militarism, 军国主义 56, 192, 202–203; American, 美国的 170–172, 182, 184, 190–191, 194, 196; German, 德国的 171–172, 190, 196–200

Mill, John Stuart, 约翰·斯图尔特·密尔 15, 21, 126

Mivart, St. George, 圣乔治·米瓦特 27

Moleschott, Jacob, 雅各布·摩莱肖特 36

Moltke, Helmuth von, 赫尔穆特·冯·毛奇 172

Mongredien, Augustus, 奥古斯特·蒙格瑞丁 72

Monism, 一元论 67–68, 81, 84, 115, 117–118, 127

Monist, 一元论者 139

Moody, Dwight L., 德怀特·L. 穆迪 25

More, Paul Elmer, 保罗·埃尔默·摩尔 197

Morgan, John Pierpont, 约翰·皮尔庞特·摩根 9

Morris, George Sylvester, 乔治·西尔维斯

特·莫里斯 135

Morse, Edward S., 爱德华·S. 莫尔斯 19

Müller, Max, 马克斯·缪勒 173

Nasmyth, George, 乔治·讷司密斯 199

Nation,《国家》23–24, 35, 126, 134

National Conference on Race Betterment, 全
国人种改良会议 162

Nationalist,《国家主义者》115

Natural causes, 自然原因 16, 132–133

Natural law, 自然法则 6,41, 61, 65–68, 72–
75, 84, 96, 108–109, 127, 144–146, 152,
154

Natural rights, 自然权利 8, 40, 55, 59, 65–66

Natural selection, 自然选择 4, 15–18, 22–
27, 36–39, 42, 44, 51, 57–58, 64, 75–79,
85–99, 109, 116, 118, 140, 144–145, 151,
160–161, 170, 176, 179, 198, 201, 203.
see also, 另见 Darwinism 达尔文主义；
Evolution 进化

Naturalism, 自然主义 15, 36, 70, 87, 107,
123–126, 171, 204

Nebraska, University of, 内布拉斯加大学
200

New Deal, 新政 9, 119, 122, 141

New Englander,《新英格兰人》28

New Nation,《新国家》114

New York *Tribune,* 纽约《论坛报》24, 64

New York *World,*《纽约世界报》24

Newton, Sir Isaac, 艾萨克·牛顿爵士 4, 23,
36, 145

Nietzsche, Friedrich, 弗里德里希·尼采

38, 86, 196–198

Nineteenth Century,《十九世纪》198

Nordau, Max, 马克斯·诺尔道 171

North American Review,《北美评论》22, 45,
101, 124, 126, 171

Notestein, Wallace, 华莱士·诺特斯坦
197

Novicow, Jacques, 雅克·诺维考 199

Oken, Lorenz, 洛伦兹·奥肯 17

Olney, Richard, 理查德·奥尔尼 183

Origin of Species (Darwin),《物种起源》
（达尔文）13, 18–19, 22, 28, 91, 115, 141,
158, 171

Ostwald, Wilhelm, 威廉·奥斯特瓦尔德
36

Outlook,《展望》29

Paley, William, 威廉·佩利 25

Patten, Simon, 西蒙·帕顿 146–149, 150–
151, 158

Peabody, Francis Greenwood, 弗朗西斯·
格林伍德·皮博迪 106

Pearson, Charles, 查尔斯·皮尔逊 185–
186, 188

Pearson, Karl, 卡尔·皮尔逊 164

Peirce, Charles, 查尔斯·皮尔士 32, 125–
128, 130, 132, 137

Perry, Arthur Latham, 阿瑟·莱瑟姆·佩里
146, 164

Perry, Ralph Barton, 拉尔夫·巴顿·佩里
198

Phelps, William Lyon, 威廉·里昂·菲尔普斯 54

Phillips, Wendell, 温德尔·菲利普斯 32

Pluralism, 多元主义 128

Plutocracy, 财阀 9, 11, 63, 200

Political economy. 政治经济学
  See 参见 Economists 经济学家

Popenoe, Paul, 保罗·波普诺 165

Popular Science Monthly,《大众科学月刊》 22–23, 43, 127

Populists, 平民主义者 9, 46, 82, 119, 160

Porter, Noah, 诺亚·波特 20–21, 53, 64

Positivism, 实证主义 20, 27, 37, 87, 126

Pragmatism, 实用主义 5, 32, 49, 68, 84, 104, 118, 123–142

Presbyterianism, 长老会 27, 34

Princeton Review,《普林斯顿评论》26

Princeton University, 普林斯顿大学 27

Progress, 进步 6, 31, 40, 44, 47, 59, 61, 75, 78–80, 85–86, 93, 99–103, 111–112, 138, 149–150, 178, 180, 199

Protestantism, 新教 24, 26, 30, 105, 110, 178

Psychiatry, 精神病学 162

Puritanism, 清教 29, 87

Quarterly Journal of Economics,《经济学季刊》154

Racism, 种族主义 170–200

Ratzenhofer, Gustav, 古斯塔夫·拉岑霍费尔 77

Rauschenbusch, Walter, 沃尔特·劳森布什 107–108

Reid, Whitelaw, 怀特洛·里德 21

Ricardo, David, 大卫·李嘉图 51–52, 64–65, 78, 145, 150

Rice, W. N., W.N. 赖斯 25

Ripley, George, 乔治·雷普利 24

Ripley, William Z., 威廉·Z. 雷普利 193

Rockefeller, John D., 约翰·D. 洛克菲勒 45

Roosevelt, Franklin D., 富兰克林·D. 罗斯福 9

Roosevelt, Theodore, 西奥多·罗斯福 101–102, 121, 164, 170, 175, 179–180, 183–184, 188–189, 195

Root, Elihu, 伊莱休·鲁特 50

Rose, Edward A., 爱德华·A. 罗斯 70, 82, 156, 158, 160, 164, 200

Rousseau, Jean Jacques, 让-雅克·卢梭 74

Royce, Josiah, 乔赛亚·罗伊斯 33, 128–129

Saturday Evening Post,《周六晚报》196

Say, Jean B., 让·B. 萨伊 145

Schelling, F. W. von, F.W. 冯·谢林 31

Schurz, Carl, 卡尔·舒尔茨 48, 183

Scientists, and evolution, 科学家，与进化 14–23

Scopes, John T., 约翰·T. 斯科普斯 200

Secularism, 世俗主义 7–9, 30, 107

Shakespeare, William, 威廉·莎士比亚 133

Shaler, Nathaniel S., 纳撒尼尔·S. 谢勒 90

Sherman, William T., 威廉·谢尔曼 177

Sherman Act,《谢尔曼法》70, 120

Silsbee, Edward, 爱德华·西尔斯比 13–14

Sinclair, Upton, 厄普顿·辛克莱 61, 63

Single Tax, 单一税 46, 107, 110

Small, Albion W., 阿尔比恩·W. 斯莫尔 33, 70, 84, 156, 158

Smith, Adam, 亚当·斯密 145

Smith, Goldwin, 戈德温·史密斯 87–88

Smith, J. Allen, J. 艾伦·史密斯 60

Social gospel, 社会福音 105–110

Social reform, 社会改革 7–8, 16, 40, 43, 46–47, 60–65, 68, 71, 75, 80, 84, 99–100, 105, 118–121, 125, 134, 142, 161, 165, 167, 202

Socialism, 社会主义 43, 46, 49, 54, 57, 61–65, 80, 83, 99–110, 114, 118, 135, 140, 152, 165, 167, 185. see also, 另见 Marx 马克思；Marxism 马克思主义

Socialist Labor Party, 社会劳工党 114

Socialist Party, 社会党 106–107

Sociologists, and evolution, 社会学家，与进化 4, 41, 43, 48–49, 55, 59, 67–69, 84, 101–102, 110, 117, 133, 137, 143, 156, 158, 160–161, 198–199

Solidarism, 团结主义 104, 110, 202

Spanish-American War, 美西战争 11, 64, 170, 183, 185, 195–196

Sparks, Jared, 贾里德·斯帕克斯 32

Spencer, Herbert, 赫伯特·斯宾塞 4–6, 11–15, 20–29, 31–51, 55–57, 60–61, 67–72, 77–86, 90–92, 98–105, 108–119, 122–135, 138, 142–145, 153, 156–161, 164, 176, 178, 182–186, 198–202

Stanford University, 斯坦福大学 195

Sterilization, 绝育 162

Stoll, Elmer E., 埃尔默·E. 斯托尔 197

Stone, Harlan Fiske, 哈伦·菲斯克·斯通 50

Strong, Josiah, 乔赛亚·斯特朗 107, 178–179, 186

Sumner, Charles, 查尔斯·萨姆纳 32–33

Sumner, Thomas, 托马斯·萨姆纳 52

Sumner, William Graham, 威廉·格雷厄姆·萨姆纳 6–12, 20–21, 48, 51–66, 69–70, 79, 82, 85, 90, 109, 117, 119, 122, 143–148, 151–153, 156–157, 164, 195, 201, 203

Sun Yat-sen, 孙中山 190

Supreme Court, 联邦最高法院 46

Swift, Morrison I., 莫里森·I. 斯威夫特 130

Tennyson, Alfred, 阿尔弗雷德·丁尼生 21, 182

Thayer, William Roscoe, 威廉·罗斯科·塞耶 197

Theism, 有神论 18, 25–31, 108, 151

Thorndike Edward Lee, 爱德华·李·桑代克 165

Ticknor, George, 乔治·提克诺 32

Tolstoi, Leo, 列·托尔斯泰 194

Transcendentalism, 超验主义 32–33

Treitschke, Heinrich von, 海因里希·冯·特赖奇克 196

Tufts, James H., 詹姆斯·H.塔夫茨 140

Turner, Frederick Jackson, 弗雷德里克·杰克逊·特纳 168–169, 178

Tylor, Edward, 爱德华·泰勒 23, 92, 173

Tyndall, John, 约翰·丁达尔 21, 23

Unitarianism, 上帝一位论 33

Van Hise, Charles R., 查尔斯·R.范·希斯 121

Vanderbilt University, 范德堡大学 21

Veblen, Thorstein, 托斯丹·凡勃伦 65, 82, 143–145, 152–156, 159, 168–169

Vincent, George E., 乔治·E.文森特 158

Vogt, Karl, 卡尔·福格特 12

Wagner, Klaus, 克劳斯·瓦格纳 197

Waite, Morrison R., 莫里森·R.韦特 177

Walker, Francis Amasa, 弗朗西斯·阿马萨·沃克 144–145, 148, 153

Wallace, Alfred R., 阿尔弗雷德·R.华莱士 24, 39, 94, 144

Walling, William, English, 威廉·英格利希·沃林 117–118

Ward, Mrs. Humphrey, 汉弗莱·沃德夫人 101

Ward, Lester F., 莱斯特·F.沃德 5, 33, 67–85, 114–117, 120, 122, 137–138, 149, 152, 156, 159–160, 166, 201

Warner, Amos G., 阿莫斯·G.沃纳 162

Washington National Union,《华盛顿国家联盟》71

Wayland, Francis, 弗兰西斯·韦兰 53, 145

Weismann, August, 奥古斯特·魏斯曼 77, 98–99, 116, 163, 166

Wesleyan University, 卫斯理大学 25

Weyl, Walter, 沃尔特·维尔 120

Whitman, Walt, 沃尔特·惠特曼 14, 44

Whitney, William C., 威廉·C.惠特尼 53

Wilberforce, William, 威廉·威尔伯福斯 13

Wilson, Woodrow, 伍德罗·威尔逊 50, 120–121, 151

Winchell, Alexander, 亚历山大·温切尔 21

Wood, Leonard, 伦纳德·伍德 191

Woods, Frederick Adams, 弗雷德里克·亚当斯·伍兹 166

Woolsey, Theodore Dwight, 西奥多·德怀特·伍尔西 53

World War I, 第一次世界大战 166, 190, 196–197, 200, 203

Wright, Chauncey, 昌西·赖特 22, 32, 125–126, 137

Wyman, Jeffries, 杰弗里斯·怀曼 127

Yale University, 耶鲁大学 11, 19–20, 51, 53, 64, 152, 195

"Yellow Peril", "黄祸" 185, 189–190

Youmans, Edward Livingston, 爱德华·利文斯顿·尤曼斯 14, 22–23, 27, 31–34, 47, 49, 92, 142

图书在版编目(CIP)数据

社会达尔文主义:美国思想潜流/(美)理查德·
霍夫施塔特(Richard Hofstadter)著;汪堂峰译.—
上海:上海人民出版社,2022
书名原文:Social Darwinism in American Thought
ISBN 978-7-208-17471-9

Ⅰ.①社… Ⅱ.①理… ②汪… Ⅲ.①社会达尔文主
义-研究-美国 Ⅳ.①Q98-06

中国版本图书馆 CIP 数据核字(2021)第 261147 号

责任编辑 张晓婷
装帧设计 树下无人

社会达尔文主义:美国思想潜流
[美]理查德·霍夫施塔特 著 汪堂峰 译

出 版 上海人民出版社
　　　　 (201101 上海市闵行区号景路 159 弄 C 座)
发 行 上海人民出版社发行中心
印 刷 上海商务联西印刷有限公司
开 本 890×1240 1/32
印 张 10
插 页 2
字 数 213,000
版 次 2022 年 7 月第 1 版
印 次 2022 年 7 月第 1 次印刷
ISBN 978-7-208-17471-9/K·3881
定 价 55.00 元

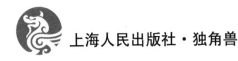

上海人民出版社·独角兽

"独角兽·历史文化"书目

[英]佩里·安德森著作
《从古代到封建主义的过渡》
《绝对主义国家的系谱》
《新的旧世界》

[英]李德·哈特著作
《战略论:间接路线》
《第一次世界大战战史》
《第二次世界大战战史》
《山的那一边:被俘德国将领谈二战》
《大西庇阿:胜过拿破仑》
《英国的防卫》

[美]洛伊斯·N.玛格纳著作
《生命科学史》(第三版)
《医学史》(第二版)
《传染病的文化史》

《欧洲文艺复兴》
《欧洲现代史:从文艺复兴到现在》
《非洲现代史》(第三版)
《巴拉聚克:历史时光中的法国小镇》
《语言帝国:世界语言史》
《鎏金舞台:歌剧的社会史》
《铁路改变世界》
《棉的全球史》

《伦敦城记》
《威尼斯城记》

《工业革命(1760—1830)》
《世界和日本》
《激荡的百年史》
《论历史》
《论帝国:美国、战争和世界霸权》
《社会达尔文主义:美国思想潜流》

阅读,不止于法律。更多精彩书讯,敬请关注:

微信公众号

微博号

视频号